"十四五"职业教育国家规划教材

"十二五"职业教育国家规划教材 修订版

普通高等教育"十一五"国家规划教材

获全国优秀畅销书奖
高等职业教育系列教材

支持1+X证书：Web前端开发职业技能等级标准（初级）

网页设计与制作教程
——Web前端开发 第7版

主　编｜刘瑞新
副主编｜赵全利　孙立友　曹利

机械工业出版社
CHINA MACHINE PRESS

本书依据《Web 前端开发职业技能等级标准（初级）》和部分院校的《Web 前端技术课程教学标准》编写，内容涵盖 Web 页面制作基础、HTML5 和 CSS3 开发基础与应用、JavaScript 程序设计和社区新闻网制作实例。以模块化的方式组织内容，同时选取静态网站设计与制作的典型应用作为教学案例。

本书可作为高等职业院校 Web 前端技术和网页设计与制作课程的教材，也适合作为 1+X 职业技能等级证书中 Web 前端开发（初级）的教学及参考用书。

本书配有微课视频、电子课件、授课计划、课程标准、模拟题及答案，以及书中所有例题、习题、实训的素材和源代码等资源。微课视频可以通过扫描书中的二维码观看。需要其他配套资源的教师可以登录 www.cmpedu.com 免费注册，审核通过后下载，或联系编辑索取（微信：13261377872，电话 010-88379739）。

图书在版编目（CIP）数据

网页设计与制作教程：Web 前端开发 / 刘瑞新主编. —7 版. —北京：机械工业出版社，2024.4（2025.8 重印）

高等职业教育系列教材

ISBN 978-7-111-75397-1

Ⅰ. ①网… Ⅱ. ①刘… Ⅲ. ①网页制作工具-高等职业教育-教材 Ⅳ. ①TP393.092.2

中国国家版本馆 CIP 数据核字（2024）第 058074 号

机械工业出版社（北京市百万庄大街 22 号　邮政编码 100037）

策划编辑：和庆娣　　　　　责任编辑：和庆娣
责任校对：韩佳欣　张　征　责任印制：刘　媛

三河市骏杰印刷有限公司印刷

2025 年 8 月第 7 版第 6 次印刷
184mm×260mm・20 印张・522 千字
标准书号：ISBN 978-7-111-75397-1
定价：69.90 元

电话服务　　　　　　　　　网络服务
客服电话：010-88361066　　机　工　官　网：www.cmpbook.com
　　　　　010-88379833　　机　工　官　博：weibo.com/cmp1952
　　　　　010-68326294　　金　书　网：www.golden-book.com
封底无防伪标均为盗版　　　机工教育服务网：www.cmpedu.com

Preface 前　言

本书第 1 版于 2001 年出版，自出版以来，累计改版 6 次。于 2003 年获评中国书刊发行协会组织的"2003 年度全国优秀畅销书（科技类）"，以后陆续获评教育部"十一五""十二五""十四五"国家级规划教材，累计销量 60 余万册。经过 20 余年的积累、反馈和多次修订，逐步提升和完善，最新的第 7 版根据新的教学需要进行修订，从内容到形式、从纸质书到电子资源进行全方位升级，并融入了 1+X 职业技能等级证书考试要求。

"Web 前端开发"（以前称"网页设计与制作"）课程是计算机类专业的专业支撑课程。随着移动互联网技术的快速发展，Web 前端开发技术已经被广泛运用在各个领域，成为网站开发、App 开发及智能终端设备界面开发的主要技术。因而，前端开发岗位出现了显著的人才短缺。根据《国家职业教育改革实施方案》《国务院办公厅关于深化产教融合的若干意见》和《国家信息化发展战略纲要》等文件对人才培养的新要求，工业和信息化部教育与考试中心根据教育部的《职业技能等级标准开发指南（试行）》的相关要求，制定了《Web 前端开发职业技能等级标准》。

本书与之前版本的改进和特点主要体现在以下几个方面。

1）有机融入思政元素和党的二十大精神，每章均设置了"素养目标"，旨在引导学生树立正确的人生观、世界观和价值观。同时，我们将网页内容作为思政教育的有机组成部分，使学生在制作网页的过程中，重温政治认同、家国情怀、文化修养、法治意识、道德修养等重要内容。这不仅有助于增强学生的国家意识，激发他们的爱国情怀，更能加强学生职业精神的塑造，提升职业素养，从而更好地践行党的二十大报告所强调的"育人的根本在于立德"的深刻内涵，为学生的全面发展奠定坚实基础。

2）为了适应教学需求和新的岗位能力要求，本书依据《Web 前端开发职业技能等级标准（初级）》和部分院校《Web 前端技术课程教学标准》编写，主要介绍静态网页的制作技术，包括 Web 页面制作基础、HTML5 和 CSS3 开发基础与应用、JavaScript 程序设计及其应用、社区新闻网制作实例等。

3）课程设计充分体现"教师指导下的以学生为中心"的教学模式，以学生为认知主体，充分调动学生的积极性和能动性，重视学生自学能力的培养。由教师提出任务，学生独立设计并完成。

4）使用模块化的结构组织章节，并选取静态网页设计与制作的典型应用作为教学案例。以网站建设和网页设计为中心，实例引导，将知识介绍与实例设计、制作、分析相结合，贯穿在整个教材中。

5）本书全面引入 ES6（ECMAScript 2015）的新技术，例如箭头函数、使用 class 关键字定义类、扩展运算符等。本书正文、代码均经 ChatGPT 校对、验证，保证了其正确性。

6）本书采用工业和信息化部教育与考试中心推荐的 HBuilderX 进行网页代码编写，使用 Google Chrome 或 Microsoft Edge 浏览器进行调试和运行。

7）为了配合教学，便于教师讲课，我们精心制作了微课视频、电子课件、授课计划、课程标准、模拟题及答案、素材和源代码等丰富的教学资源。微课视频可以搭建网络课程，通过扫描书中的二维码即可观看；电子课件浓缩了本书的教学要点，可以作为教师的板书来演示。教师可以从机械工业出版社教育服务网（http://www.cmpedu.com）下载这些资源。使用这些资源可以搭建自己的网络课程，方便进行线上线下混合式教学。

8）考虑到网页制作较强的实践性，本书配备大量的例题并提供源代码和网页效果图，能够有效地帮助读者理解所学习的理论知识，系统全面地掌握 Web 前端开发技术。每章附有习题，并提供习题答案，供读者在课外巩固所学的内容。

9）由于 HTML5、CSS3 和 JavaScript 的内容非常多，而教学课时有限，本书采用电子活页式教材的方式，必知必会的内容印刷在教材中，选学内容扫描书中的二维码获得。

10）本书由头歌平台在线提供一站式配套实验环境和内容。

本书由刘瑞新主编，参加编写的有刘瑞新（第 1~3 章），赵全利（第 4、8 章），孙立友（第 5 章），曹利（第 6 章），周艳芳（第 7 章），刘克纯（第 9 章），莫丽娟（第 10 章），徐军（第 11 章）。全书由刘瑞新教授统稿。

在本书编写过程中，参考了大量 Web 前端开发相关图书、文献和网络资料，对此深表感谢。由于作者水平有限，书中疏漏和不足之处难免，敬请广大师生指正。我们将会对您反馈的问题进行认真的处理和修正，以提高本书的质量。我们真诚地感谢所有使用本书的教师和学生，是你们的支持和信任让我们有动力继续改进和优化。我们期望本书能为你们的学习和教学提供帮助，也期待你们在 Web 前端开发的道路上取得更大的成就。

编　者

目 录

前言

第 1 章 HTML5 基础 ... 1

1.1 Web 的基本概念 ... 1
- 1.1.1 WWW ... 1
- 1.1.2 网页浏览器 ... 1
- 1.1.3 Web 服务器 ... 2
- 1.1.4 网站 ... 2
- 1.1.5 网页 ... 2
- 1.1.6 URL ... 2
- 1.1.7 标记语言 ... 3
- 1.1.8 网页标准 ... 3

1.2 HTML5 的基本结构和语法规则 ... 3
- 1.2.1 HTML5 文档的基本结构 ... 3
- 1.2.2 HTML5 的基本语法 ... 6
- 1.2.3 HTML 的字符实体和颜色表示 ... 8
- 1.2.4 HTML5 开发人员编码规范 ... 9

1.3 用记事本编辑 HTML 文档 ... 10
1.4 实训——制作社区网版权信息 ... 11
习题 1 ... 12

第 2 章 HTML5 的块级元素 ... 13

2.1 基本块级元素 ... 13
- 2.1.1 标题元素 h1～h6 ... 13
- 2.1.2 段落元素 p 和换行元素 br ... 14
- 2.1.3 水平线元素 hr ... 14
- 2.1.4 注释元素 ... 15

2.2 列表元素 ... 16
- 2.2.1 无序列表元素 ul ... 16
- 2.2.2 有序列表元素 ol ... 17
- 2.2.3 自定义列表元素 dl ... 18
- 2.2.4 嵌套列表 ... 19

2.3 表格元素 table ... 20
- 2.3.1 基本表格 ... 20
- 2.3.2 合并行和列 ... 21
- 2.3.3 表格数据的分组 ... 22
- 2.3.4 调整列的格式 ... 23

2.4 表单 ... 24
- 2.4.1 表单元素 form ... 24
- 2.4.2 输入元素 input ... 25
- 2.4.3 标签元素 label ... 27
- 2.4.4 选择栏元素 select ... 28
- 2.4.5 按钮元素 button ... 30
- 2.4.6 多行文本元素 textarea ... 31

2.5 分区元素 div ... 32
2.6 缩排元素 blockquote ... 33
2.7 实训——制作精选信息板块 ... 34
习题 2 ... 35

V

第 3 章　HTML5 的行级元素 ········· 36

3.1　格式化元素 ············· 36
3.1.1　字体样式元素 ············· 36
3.1.2　短语元素 ············· 37
3.2　图像元素 img ············· 38
3.3　超链接元素 a ············· 40
3.3.1　a 元素 ············· 40
3.3.2　用图像作为超链接热点 ············· 40
3.3.3　指向其他页面的链接 ············· 41
3.3.4　创建链接至书签 ············· 42
3.3.5　指向下载文件的链接 ············· 43
3.3.6　指向电子邮件的链接 ············· 44
3.3.7　JavaScript 链接 ············· 44
3.3.8　空链接 ············· 44
3.4　图像热区超链接元素 map、area ············· 44
3.4.1　用 map 元素定义图像地图 ············· 45
3.4.2　img 元素与 map 元素的关联 ············· 45
3.5　范围元素 span ············· 46
3.6　多媒体元素 ············· 47
3.6.1　音频元素 audio ············· 47
3.6.2　视频元素 video ············· 47
3.7　用 HBuilder X 编辑 HTML 文件 ············· 48
3.8　实训——制作广告板块 ············· 49
习题 3 ············· 50

第 4 章　CSS3 基础 ········· 52

4.1　CSS 设计与编写原则 ············· 52
4.2　在 HTML 中使用 CSS 的方法 ············· 53
4.2.1　行内样式 ············· 54
4.2.2　内部样式 ············· 55
4.2.3　链入外部样式文件 ············· 56
4.2.4　导入外部样式文件 ············· 58
4.3　CSS 的两个主要特性 ············· 60
4.3.1　层叠 ············· 60
4.3.2　继承 ············· 60
4.4　CSS 的基本语法 ············· 62
4.4.1　基本语法 ············· 62
4.4.2　注意事项 ············· 62
4.5　CSS 的选择器 ············· 64
4.5.1　元素选择器 ············· 64
4.5.2　通配符选择器 ············· 64
4.5.3　属性选择器 ············· 65
4.5.4　派生选择器 ············· 67
4.5.5　兄弟选择器 ············· 70
4.5.6　id 选择器 ············· 71
4.5.7　类选择器 ············· 72
4.5.8　伪类选择器 ············· 73
4.5.9　UI 元素状态伪类选择器 ············· 77
4.5.10　结构伪类选择器 ············· 83
4.5.11　其他伪类选择器 ············· 88
4.5.12　伪元素选择器 ············· 89
4.6　属性值的写法和单位 ············· 94
4.6.1　长度、百分比单位 ············· 94
4.6.2　色彩单位 ············· 95
4.7　HTML 文档结构与元素类型 ············· 96
4.7.1　文档结构的基本概念 ············· 96
4.7.2　元素类型 ············· 97
4.8　实训——制作内容详情页 ············· 98
习题 4 ············· 99

第 5 章　CSS3 的属性 101

5.1　CSS 背景属性 101
- 5.1.1　背景颜色属性 background-color 101
- 5.1.2　背景图像属性 background-image 102
- 5.1.3　重复背景图像属性 background-repeat 104
- 5.1.4　固定背景图像属性 background-attachment 106
- 5.1.5　背景图像位置属性 background-position 106
- 5.1.6　背景图像大小属性 background-size 107
- 5.1.7　背景属性 background 108
- 5.1.8　背景覆盖区域属性 background-clip 109
- 5.1.9　背景图像起点属性 background-origin 109
- 5.1.10　背景渐变属性 background-image 111

5.2　CSS 字体属性 114
- 5.2.1　字体类型属性 font-family 114
- 5.2.2　字体尺寸属性 font-size 115
- 5.2.3　字体倾斜属性 font-style 115
- 5.2.4　小写字体属性 font-variant 115
- 5.2.5　字体粗细属性 font-weight 116
- 5.2.6　字体简写属性 font 117
- 5.2.7　CSS3 新增使用服务器字体 117

5.3　CSS 文本属性 118
- 5.3.1　文本颜色属性 color 118
- 5.3.2　文本方向属性 direction 118
- 5.3.3　字符间隔属性 letter-spacing 118
- 5.3.4　行高属性 line-height 119
- 5.3.5　文本水平对齐方式属性 text-align 119
- 5.3.6　为文本添加装饰属性 text-decoration 119
- 5.3.7　段落首行缩进属性 text-indent 120
- 5.3.8　文本的阴影属性 text-shadow 120
- 5.3.9　文本的大小写属性 text-transform 120
- 5.3.10　元素内部的空白属性 white-space 121
- 5.3.11　单词之间的间隔属性 word-spacing 121
- 5.3.12　文本的截断效果属性 text-overflow 121
- 5.3.13　文本的换行方式属性 word-break 122
- 5.3.14　单词断字属性 word-wrap 122

5.4　CSS 尺寸属性 123
- 5.4.1　宽度属性 width 123
- 5.4.2　高度属性 height 124
- 5.4.3　最小宽度属性 min-width 124
- 5.4.4　最大宽度属性 max-width 125
- 5.4.5　最小高度属性 min-height 125
- 5.4.6　最大高度属性 max-height 125

5.5　CSS 列表属性 126
- 5.5.1　图像作为列表项的标记属性 list-style-image 126
- 5.5.2　列表项标记的位置属性 list-style-position 127
- 5.5.3　标记的类型属性 list-style-type 127
- 5.5.4　列表简写属性 list-style 128

5.6　CSS 表格属性 130
- 5.6.1　合并边框属性 border-collapse 130
- 5.6.2　边框间隔属性 border-spacing 130
- 5.6.3　标题位置属性 caption-side 131
- 5.6.4　单元格无内容显示方式属性 empty-cells 131
- 5.6.5　表格设置方式属性 table-layout 132

5.7　CSS 内容属性 133

5.8　CSS 属性的应用 134
- 5.8.1　设置图像样式 134
- 5.8.2　设置链接 137
- 5.8.3　创建导航菜单 139

5.9　实训——制作社区网页面 142
- 5.9.1　制作通知公告目录页面 142
- 5.9.2　制作导航栏 144

习题 5 146

第 6 章 CSS3 的盒模型 · 148

6.1 CSS 盒模型的组成和大小 · 148
- 6.1.1 盒子的组成 · 148
- 6.1.2 盒子的大小 · 149
- 6.1.3 块级元素与行级元素的宽度和高度 · 150

6.2 CSS 盒模型的属性 · 151
- 6.2.1 CSS 内边距属性 padding · 151
- 6.2.2 CSS 外边距属性 margin · 153
- 6.2.3 CSS 边框属性 border · 156
- 6.2.4 圆角边框属性 border-radius · 159
- 6.2.5 盒模型的阴影属性 box-shadow · 160
- 6.2.6 边框图像属性 border-image-* · 161
- 6.2.7 CSS 轮廓属性 outline · 164
- 6.2.8 调整大小属性 resize · 167

6.3 CSS 布局属性 · 168
- 6.3.1 元素的布局方式概述 · 168
- 6.3.2 CSS 浮动属性 float · 170
- 6.3.3 清除浮动属性 clear · 171
- 6.3.4 裁剪属性 clip-path · 173
- 6.3.5 内容溢出时的显示方式属性 overflow · 174
- 6.3.6 元素显示方式属性 display · 175
- 6.3.7 元素可见性属性 visibility · 177

6.4 CSS 盒子定位属性 · 178
- 6.4.1 定位位置属性 top、right、bottom、left · 178
- 6.4.2 定位方式属性 position · 178
- 6.4.3 层叠顺序属性 z-index · 183

6.5 CSS3 多列属性 · 184
- 6.5.1 列数属性 column-count · 184
- 6.5.2 列宽属性 column-width · 184
- 6.5.3 列宽属性 column · 185
- 6.5.4 列之间的间隔属性 column-gap · 185
- 6.5.5 是否横跨所有列属性 column-span · 185
- 6.5.6 列间隔样式属性 column-rule-style · 185
- 6.5.7 列之间间隔颜色属性 column-rule-color · 186
- 6.5.8 列之间宽度属性 column-rule-width · 186
- 6.5.9 列之间间隔所有属性 column-rule · 186

6.6 CSS 基本布局样式 · 187
- 6.6.1 CSS 布局类型 · 187
- 6.6.2 CSS 布局样式 · 188

6.7 实训——制作社区网网页 · 190
- 6.7.1 制作新闻图片页面 · 190
- 6.7.2 制作热点关注页面 · 191

习题 6 · 191

第 7 章 JavaScript 语法基础 · 194

7.1 JavaScript 概述 · 194

7.2 在 HTML 文档中使用 JavaScript · 195
- 7.2.1 在 HTML 文档中嵌入脚本程序 · 195
- 7.2.2 链接脚本文件 · 196
- 7.2.3 在 HTML 标签内添加脚本 · 197

7.3 数据类型 · 198
- 7.3.1 数据类型的分类 · 198
- 7.3.2 基本数据类型 · 198
- 7.3.3 数据类型的判断 · 200
- 7.3.4 数据类型的转换 · 201

7.4 标识符、变量和常量 · 203
- 7.4.1 标识符 · 203
- 7.4.2 字面常量 · 204

7.4.3	定义变量	204	7.7.2	函数的调用 222
7.4.4	定义常量	206	7.7.3	变量的作用域和生命周期 226

7.5 运算符和表达式 206
- 7.5.1 运算符和表达式的分类 207
- 7.5.2 语句的书写规则 208

7.6 流程控制 210
- 7.6.1 顺序结构 210
- 7.6.2 条件选择结构 214
- 7.6.3 循环结构 218

7.7 函数 220
- 7.7.1 函数的声明 220
- 7.7.2 函数的调用 222
- 7.7.3 变量的作用域和生命周期 226
- 7.7.4 内嵌函数 227
- 7.7.5 闭包函数 227
- 7.7.6 箭头函数 229
- 7.7.7 常用系统函数 231

7.8 正则表达式 231
- 7.8.1 创建正则表达式 231
- 7.8.2 正则表达式的组成 232
- 7.8.3 正则表达式使用的方法 233

习题 7 233

第 8 章 JavaScript 对象基础 235

8.1 JavaScript 对象概述 235

8.2 对象 235
- 8.2.1 对象的概念 235
- 8.2.2 类 236
- 8.2.3 创建对象 237
- 8.2.4 对象的属性 239
- 8.2.5 对象的方法 241
- 8.2.6 对象的遍历 242
- 8.2.7 对象的事件 242

8.3 内置对象 243
- 8.3.1 数学对象 243
- 8.3.2 字符串对象 244
- 8.3.3 日期对象 245
- 8.3.4 数组对象 248
- 8.3.5 扩展运算符 254

习题 8 256

第 9 章 JavaScript 对象模型 257

9.1 BOM 的对象 257
- 9.1.1 BOM 概述 257
- 9.1.2 window 对象 258
- 9.1.3 document 对象 259
- 9.1.4 location 对象 260
- 9.1.5 navigator 对象 261
- 9.1.6 screen 对象 261
- 9.1.7 history 对象 262

9.2 DOM 的对象 262
- 9.2.1 节点和节点树 262
- 9.2.2 DOM 的操作 264
- 9.2.3 Node 对象 264
- 9.2.4 HTML DOM 对象 264
- 9.2.5 HTML Document 对象 265
- 9.2.6 HTML Element 对象 265
- 9.2.7 Node 操作实例 266

9.3 DOM 与 CSS 272
- 9.3.1 style 对象 272
- 9.3.2 currentStyle 对象 274
- 9.3.3 CSSStyleSheet 对象 275

习题 9 276

第 10 章 JavaScript 事件处理 ……… 278

- 10.1 事件概述 ……… 278
  - 10.1.1 事件的概念 ……… 278
  - 10.1.2 事件的类型 ……… 279
  - 10.1.3 事件处理程序的绑定方式 ……… 280
- 10.2 window 事件 ……… 284
  - 10.2.1 load 事件 ……… 285
  - 10.2.2 resize 事件 ……… 287
  - 10.2.3 scroll 事件 ……… 287
  - 10.2.4 focus 和 blur 事件 ……… 288
- 10.3 mouse 事件 ……… 289
  - 10.3.1 click 事件 ……… 289
  - 10.3.2 dblclick 事件 ……… 290
  - 10.3.3 mouseover 和 mouseout 事件 ……… 291
  - 10.3.4 mousedown、mousemove 和 mouseup 事件 ……… 292
- 10.4 keyboard 事件 ……… 295
  - 10.4.1 keydown 事件 ……… 295
  - 10.4.2 keypress 事件 ……… 296
  - 10.4.3 keyup 事件 ……… 296
- 10.5 form 事件 ……… 297
  - 10.5.1 submit 和 reset 事件 ……… 298
  - 10.5.2 子元素事件处理 ……… 299
- 10.6 事件捕捉与事件冒泡 ……… 300
  - 10.6.1 事件捕捉与事件冒泡的执行顺序 ……… 300
  - 10.6.2 阻止事件冒泡和捕捉 ……… 302
  - 10.6.3 取消默认事件 ……… 302
- 习题 10 ……… 303

第 11 章 综合案例——社区新闻网的设计与实现 ……… 305

- 11.1 网站的开发流程和组织结构 ……… 305
  - 11.1.1 创建网站的文件夹结构 ……… 305
  - 11.1.2 网站页面的组成 ……… 305
- 11.2 制作社区新闻网的首页 ……… 306
  - 11.2.1 页面结构代码 ……… 306
  - 11.2.2 CSS 样式 ……… 307
- 11.3 制作社区新闻网的列表页 ……… 307
  - 11.3.1 页面结构代码 ……… 307
  - 11.3.2 CSS 样式 ……… 307
- 11.4 制作社区新闻网的内容页 ……… 308
  - 11.4.1 页面结构代码 ……… 308
  - 11.4.2 CSS 样式 ……… 308
- 习题 11 ……… 308

参考文献 ……… 310

第1章　HTML5 基础

HTML（Hyper Text Markup Language，超文本标记语言）是制作网页的基础语言，是初学者必学的内容。在学习 HTML 之前，需要了解一些与 Web 相关的基础知识，有助于初学者学习后面讲解的相关章节内容。

学习目标：掌握 Web 相关的概念、HTML5 的基本结构和语法规则，熟练使用记事本编辑网页。

重点与难点：重点理解网页的基础概念，难点是掌握 HTML5 的基本结构和语法规则。

素养目标：激发学生的创新潜能与创业激情，鼓励他们勇于开拓，积极实践。

1.1　Web 的基本概念

对于网页设计开发者，在动手制作网页之前，应该先了解 Web 的基础知识。

1.1 Web 的基本概念

1.1.1　WWW

WWW 或 Web 是 World Wide Web 的缩写，中文译名为"万维网"。它是一种通过超文本和其他 Web 技术连接在一起的全球范围内的信息资源。它是互联网的重要组成部分，用户可以通过浏览器访问网页，通过链接跳转到其他相关的网页。在 WWW 中，信息资源以网页的形式存在，每个网页都有一个唯一的网址。网页中的信息可以包括文本、图片、音频、视频等多种形式，用户可以通过鼠标单击或键盘操作进行访问和交互。

1.1.2　网页浏览器

网页浏览器（Web Browser）是在客户端浏览 Web 服务端的应用程序，用于在互联网上检索、展示和导航网页。用户通过输入 URL（Uniform Resource Locator，统一资源定位符）或通过单击超链接来访问网页。常见的网页浏览器包括 Google Chrome、Mozilla Firefox、Safari 和 Microsoft Edge 等。浏览器支持 HTML、CSS（Cascading Style Sheets，串联样式表）、JavaScript 等网页技术，可以解析并展示网页内容，同时也可以实现用户与网页的交互。

浏览器最重要的核心部分是 Rendering Engine（渲染引擎），一般称为"浏览器内核"，它负责对网页语法（如 HTML、JavaScript）进行解释并渲染（显示）网页。不同的浏览器内核对网页编写语法的解释会有所不同，因此同一网页在不同内核的浏览器里的渲染效果也可能不同，这正是网页编写者需要在不同内核的浏览器中测试网页显示效果的原因。目前主流浏览器采用的内核见表 1-1。

表 1-1 主流浏览器采用的内核

浏览器名称	内核	其他采用相同内核的浏览器
IE	Trident（IE 内核）	
Google Chrome	之前是 WebKit，2013 年后换成 Blink（Chromium、谷歌内核）	Edge、Opera、360、UC、百度、搜狗、maxthon、猎豹、微信、世界之窗等
Microsoft Edge	之前为 EdgeHTML，2018 年 12 月后换成 Blink（Chromium）	
Safari	WebKit	
Firefox	Gecko	

1.1.3 Web 服务器

Web 服务器是一种提供 HTTP（HyperText Transfer Protocol，超文本传输协议）服务的服务器，它的主要功能是存储、处理和分发网页信息，包括文本、图像、视频等。当用户在浏览器中输入一个 URL 并请求访问时，Web 服务器会响应这个请求，返回对应的网页内容。

1.1.4 网站

网站保存在 Web 服务器中，是一系列相互关联的网页集合，通常由共享一个域名的网页组成，并在至少一个 Web 服务器上公开。网站可以包含各种类型的信息，如文字、图片、视频和音频等，用户通过网络浏览器访问。例如，www.bing.com 就是一个网站，它包含了 bing 的主页、搜索引擎和各种服务的网页。

1.1.5 网页

网页是存储在网络服务器上的 HTML 文档，可通过互联网访问。它是构成网站的基本单元，一般包含文本、图像、链接等元素。网页的内容和布局由 HTML 和 CSS 定义，而行为和动态功能通常由 JavaScript 实现。用户通过浏览器输入网页的 URL 或单击链接来访问网页。

网页是网站中的一个"页"，它是构成网站的基本元素。换句话说，网站就是由网页组成的。网页要通过网页浏览器来阅读。本书就是介绍网页制作的教材。

1.1.6 URL

URL 全称为 Uniform Resource Locator，通常被翻译为"统一资源定位符"。URL 是互联网上的资源的唯一地址，可以被用来定位和检索网页、文档、图像、视频、音频等内容。URL 的基本格式如下：

协议类型://主机名[:端口号][/路径]文件名[?查询][#片段 id]

协议类型：例如 http、https、ftp 等。
主机名：例如 www.bing.com。
端口号：一般省略，如使用默认的 80 端口。
路径和文件名：资源的具体路径和文件名。
查询：以?开始，用于发送给服务器的额外参数。

片段 id：以#开始，用于指向网页中的一个特定部分。

例如，https://www.example.com/path/to/myfile.html?page=2#section1 指向 www.example.com 服务器上的一个名为 myfile.html 的文件，查询参数为 page=2，并且定位到该网页的 section1 部分。

1.1.7 标记语言

标记语言（Markup Language）是一种用于定义和描述文档结构的计算机语言。它使用一种称为"标记"或"标签"的特殊语法来注解文档中的文本部分，以指示这些部分的性质或功能。

例如，HTML（HyperText Markup Language，超文本标记语言）就是一种常见的标记语言，它使用标签来定义网页的各个部分，如头部（head）、标题（title）、段落（p）、链接（a）等。

除了 HTML，还有其他的标记语言，如 XML（eXtensible Markup Language，可扩展标记语言）、Markdown（一种轻量级的标记语言，常用于编写 README 文件和在线文档）等。

1.1.8 网页标准

网页标准（Web Standards）是由万维网联盟（World Wide Web Consortium，简称 W3C）和其他标准化组织制定的，它们保证了网页和网页技术的互操作性和一致性。这些标准通常可以分为三类：结构（Structure）、表现（Presentation）和行为（Behavior）。

结构标准：这类标准定义了网页的结构和内容，主要包括 HTML、XHTML 和 XML。例如，HTML 是一种用于创建网页的标记语言，它定义了网页的基本结构和内容。

表现标准：这类标准定义了网页的外观和格式，主要是 CSS。CSS 是一种样式表语言，用于描述网页的布局和视觉效果。

行为标准：这类标准定义了网页的交互行为和功能，主要包括 JavaScript、DOM（Document Object Model，文档对象模型）和 ECMAScript。例如，例如 ECMAScript 是由 ECMA（European Computer Manufacturers Association，欧洲计算机制造联合会）制定的一种 JavaScript 标准。

遵循这些网页标准，可以帮助开发者创建结构良好、兼容性强、易于维护的网站，并且能够提供更好的用户体验。

1.2 HTML5 的基本结构和语法规则

每个网页都有其基本的结构，包括 HTML 的语法结构、文档结构、标签的格式以及代码的编写规范等。

1.2.1 HTML5 文档的基本结构

1.2.1 HTML5 文档的基本结构

HTML 文档可分为文档头（head）和文档体（body）两部分。文档头的内容包括网页语言、关键字和字符集的定义等；文档体中的内容就是页面要显示的信息。

HTML 文档基本结构由 3 个标签负责组织，即<html>、<head>和<body>。其中<html>标签标识 HTML 文档，<head>标签标识头部区域，<body>标签标识主体区域。

图 1-1 所示是一个可视化的 HTML 页面结构，只有<body>与</body>之间的白色区域才会在浏览器中显示。

HTML5 文档的基本结构为：

```
<!DOCTYPE html>
<html lang="zh-CN">
    <head>
        <meta charset="UTF-8">
        <title>文档标题</title>
    </head>
    <body>
        文档正文部分
    </body>
</html>
```

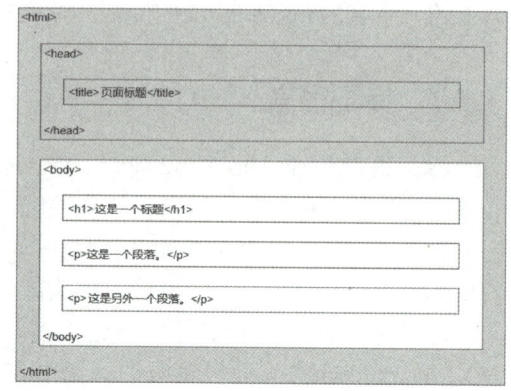

图 1-1　可视化的 HTML 页面结构

1．<!DOCTYPE html>标签

<!DOCTYPE>标签位于文档的最前面，用于向浏览器说明当前文档使用的是 HTML5 标准。只有开头处使用<!DOCTYPE>声明，浏览器才能将该页面作为有效的 HTML5 文档，并按指定的文档类型进行解析。文档类型声明的语法格式为：

<!DOCTYPE html>

这行代码称为 DOCTYPE（document type，文档类型）声明。要建立符合标准的网页，DOCTYPE 声明是必不可少的关键组成部分。<!DOCTYPE html>声明必须放在每一个 HTML 文档的最顶部，在所有代码和标签之前。

2．<html>…</html>标签

<html>标签位于<!DOCTYPE>标签之后，称为 HTML 文档标签，也被称为根标签，用于告诉浏览器其自身是一个 HTML 文档。HTML 文档标签的语法格式为：

<html lang="zh-CN">
　　HTML 文档的内容
</html>

<html>处于文档的最前面，表示 HTML 文档的开始，即浏览器从<html>开始解释，直到遇到</html>为止。每个 HTML 文档均以<html>开始，以</html>结束。lang 属性定义文档的主要语言，对于简体中文，设置为"zh-CN"。如果省略 lang，将依据浏览器的设置。

3．<head>…</head>标签

HTML 文档包括头部和主体。<head>标签定义 HTML 文档的头部信息，也称为头部标签，紧跟在<html>标签之后。HTML 文档头标签的语法格式为：

<head>
　　头部的内容
</head>

文档头部内容在开始标签<html>和结束标签</html>之间定义，一个 HTML 文档只能含有一对<head>…</head>标签。网页中经常设置页面的基本信息，如页面的标题、作者和其他文档的

关系等。为此 HTML 提供了一系列的标签，这些标签通常都写在<head>标签内，因此被称为头部相关标签。绝大多数文档头部所包含的数据都不会真正作为内容显示在页面中。

4．<meta charset>标签

<head>…</head>标签中的<meta charset>定义网页文档中的字符编码，语法格式为：

   <meta charset="UTF-8">

为了被浏览器正确解释和通过 W3C 代码校验，所有的 HTML 文档都必须声明它们所使用的编码语言。文档声明的编码应该与实际的编码一致，否则就会呈现为乱码。对于中文网页的设计者来说，指定代码的字符集为"UTF-8"。

5．<title>…</title>标签

<title>标签定义文档的标题，标题显示在浏览器的标题栏或标签页上，其语法格式为：

   <title>网页标题</title>

每个 HTML 文档都应该有标题，在 HTML 文档中，<title>和</title>标签位于 HTML 文档的头部，即<head>和</head>标记之间。例如，<title>哔哩哔哩（°-°)つロ 干杯~-bilibili</title>，如图 1-2 所示（在 Google Chrome 浏览器中，单击地址栏右端的"更多"按钮，在打开的菜单中选择"更多工具"，在子菜单中单击"开发者工具"，单击"Elements"标签，再单击 ▶<head>…</head>元素前的箭头，即可展开该元素）。

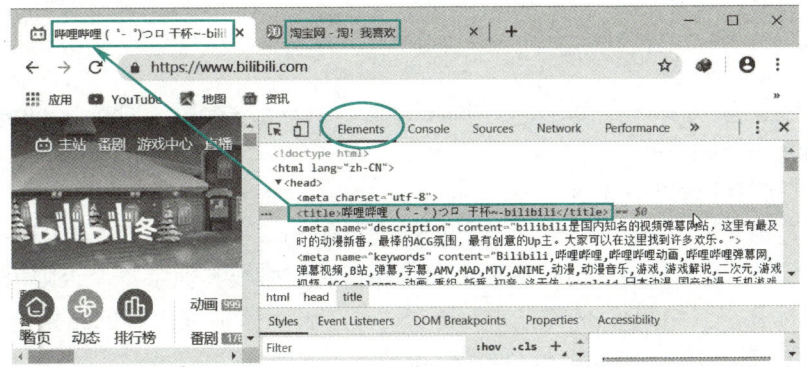

图 1-2　<title>…</title>标签在浏览器中的显示

6．<body>…</body>标签

<body>标签包含 HTML 文档的所有内容，也称为主体标签。浏览器中显示的所有文本、图像、表单与多媒体元素等信息都必须位于<body>…</body>标签内，<body>标签内的信息是最终展示给用户看的。HTML 文档主体标签的语法格式为：

   <body>
     网页的内容
   </body>

文档体位于文档头之后，以<body>为开始标签，</body>为结束标签。一个 HTML 文档只能含有一对<body>…</body>标签，且<body>…</body>标签必须在<html>…</html>标签内，位于<head>头部标签之后，与<head>标签是并列关系。<body>标签定义网页上显示的主要内容与显示格式，是整个网页的核心，网页中要真正显示的内容都包含在文档体中。

每个 HTML 文档都应遵循这个基本结构，以确保浏览器能正确地解析和显示文档。浏览器在解释 HTML 文档时是按照层次顺序进行解释的，其顺序为：document→html→body→div 父元素→input 子元素。document 是最上层祖先元素，input 是最下层后代元素。

1.2.2　HTML5 的基本语法

HTML 文档由元素构成，元素由标签、元素和属性的内容 3 部分组成。

1．标签（tag）

HTML 用标签规定网页元素在文档中的功能。标签是用一对尖括号"＜＞"括起来的单词或单词缩写。标签有两种形式：双标签和单标签。

（1）双标签

双标签包括开始标签和结束标签，其格式为：

    <标签>受标签影响的内容</标签>

开始标签标志一段内容的开始，结束标签是指与开始标签相对的标签。结束标签比开始标签多一个斜杠"/"。双标签也称闭合标签。例如，HTML 文档从<html>开始，到</html>结束。

（2）单标签

单标签没有相对应的结束标签，其格式为：

    <标签>

常见的单标签有<area>、<base>、<basefont>、
、<col>、<hr>、<img>、<input>、<param>、<link>、<meta>等。

使用标签时需要注意以下 3 点。

1）每个标签都要用一对尖括号"＜＞"括起来，如<p>，<table>，以表示这是 HTML 代码而非普通文本。注意，"＜""＞"与标签名之间不能留有空格或其他字符，否则出错。

2）对于双标签，其结束标签名前加上符号"/"，表示该标签内容的结束，如</h1>。对于单标签，不用</标签>结尾。例如，换行标签
。

3）一个标签可以放在另外一个标签所能影响的片段中，以实现对某一段文档的多重标签效果，称为嵌套，但是要注意必须正确嵌套。例如，下面嵌套是错误的：

    <p><em>Hello Word!</p></em>

改正如下：

    <p><em>Hello World!</em></p>

2．元素（element）

HTML 文档中的元素是指从开始标签到结束标签的所有代码。HTML 元素分为有内容的元素和空元素两种。

（1）有内容的元素

有内容的元素是由开始标签、结束标签以及两者之间的元素内容组成的，其中元素内容既可以是需要显示在网页中的文字内容，也可以是其他元素。例如，<title>和</title>是标签，下面代码是一个 title 元素：

    <title>淘宝网 - 淘！我喜欢</title>

（2）空元素

只有开始标签而没有结束标签，也没有元素内容，因此也称空元素（void elements）。例如，br、hr 元素就是空元素。

（3）元素的嵌套

除了 HTML 文档元素<html>外，其他的 HTML 元素都是被嵌套在另一个元素之内的。在 HTML 文档中，html 是最外层元素，也称为根元素。head、body 元素是嵌套在 html 元素内的。body 元素内又嵌套许多元素。HTML 中的元素可以多级嵌套，但是不能互相交叉。例如，下面代码对于<head>和</head>标签来说，是一个 head 元素：

    <head><title>淘宝网 - 淘！我喜欢</title></head>

同时，这个 title 元素又是嵌套在 head 元素中的另一个元素。

例如，下面是不正确的嵌套写法，p 元素的开始标签在 b 元素的外层，但它的结束标签却放在了 b 元素结束标签内。

    <p>这是<b>第一段</p>文字</b>

正确的 HTML 写法如下：

    <p>这是<b>第一段</b>文字</p>

为了防止出现错误的 HTML 元素嵌套，在编写 HTML 文档时，建议先写外层的一对标签，然后逐渐往里写，这样既不容易忘记写 HTML 元素的结束标签，也可以减少 HTML 元素的嵌套错误。

3．属性

属性用来说明元素的特征，借助于元素属性，HTML 网页才会展现丰富多彩且格式美观的内容。

元素的属性放置在元素的开始标签内，每个属性对应一个属性值，通常都是以"属性名="值""的形式表示，出现在元素开始标签的">"之前，用空格隔开后，可以指定多个属性，并且在指定多个属性时不用区分顺序。属性的使用格式为：

    <标签　属性 1="属性值 1"　属性 2="属性值 2" ...>受标签影响的内容</标签>

例如，下面代码中的"border="1" cellspacing="10" cellpadding="20""就是 table 元素的属性：

    <table border="1" cellspacing="10" cellpadding="20">

定义属性值时注意以下几点。

1）不定义属性值。HTML 规定属性也可以没有值，例如：

    <dl compact>

浏览器会使用 compact 属性的默认值。但对于没有默认值的属性，不能省略属性值。

2）属性中的属性值可以包含空格，但是这种情况下必须使用引号。例如，下面代码是正确的写法：

  <img src="C:/Documents and Settings/test.jpg" width=1024 height=36>

下面代码是错误的写法：

  <img src=C:/Documents and Settings/test.jpg width=1024 height=36>

也就是说，属性值一定是连续字符序列，如果不是连续序列，则要加引号标注。

3）单引号和双引号都可以作为属性值。当属性值中含有单引号时，不能再用单引号包括属性值，要用双引号包括属性值。但是，当属性值中有双引号时，属性值中的双引号就要用数字字符引用（"）或者字符实体引用（"）来代替双引号。例如，下面代码是错误的：

  <p title="欢迎游览"迪士尼"">乐园</p>

正确的写法为：

  <p title="欢迎游览"迪士尼"">乐园</p>

或者

  <p title="欢迎游览"迪士尼"">乐园</p>

title 属性定义当鼠标移到元素上时显示该提示文本。

4）HTML 建议属性和属性值使用小写，虽然属性和属性值对大小写不敏感。

1.2.3　HTML 的字符实体和颜色表示

1. 字符实体

一些字符在 HTML 中拥有特殊的含义，例如，尖括号"<"">"已作为 HTML 的语法符号。因此，如果希望在浏览器中显示这些特殊字符，就需要在 HTML 源代码中插入相应的 HTML 代码，这些特殊符号对应的 HTML 代码被称为字符实体。

字符实体由三部分组成：以一个符号（&）开头，中间是一个实体名称，以一个分号（;）结束。例如，要在 HTML 文档中显示小于号，输入"<"。需要强调的是，实体书写对大小写是敏感的。常用的特殊符号及对应的字符实体见表 1-2。

表 1-2　常用的特殊符号及对应的字符实体

特殊符号的描述	字符实体	显示结果	示　　例
空格			公司 咨询热线：400-810-6666
大于（>）	&gt;	>	3&gt;2
小于（<）	&lt;	<	2&lt;3
双引号（"）	&quot;	"	HTML 属性值使用成对的&quot;括起来
单引号（'）	&apos;	'	She said &apos;hello&apos;
和号（&）	&amp;	&	a &amp; b

(续)

特殊符号的描述	字符实体	显示结果	示例
版权号（©）	&copy;	©	Copyright ©
注册商标（®）	&reg;	®	鑫牌®
节（§）	&sect;	§	§1.1
乘号（×）	&times;	×	10 × 20
除号（÷）	&divide;	÷	10 ÷ 2

空格是 HTML 中最常用的字符实体。通常情况下，在 HTML 源代码中，如果通过按〈Space〉键输入了多个连续空格，浏览器只会保留一个空格，删除其他空格。在需要添加多个空格的位置，使用多个" "就可以在文档中增加空格。

注意，当需要在 HTML 文档中显示这些特殊符号时，使用对应的字符实体是很重要的，这可以避免浏览器将它们解析为 HTML 标签或者其他的语法元素。

2．HTML 的颜色表示

在 HTML 中，颜色有两种表示方式。
- 颜色的英文名称：这是一种非常直观的方式，如 red、blue、green 等。这种方式的局限性在于，它只能表示一些常见的颜色，对于一些特殊的颜色，可能就无法表示了。
- 使用 RGB 值：这种方式可以表示更多的颜色。每种颜色由 3 个十六进制数字组成，分别表示红色、绿色和蓝色的亮度。表示方式为#rrggbb，其中 rr、gg、bb 三色对应的取值范围都是 00（最暗）到 FF（最亮）。例如，白色的 RGB 值是（255,255,255），用#FFFFFF 表示；黑色的 RGB 值是（0,0,0），用#000000 表示；红色的 RGB 值是（255,0,0），用#FF0000 表示；绿色的 RGB 值是（0,255,0），用#00FF00 表示；蓝色的 RGB 值是（0,0,255），用#0000FF 表示。这种方式的优点是，它可以表示几乎所有的颜色；缺点是，它不如颜色名称那样直观易懂。

1.2.4　HTML5 开发人员编码规范

HTML5 作为前端网页结构的超文本标记语言，网页的 HTML 代码书写必须符合 HTML5 书写规范。规范目的是提高团队协作效率，使 HTML5 代码风格保持一致，容易被理解、维护和升级。

1．HTML 书写规范

1）文档类型声明：文档第一行添加 HTML5 的声明类型<!DOCTYPE html>。

2）语言声明：为<html>根标签指定 lang 属性，从而为文档设置正确的语言，例如 lang="zh-CN"。

3）编码声明：编码统一为<meta charset="utf-8">。

4）标题标签：<title>标签必须设置为<head>的直接子元素，并紧随<meta charset>声明之后。

5）HTML 标签名：除了开头的 DOCTYPE、utf-8（或 UTF-8）和 zh-CN 或者<head>中特殊情况可以大写外，其他 HTML 标签名必须使用小写字母。

6）标签嵌套：必须遵守标签的嵌套规则，例如，div 不得置于 p 中，tbody 必须置于 table 中。

7）属性名和属性值：属性名必须使用小写字母，其属性值必须用双引号包围。布尔类型的属性建议不添加属性值。自定义属性推荐使用 data-前缀。

2．标签的规范

1）标签：标签分单标签和双标签，双标签成对出现，单标签只有一个开始标签，没有结束标签，例如，<img />和
在 HTML5 中应写为<img>和
。

2）标签名和属性：标签名和属性建议都用小写字母。

3）标签嵌套：多数 HTML 标签可以嵌套，但不允许交叉。

4）标签书写：HTML 文档中一行可以写多个标签，但标签中的一个单词不能分两行写。

3．属性的规范

1）属性使用：根据需要可以使用该标签的所有属性，也可以只用其中的几个属性。在使用时，属性之间没有顺序。

2）属性值：属性值都要用双引号括起来。

3）属性存在：并不是所有的标签都有属性，如换行标签就没有。

4．元素的嵌套

1）块级元素和行级元素：块级元素可以包含行级元素或其他块级元素，但行级元素却不能包含块级元素，它只能包含其他的行级元素。

2）特殊的块级元素：有几个特殊的块级元素只能包含行级元素，不能再包含块级元素，这几个特殊的块级元素是 h1、h2、h3、h4、h5、h6、p、dt。

5．代码的缩进

HTML5 代码并不要求在书写时缩进，但为了体现文档的结构性和层次性，建议代码缩进设置为 4 个空格，即使用 4 个空格作为一个缩进层级，标签首尾对齐，每层的内容向右缩进 4 个空格。

1.3　用记事本编辑 HTML 文档

常用的 HTML 编辑软件有 Adobe Dreamweaver、Visual Studio Code、HBuilder X、Sublime Text3 汉化版、Notepad++、记事本等。任意文本编辑器都可以用于编写网页源代码，对于初学者，最常用的文本编辑器就是 Windows 自带的记事本。本书前几章的网页源代码建议在记事本中手工输入，有助于初学者对网页结构和样式有更深入的了解。后几章在 HBuilder X 中编辑，以提高编辑效率。

1.3
用记事本编辑
HTML 文档

【例 1-1】　用"记事本"创建一个只有文本组成的简单页面，通过它学习 HTML 文档的编辑、保存和运行的过程。HTML 代码如下：

```
<!DOCTYPE html>
<html>
    <head>
        <meta charset="utf-8">
        <title>我的第一个 HTML 页面</title>
    </head>
```

```
<body>
    <h1>欢迎来到我的网站！</h1>
    <p>这是我创建的第一个 HTML 页面。</p>
</body>
</html>
```

1）打开记事本：单击 Windows 的"开始"按钮，然后在搜索框中输入"记事本"，在搜索结果中单击"记事本"。

2）编写 HTML 代码：在空白的记事本窗口中输入 HTML 代码，显示如图 1-3 所示。

3）保存 HTML 文件：在记事本的"文件"菜单中，选择"保存"选项。显示"另存为"对话框，在"保存在"下拉列表框中选择文件要存放的路径，在"文件名"文本框中输入以 .html 为扩展名的文件名，如 1-1.html，在"保存类型"下拉列表框中选择"文本文档（*.txt）"选项，在"编码"下拉列表框中选择"UTF-8"，如图 1-4 所示。最后单击"保存"按钮，将记事本中的内容保存在 D:\中。

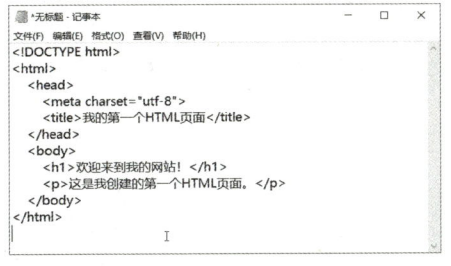

图 1-3　输入 HTML 代码

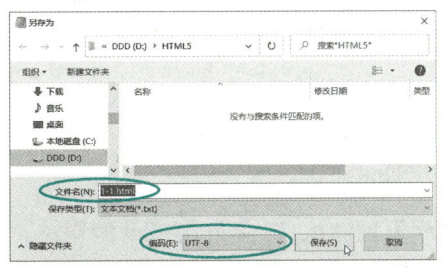

图 1-4　记事本的"另存为"对话框

4）运行网页文件：现在，已经在记事本中创建了一个 HTML 文件，可以在浏览器中打开它并查看效果。只需在文件资源管理器中找到刚刚保存的文件 1-1.html，如图 1-5 所示。然后双击它，它将在默认浏览器中打开，即可看到网页的显示结果，如图 1-6 所示。

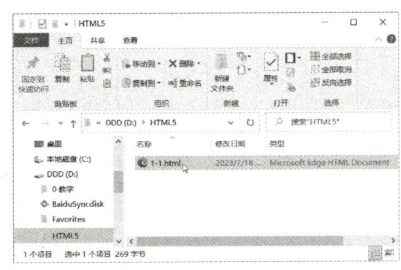

图 1-5　双击网页文件

图 1-6　在浏览器中显示网页

注意：如果保存时选择的编码是"ANSI"，中文将显示为乱码。修改网页文件时仍然用"记事本"打开网页文件，然后编辑网页文件，并保存。

1.4 实训——制作社区网版权信息

制作社区网的页脚版权信息，页面中包括版权符号、空格。本例文件 pt1-1.html 的代码如下，在浏览器中显示的效果如图 1-7 所示。

1.4 实训——制作社区网版权信息

图 1-7　社区网的版权信息

```
<!DOCTYPE html>
<html>
    <head>
        <meta charset="utf-8">
        <title>社区网首页</title>
    </head>
    <body>
        <p style="font-size:12px;text-align:center">主办单位名称：社区研究会  网站备案号：京 ICP 备 10006066 号  营业执照经营许可证编号：京 ICP 证 160666 号  京公网安备：11011402010666 号</p>
        <p style="font-size:12px;text-align:center">Copyright &copy; 2023 All Rights Reserved. 社区网版权所有</p>
    </body>
</html>
```

【说明】HTML 语言忽略多余的空格，最多只空一个空格。在需要空格的位置，既可以用" "插入一个空格，也可以输入全角中文空格。另外，这里对段落使用了行级 CSS 样式（即 style="font-size:12px;text-align:center"）来控制段落文字的大小及对齐方式，关于 CSS 样式的应用将在后面的章节中详细讲解。

习题 1

1．简述 HTML5 文档的基本结构及语法规范。

2．使用记事本创建一个 JD 网页脚的版权信息，如图 1-8 所示（可到 JD.COM 复制需要的文字）。

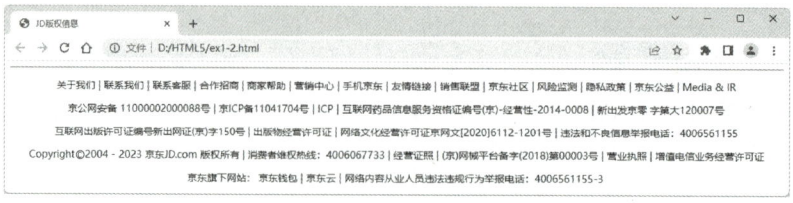

图 1-8　JD 网页脚的版权信息

第 2 章　HTML5 的块级元素

HTML 元素分为块级元素和行级元素，本章讲解块级元素的应用。常用的块级元素有 p、br、ul、ol、li、dl、dt、dd、h1～h6、form、div 等。

学习目标：掌握 HTML 的块级元素及其属性。

重点与难点：重点是基本块级元素、列表元素，难点是表单。

素养目标：强化学生的团队协作意识，培养协作能力，增进集体荣誉感。

2.1　基本块级元素

基本块级元素包括标题元素、段落元素和水平线元素。

2.1.1　标题元素 h1～h6

<h1>～<h6>元素用于定义标题（heading）。其中，<h1>定义最大的标题，<h6>定义最小的标题。由于<h>元素具有明确的语义，因此在开发过程中需要选择适当的标签层级来构建文档的结构。通常，<h1>定义最顶层的标题，<h2>、<h3>和<h4>定义较低层级的标题，<h5>和<h6>由于在文档层级关系中的位置较低，字号相当小，所以使用较少。通过设置不同大小的标题，可以增加文章的条理性。标题元素的格式为：

  <hn>标题文字</hn>

其中，n 指定标题文字的层级，n 可以取 1～6 之间的整数值。

【例 2-1】　HTML 中的各级标题示例。本例文件 2-1.html 的代码如下，在浏览器中显示的效果如图 2-1 所示。

```
<!DOCTYPE html>
<html>
    <head>
        <meta charset="utf-8">
        <title>h 标题元素示例</title>
    </head>
    <body>
        <h1>第 1 章  HTML5 概述（一级标题）</h1>
        <h2>1.1  Web 的基本概念（二级标题）</h2>
        <h3>1.1.1  WWW（三级标题）</h3>
        <h4>1. HTML 的发展（四级标题）</h4>
        <h5>（1）HTML1.0（五级标题）</h5>
        <h6>1）最早是 HTML1.0（六级标题）</h6>
    </body>
</html>
```

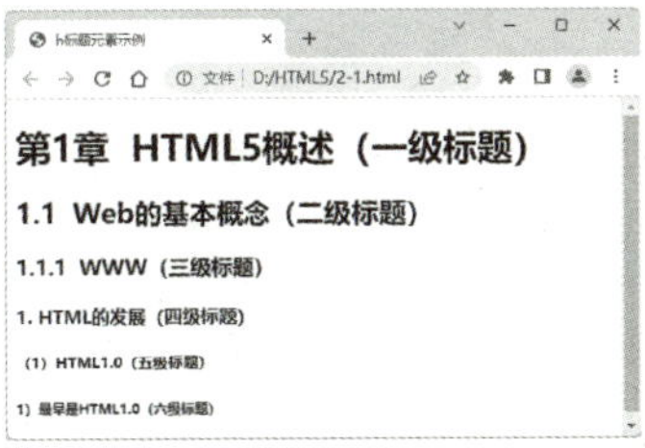

图 2-1　标题示例显示

在 HTML5 中，推荐使用 CSS 来设置 h1～h6 元素的样式和属性。这是因为 CSS 提供了更大的灵活性，能更好地控制元素的展示效果。

2.1.2 段落元素 p 和换行元素 br

1. 段落元素 p

段落元素 p 用于定义一个段落（paragraph）。在显示内容时，浏览器会增加段前和段后的行距。段落的行数依赖于浏览器窗口的大小。如果段落元素的内容中有多个连续的空格（按<Space>键生成）或连续的换行（按<Enter>键生成），浏览器会将其解释为一个空格（ ）。段落元素的基本格式为：

    `<p>段落文字</p>`

在 HTML5 中，推荐使用 CSS 来设置段落元素 p 的属性。

2. 换行元素 br

要在文本中创建一个换行，可以使用 br 元素。
标签定义一个换行（break），通常放在<p>标签内。需要注意的是，不要用
标签创建段落，因为它与<p>标签的语义不同，并且在浏览器中的显示效果也不同。
标签不会增加段前和段后的行距。换行元素的格式为：

    `<br>`

【例 2-2】 段落元素 p 和换行元素 br 示例。本例文件 2-2.html 的代码如下，在浏览器中显示的效果如图 2-2 所示。

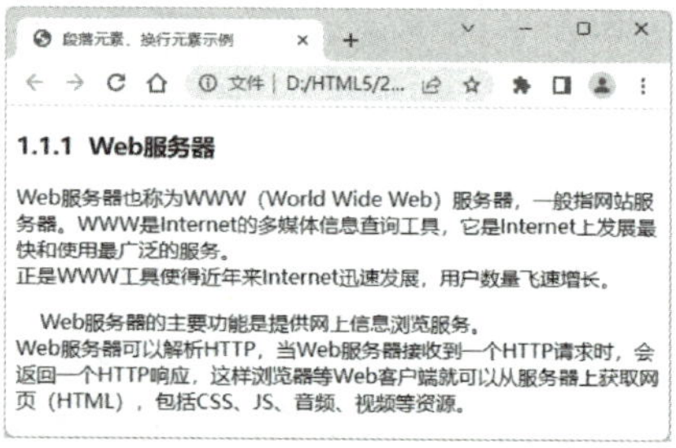

```html
<!DOCTYPE html>
<html>
    <head>
        <meta charset="utf-8">
        <title>段落元素、换行元素示例</title>
    </head>
    <body>
        <h3>1.1.1  Web 服务器</h3>
        <p>Web 服务器也称为 WWW（World Wide Web）服务器，一般指网站服务器。WWW 是 Internet 的多媒体信息查询工具，它是 Internet 上发展最快和使用最广泛的服务。<br>正是 WWW 工具使得近年来 Internet 迅速发展，用户数量飞速增长。</p>
        <p>    Web 服务器的主要功能是提供网上信息浏览服务。<br>Web 服务器可以解析 HTTP，当 Web 服务器接收到一个 HTTP 请求时，会返回一个 HTTP 响应，这样浏览器等 Web 客户端就可以从服务器上获取网页（HTML），包括 CSS、JS、音频、视频等资源。</p>
    </body>
</html>
```

图 2-2 段落元素、换行元素示例

在此示例中，<p>标签用于创建两个独立的段落，而
标签则在每个段落内部创建了一个换行。此外，通过在<p>标签的内容中使用" "，还可以在段落的开始处创建缩进。

2.1.3 水平线元素 hr

hr 元素创建一条水平标尺线（horizontal rules），可以在视觉上将文档分隔成不同部分。水平线元素的格式为：

<hr>

在 HTML5 中，<hr>标签的语义表示一个段落级主题的分隔（例如一个故事的场景转换或者一个主题的切换）。

推荐使用 CSS 来设置<hr>标签的视觉效果，如线条的粗细、长度、颜色等。

【例 2-3】 hr 元素的基本用法示例。本例文件 2-3.html 的代码如下，在浏览器中显示的效果如图 2-3 所示。

```
<!DOCTYPE html>
<html>
    <head>
        <meta charset="utf-8">
        <title>hr 元素示例</title>
    </head>
    <body>
        <p>hr 标签定义水平线：</p>
        <hr>
        <p>这是一个段落。</p>
        <hr>
        <p>这是另一个段落。</p>
        <hr>
        <p>这是最后一个段落。</p>
    </body>
</html>
```

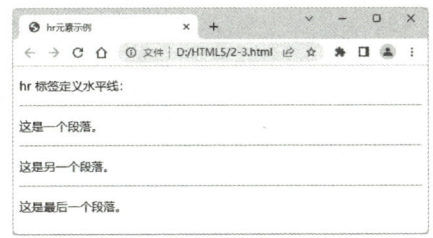

图 2-3　水平线元素示例

在此示例中，<hr>标签用于在每个段落之间插入一条水平线，这有助于视觉上区分它们。此外，<hr>标签在 HTML 文档中创建了一个换行，这将使文本重新回到其默认的对齐方式（通常为左对齐）。

在 HTML5 中，<hr>标签的所有显示属性都可以使用，但推荐使用 CSS 来设置。

2.1.4　注释元素

HTML 中的注释标签<!-- -->用于在源代码中插入注释。注释的作用是提供对代码的解释说明，方便开发者阅读和调试代码，以及未来对代码的维护工作。当浏览器解析 HTML 文档时，它会自动忽略注释内容，因此，用户在浏览网页时无法看到这些注释。注释内容只在开发者使用文本编辑器打开源代码时可见。注释元素的格式为：

<!--注释内容-->

HTML 注释可以跨多行，长度无限制。开始标签和结束标签可以位于不同的行。

【例 2-4】 注释元素的基本用法示例。本例文件 2-4.html 的代码如下，在浏览器中显示的效果如图 2-4 所示。

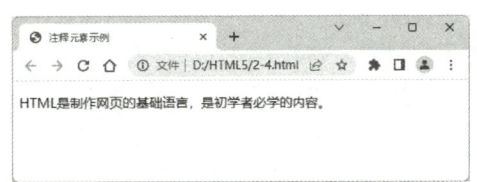

图 2-4　注释元素显示效果

```
<!DOCTYPE html>
<html>
    <head>
        <meta charset="utf-8">
        <title>注释元素示例</title>
    </head>
    <body>
        <!--这是一段注释，不会在浏览器中显示。-->
        <p>HTML 是制作网页的基础语言，是初学者必学的内容。</p>
        <script type="text/javascript">
            /*
            function displayMsg() {
                alert("Hello World!")
            }
            */
        </script>
    </body>
</html>
```

在这个例子中，<!-- -->被用于插入一个注释，<script>标签内的 JavaScript 代码也被注释掉了。在 JavaScript 代码中，推荐使用/* */进行注释。

2.2 列表元素

将相关内容以列表形式展示，可以使其看起来更加有条理。HTML5 提供了 3 种列表类型：无序列表、有序列表和自定义列表。

2.2.1 无序列表元素 ul

无序列表的每项前缀都显示一个项目符号（如●、○等符号）。无序列表（unordered list）由<ul>标签定义，列表项（list item）由<li>标签定义。无序列表元素的定义格式如下：

```
<ul>
    <li>第一个列表项</li>
    <li>第二个列表项</li>
    …
</ul>
```

在浏览器中显示的无序列表的特点是，整个列表与其上下文文本间各有一行空白；列表项向右缩进并左对齐，每个列表项前面都带有项目符号。

HTML5 推荐使用 CSS 样式来定义列表的类型，因此将在 CSS 章节介绍列表的类型。

【例 2-5】 无序列表元素示例。本例文件 2-5.html 的代码如下，在浏览器中显示的效果如图 2-5 所示。

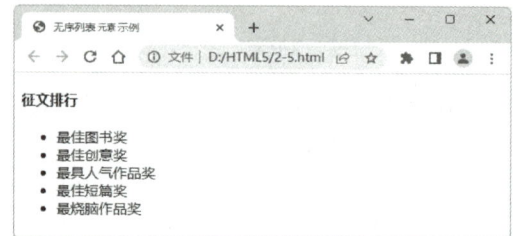

图 2-5 无序列表显示效果

```
<!DOCTYPE html>
<html>
    <head>
        <meta charset="utf-8">
        <title>无序列表元素示例</title>
    </head>
    <body>
        <h4>征文排行</h4>
        <ul>
            <li>最佳图书奖</li>
            <li>最佳创意奖</li>
            <li>最具人气作品奖</li>
            <li>最佳短篇奖</li>
            <li>最烧脑作品奖</li>
        </ul>
    </body>
</html>
```

2.2.2 有序列表元素 ol

有序列表的前缀通常为序号（如数字、字母等），它可以更清晰地表达信息的顺序。有序列表（ordered list）由<ol>标签定义，列表项使用<li>标签。有序列表元素的格式为：

```
<ol>
    <li>第一个列表项</li>
    <li>第二个列表项</li>
    …
</ol>
```

在浏览器中显示时，有序列表的整个列表项与上下段文本之间各有一行空白；列表项目向右缩进并左对齐；每个列表项前面都带有一个顺序号。默认情况下，有序列表的每个列表项显示为数字。HTML5 推荐使用样式表 CSS 来改变有序列表中的序号类型，在这里不进行详细介绍。

【例 2-6】 有序列表元素示例。本例文件 2-6.html 的代码如下，在浏览器中显示的效果如图 2-6 所示。

```
<!DOCTYPE html>
<html>
    <head>
        <meta charset="utf-8">
        <title>有序列表元素示例</title>
    </head>
    <body>
        <h4>征文排行</h4>
        <ol><!--列表样式为默认的数字-->
            <li>最佳图书奖</li>
            <li>最佳创意奖</li>
```

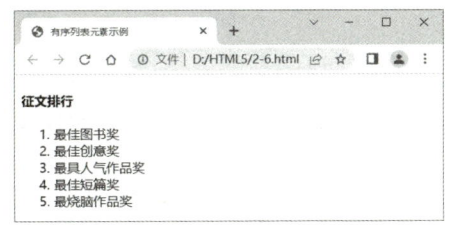

图 2-6 有序列表显示效果

```
            <li>最具人气作品奖</li>
            <li>最佳短篇奖</li>
            <li>最烧脑作品奖</li>
        </ol>
    </body>
</html>
```

对于有序列表的使用，应注意保持列表项的逻辑顺序，以提高读者的理解和阅读效率。

2.2.3 自定义列表元素 dl

自定义列表（definition list）又称为释义列表或字典列表，用<dl>标签定义列表。它的内容不仅仅是一列项目，而是项目及其注释的组合。在自定义列表中，每个列表项标题用<dt>标签定义（definition term），每个列表项标题内部可以有多个列表项描述，这些描述用<dd>标签定义（definition description）。定义列表元素的格式为：

```
<dl>
    <dt>第一个标题项</dt>
    <dd>对第一个标题项的描述文字 1</dd>
    <dd>对第一个标题项的描述文字 2</dd>
    …
    <dt>第二个标题项</dt>
    <dd>对第二个标题项的描述文字 1</dd>
    …
</dl>
```

在<dl>、<dt>和<dd>这 3 个标签的组合中，<dt>是标题，<dd>是内容，<dl>可以看作是承载它们的容器。当有多组这样的标签组合时，应尽量使用一个<dt>标签配合一个<dd>标签的方式。如果<dd>标签中的内容很多，可以嵌套使用<p>标签。

【例 2-7】 使用列表显示高分电影排行榜。本例文件 2-7.html 的代码如下，在浏览器中显示的效果如图 2-7 所示。

```
<!DOCTYPE html>
<html>
    <head>
        <meta charset="utf-8">
        <title>自定义列表示例</title>
    </head>
    <body>
        <h4>高分电影排行榜</h4>
        <dl>
            <dt>按类型排行</dt>
            <dd>爱情</dd>
            <dd>喜剧</dd>
            <dd>其他类型</dd>
            <dt>按年代排行</dt>
            <dd>2020</dd>
```

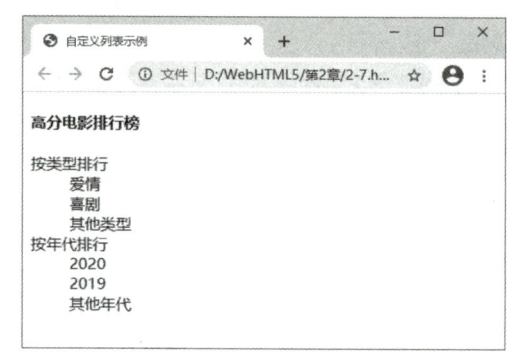

图 2-7 自定义列表页面显示效果

```
            <dd>2019</dd>
            <dd>其他年代</dd>
        </dl>
    </body>
</html>
```

在上面的示例中，<dl>列表中每一项的名称用<dt>标签标记，后面跟着由<dd>标签标记的条目定义或解释。默认情况下，浏览器在左边界显示条目的名称，并在下一行以缩进的方式显示其定义或解释。

2.2.4 嵌套列表

所谓嵌套列表就是无序列表与有序列表的嵌套混合使用。嵌套列表可以把页面分为多个层次，给人以很强的层次感。有序列表和无序列表不仅可以自身嵌套，而且彼此可互相嵌套。嵌套方式可分为：无序列表中嵌套无序列表、有序列表中嵌套有序列表、无序列表中嵌套有序列表、在有序列表中嵌套无序列表等方式，读者需要灵活掌握。

【例 2-8】 在无序列表中嵌套无序列表、有序列表和定义列表。本例文件 2-8.html 的代码如下，在浏览器中显示的效果如图 2-8 所示。

```
<!DOCTYPE html>
<html>
    <head>
        <meta charset="utf-8">
        <title>青青博客</title>
    </head>
    <body>
        <ul><!--无序列表-->
            <li>点击率排行</li>
            <ol><!--有序列表-->
                <li>十条设计原则教你学会如何设计网页布局</li>
                <li>6 条网页设计配色原则，让你秒变配色高手</li>
                <li>三步实现滚动条触动 css 动画效果</li>
            </ol>
            <hr><!--水平分隔线-->
            <li>猜你喜欢</li>
            <ul><!--嵌套无序列表-->
                <li>安静地做一名爱设计的女子</li>
                <li>个人博客，属于我的小世界</li>
            </ul>
            <hr>
            <li>欢迎联系</li>
            <dl>
                <dt>电话：</dt>
                    <dd>010-22363123</dd>
                <dt>地址：</dt>
                    <dd>北京市东城区长安街 3 号</dd>
```

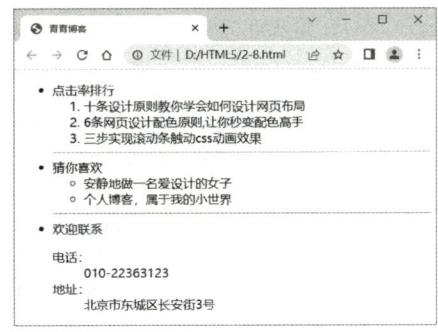

图 2-8 嵌套列表页面显示效果

```
            </dl>
        </ul>
    </body>
</html>
```

2.3 表格元素 table

表格由指定数量的行和列组成，每行的列数通常一致。同一行的单元格高度一致且水平对齐，同一列的单元格宽度一致且垂直对齐。这种严格的约束形成了一个不易变形的长方形盒子结构，堆叠排列起来结构很稳定。表格中的内容按照相应的行或列进行分类和显示。表格将文本和图像按行、列排列，它与列表一样，有利于表达信息。

2.3.1 基本表格

表格用<table>标签定义，标签标题用<caption>标签定义；每个表格有若干行，用<tr>标签定义表行（table row）；每行被分隔为若干数据单元格，用<td>标签定义表格数据（table data）；当单元格是表头时，用<th>标签定义表头（table header）。定义表格元素的格式为：

```
<table border="n" width="x|x%" height="y|y%" cellspacing="i" cellpadding="j">
    <caption>标题</caption>
    <tr> <th>表头 1</th> <th>表头 2</th> <th>…</th> <th>表头 n</th></tr>
    <tr> <td>表项 1</td> <td>表项 2</td> <td>…</td> <td>表项 n</td></tr>
    …
    <tr> <td>表项 1</td> <td>表项 2</td> <td>…</td> <td>表项 n</td></tr>
</table>
```

表格是一行一行建立的，在每一行中填入该行每一列的表项数据。可以把表头看作一行，只不过用的是<th>标签。在浏览器中显示时，<th>标签的文字按粗体显示，<td>标签的文字按正常字体显示。

表格的整体外观由<table>标签的属性决定。

1）border 属性：定义表格边框的粗细，n 为整数，单位为像素。如果省略，则不带边框。

2）width 属性：定义表格的宽度，x 为像素数或百分数（占窗口的）。

3）height 属性：定义表格的高度，y 为像素数或百分数（占窗口的）。

4）cellspacing 属性：定义表项间隙，i 为像素数。

5）cellpadding 属性：定义表项内部空白，j 为像素数。

【例 2-9】 在页面中添加一个 4 行 3 列的表格。本例文件 2-9.html 的代码如下，在浏览器中显示的效果如图 2-9 所示。

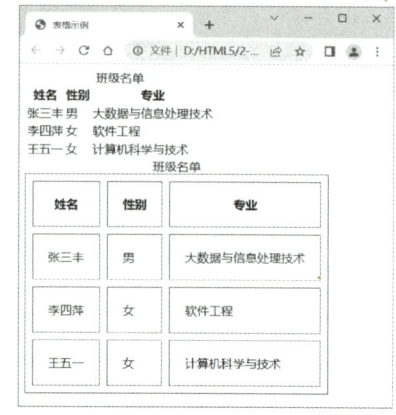

图 2-9 表格的显示效果

```
<!DOCTYPE html>
<html>
    <head>
        <meta charset="utf-8">
        <title>表格示例</title>
    </head>
    <body>
        <table>
            <caption>班级名单</caption>
            <tr><th>姓名</th><th>性别</th><th>专业</th></tr>
            <tr><td>张三丰</td><td>男</td><td>大数据与信息处理技术</td></tr>
            <tr><td>李四萍</td><td>女</td><td>软件工程</td></tr>
            <tr><td>王五一</td><td>女</td><td>计算机科学与技术</td></tr>
        </table>
        <table border="1" cellspacing="10" cellpadding="20">
            <caption>班级名单</caption>
            <tr><th>姓名</th><th>性别</th><th>专业</th></tr>
            <tr><td>张三丰</td><td>男</td><td>大数据与信息处理技术</td></tr>
            <tr><td>李四萍</td><td>女</td><td>软件工程</td></tr>
            <tr><td>王五一</td><td>女</td><td>计算机科学与技术</td></tr>
        </table>
    </body>
</html>
```

这段代码使用了<table>标签的 border、cellspacing 和 cellpadding 属性来定义表格的边框粗细、表项间隙和表项内部空白。表格所使用的边框粗细等样式一般应放在专门的 CSS 样式文件中（后续章节讲解），此处讲解这些属性仅仅是为了演示表格案例中的页面效果，在真正设计表格外观的时候是通过 CSS 样式完成的。

2.3.2 合并行和列

合并行和列的表格也称为跨行跨列的表格。跨行是指单元格在垂直方向上合并，跨列是指单元格在水平方向上合并。<th>和<td>标签可以使用 rowspan 和 colspan 属性分别表示该单元格跨越的行数和列数。定义跨行跨列表格的格式为：

```
<table>
    <tr><th rowspan="所跨的行数" colspan="所跨的列数">单元格内容</th></tr>
    <tr><td rowspan="所跨的行数" colspan="所跨的列数">单元格内容</td></tr>
</table>
```

【例 2-10】合并行和列示例。本例文件 2-10.html 的代码如下，在浏览器中显示的结果如图 2-10 所示。

```
<!DOCTYPE html>
<html>
    <head>
        <meta charset="utf-8">
```

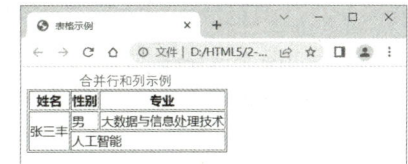

图 2-10 合并行和列的效果

```
            <title>表格示例</title>
        </head>
        <body>
            <table border="1">
                <caption>合并行和列示例</caption>
                <tr>
                    <th>姓名</th>
                    <th>性别</th>
                    <th>专业</th>
                </tr>
                <tr>
                    <td rowspan="2">张三丰</td>
                    <td>男</td>
                    <td>大数据与信息处理技术</td>
                </tr>
                <tr>
                    <td colspan="2">人工智能</td>
                </tr>
            </table>
        </body>
</html>
```

在此例中，将"张三丰"所在的单元格跨越了两行，将"人工智能"所在的单元格跨越了两列。

表格在合并行和列后，并不会改变其本身的特性。表格中同行的内容总高度一致，同列的内容总宽度一致，各单元格的宽度或高度会互相影响，因此结构相对稳定。然而，其不足之处在于布局控制的灵活性较差。

2.3.3 表格数据的分组

表格数据的分组标签包括<thead>、<tbody>和<tfoot>，主要用于对表格数据进行逻辑分组。其中，<thead>标签对应表格的表头；<tbody>标签对应表格的主体内容；<tfoot>标签对应表格的页脚，即对各分组数据汇总的部分。每个分组标签内由多行<tr>组成，其子元素仅可为 td 和 th。

<tbody>、<thead>和<tfoot>通常用于对表格内容进行分组，当创建某个表格时，你可能会希望拥有一个标题行、一些带有数据的行，以及位于底部的一个总计行。这种划分使得浏览器能够支持独立于表格标题和页脚的表格主体内容滚动。当长的表格被打印时，表格的表头和页脚可以被打印在包含表格数据的每一页上。

【例 2-11】 分组表格示例。本例文件 2-11.html 的代码如下，在浏览器中显示的效果如图 2-11 所示。

```
<!DOCTYPE html>
<html>
    <head>
        <meta charset="utf-8">
```

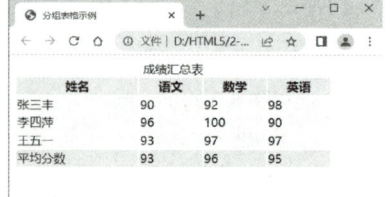

图 2-11 表格分组显示效果

```html
            <title>分组表格示例</title>
        </head>
        <body>
            <table border="0" width="420"><!--设置表格宽度为420px，无边框-->
                <caption>成绩汇总表</caption>
                <thead style="background:#FAF0E6"><!--设置表格的页眉-->
                    <tr>
                        <th>姓名</th> <th>语文</th><th>数学</th><th>英语</th>
                    </tr>
                </thead><!--表格页眉结束-->
                <tbody style="background:#FFFAF0"><!--设置表格主体-->
                    <tr>
                        <td>张三丰</td><td>90</td><td>92</td><td>98</td>
                    </tr>
                    <tr>
                        <td>李四萍</td><td>96</td><td>100</td><td>90</td>
                    </tr>
                    <tr>
                        <td>王五一</td><td>93</td><td>97</td><td>97</td>
                    </tr>
                </tbody><!-表格主体结束-->
                <tfoot style="background:#FAF0E6"><!--设置表格的数据页脚-->
                    <tr>
                        <td>平均分数</td><td>93</td><td>96</td><td>95</td>
                    </tr>
                </tfoot><!--表格页脚结束-->
            </table>
        </body>
</html>
```

为了区分报表各部分的颜色，这里使用了 style 样式属性分别为 thead、tbody 和 tfoot 设置背景色，此处只是为了演示页面效果。

2.3.4 调整列的格式

为了调整列的格式，可以先对表格中的列进行组合，然后对表格中的各列定义属性值。

1）<colgroup>标签：用于对表格中的列进行组合，以便对其进行格式化。

2）<col>标签：用于为表格中的一个或多个列定义属性值，通常位于<colgroup>元素内。

【例 2-12】 列格式示例。本例文件 2-12.html 的代码如下，在浏览器中显示的效果如图 2-12 所示。

```html
<!DOCTYPE html>
<html>
    <head>
        <meta charset="utf-8">
        <title>列格式示例</title>
    </head>
```

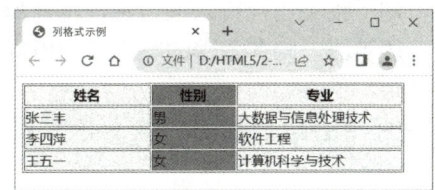

图 2-12 列格式显示效果

```
<body>
    <table border="1">
        <colgroup>
            <col width="150" style="background:#FFFAF0">
            <col width="100" style="background:#8d8d8d">
            <col width="200" style="background:#FFFAF0">
        </colgroup>
        <tr>
            <th>姓名</th><th>性别</th><th>专业</th>
        </tr>
        <tr>
            <td>张三丰</td><td>男</td><td>大数据与信息处理技术</td>
        </tr>
        <tr>
            <td>李四萍</td><td>女</td><td>软件工程</td>
        </tr>
        <tr>
            <td>王五一</td><td>女</td><td>计算机科学与技术</td>
        </tr>
    </table>
</body>
</html>
```

在此例中，使用<colgroup>和<col>标签对列进行了组合和样式定义。<colgroup>标签包含了所有的<col>标签，代表了一个列组。在每个<col>标签中，定义了列的宽度和背景颜色。

需要注意的是，<colgroup>和<col>标签必须位于<table>标签内部，但是应位于任何<thead>、<tfoot>、<tbody>或<tr>标签之前。

每个<col>标签代表了表格中的一个或多个列，其 width 属性用于定义列的宽度，style 属性用于应用 CSS 样式。

最后，定义了表格的内容，包括表头行（由<th>标签定义）和数据行（由<tr>和<td>标签定义），每个<tr>标签代表一行，每个<td>标签代表一个单元格。在表头行中，使用<th>标签代替了<td>标签，以便对表头进行特殊格式化。

2.4 表单

无论是注册、登录、搜索还是用户反馈等许多功能，都需要通过表单来实现。表单包含文本框、单选框、复选框、下拉列表框、按钮等元素，用于收集用户输入的信息，用户单击提交按钮后，这些信息将被发送到服务器，服务器端的脚本或应用程序会对这些信息进行处理。

2.4 表单

2.4.1 表单元素 form

表单是由一系列可输入表项及项目选择等控制所组成的栏目。在 HTML 中，使用 form 元素来创建表单。form 元素是块级元素，通常会在元素前后换行。一个基本的 form 元素的格式为：

<form name="表单名" action="URL" method="get|post" …>
…
</form>

<form>标签的主要作用是处理和传送表单的结果。<form>标签的常用属性及其描述如下。

1）action 属性：规定了提交表单时，表单数据发送的位置，通常是一个网址或 E-mail 地址。这是一个必需的属性。

2）method 属性：规定了发送表单数据时的类型，可以是 get 或 post，具体取决于后台程序。这也是一个必需的属性。

3）enctype 属性：规定了在发送表单数据之前如何对其进行编码。可能的值如下。
- application/x-www-form-urlencoded：默认的编码方式，会在发送前编码所有字符。
- multipart/form-data：被编码为一条二进制消息，网页上的每个控件对应消息中的一个部分，包括文件域指定的文件。在使用包含文件上传控件的表单时，必须使用这个值。
- text/plain：空格转换为加号（+），但不对特殊字符编码。

4）name 属性：用于设定表单的名称，用于在一个网页中唯一识别一个表单。通常与 id 属性值相同。

5）target 属性：规定了使用哪种方式打开目标 URL，可以是_blank、_self、_parent 或_top 中的一个，使用方法与<a>元素的 target 属性相同。

2.4.2 输入元素 input

input 元素用来定义用户输入数据的输入字段，根据不同的 type 属性值，输入字段可以是文本字段、密码字段、复选框、单选按钮、按钮、隐藏域、图像、文件等。input 元素的基本格式为：

<input type="表项类型" name="元素名" size="x" maxlength="y">

input 元素的常用属性如下。

1）type 属性：指定要加入表单项目的类型，type 的属性值有多种表单控件，见表 2-1。

表 2-1 input 元素的 type 属性值

type 的属性值	描述
text	单行文本输入框，可以输入一行文本，可通过 size 和 maxlength 定义显示的宽度和最大字符数
password	密码输入框，同单行文本框，不同的是该区域字符会被掩码
radio	单选按钮，相同 name 属性的单选按钮只能选中一个，默认选中用 checked="checked"
checkbox	复选框多选按钮，可以同时选中多个，默认选中用 checked="checked"
submit	提交按钮，单击本按钮后将表单数据发送到服务器
reset	重置按钮，单击本按钮后会清除表单中输入的所有数据
button	按钮，大部分情况下执行的是 JavaScript 脚本
image	图片形式的提交按钮，效果同提交按钮，必须使用 src 属性定义图片的 URL，并且使用 alt 定义当图片无法显示时的替代文字。height 和 width 属性定义图片的高和宽
file	选择文件控件，用于上传文件
hidden	隐藏的输入区域，一般用于定义隐藏的参数
color	让用户从拾色器中选择一个颜色

（续）

type 的属性值	描　　述
date	让用户从一个日期选择器选择一个日期
datetime	让用户从一个 UTC 日期和时间选择器中选择一个日期。有的浏览器不支持
datetime-local	让用户从日期时间选择器中选择一个本地的日期和时间
time	让用户从时间选择器中选择小时和分
month	让用户从月份选择器中选择月份，包括年和月
week	让用户从周、年选择器中选择周和年
email	生成一个 E-Mail 地址的输入框
number	生成一个只能输入数值的输入框
range	生成一个拖动条，通过拖动输入一定范围内的数字值
search	生成一个用于输入搜索关键字的文本框
tel	生成一个只能输入电话号码的文本框
url	生成一个 URL 地址的输入框

2）name 属性：定义 input 元素的名称。

3）size 属性：定义该控件的宽度。

4）maxlength 属性：规定输入字段中的字符的最大长度。

5）checked 属性：当页面加载时是否预先选择该 input 元素（适用于 type="checkbox"或 type="radio"）。

6）readonly 属性：规定输入字段为只读，字段的值无法修改。

7）autofocus 属性：规定输入字段在页面加载时是否获得焦点（不适用于 type="hidden"）。

8）disabled 属性：当页面加载时是否禁用该 input 元素（不适用于 type="hidden"）。

9）value 属性：规定 input 元素的默认值。

【例 2-13】 制作不同类型的表单按钮示例。本例文件 2-13.html 的代码如下，在浏览器中显示的效果如图 2-13 所示。

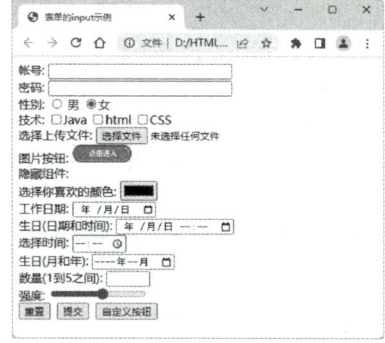

图 2-13　不同类型的表单按钮

```
<!DOCTYPE html>
<html>
    <head>
        <meta charset="utf-8">
        <title>表单的 input 示例</title>
    </head>
    <body>
        <form action="" method="">
            账号：<input type="text" name="user" size=30><br>
            密码：<input type="password" name="passwd" size=30><br>
            性别：<input type="radio" name="sex" value="male"> 男
            <input type="radio" name="sex" value="female" checked="checked">女<br>
            技术：<input type="checkbox" name="tech" value="java">Java
            <input type="checkbox" name="tech" value="html">html
            <input type="checkbox" name="tech" value="css">CSS<br>
            选择上传文件：<input type="file" name="file"><br>
            图片按钮：<input type="image" src="images/ClickEnter.jpg" width="80" height="25"><br>
```

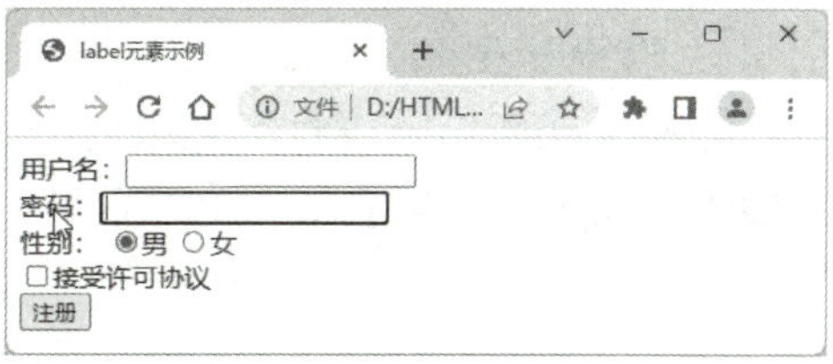

隐藏组件:<input type="hidden" name="mykey" value="myvalue">
选择你喜欢的颜色: <input type="color" name="favcolor">
工作日期: <input type="date" name="bday">
生日(日期和时间): <input type="datetime-local" name="bdaytime">
选择时间: <input type="time" name="usr_time">
生日(月和年): <input type="month" name="bdaymonth">
数量(1 到 5 之间): <input type="number" name="quantity" min="1" max="5">
强度: <input type="range" name="points" min="1" max="10">
<input type="reset"> <input type="submit"> <input type="reset" value="自定义按钮">
        </form>
    </body>
</html>
```

【说明】图片保存在 2-13.html 文件所在的文件夹中，文件夹名为 images，图片文件名为 ClickEnter.jpg。

## 2.4.3 标签元素 label

label 元素用于为表单中的其他控件元素添加说明文字。当用户在浏览器中单击由 label 元素生成的标签时，浏览器会自动将焦点转移到与该标签关联的表单控件上。label 元素的格式为：

**&lt;label for="id"&gt;说明文字&lt;/label&gt;**

&lt;label&gt;标签的一个重要属性是 for，它将&lt;label&gt;标签绑定到另一个元素。这是通过将 for 属性的值设置为与之关联的元素的 id 属性值来实现的。使表单控件关联&lt;label&gt;标签的方法有以下两种：

- 使用&lt;label&gt;标签的 for 属性，其值指定为关联表单控件的 id。
- 将说明文字与表单控件一起放入&lt;label&gt;...&lt;/label&gt;标签内部。

【例 2-14】 label 元素的应用示例，当用户单击"密码"标签时，焦点将定位到其关联的文本框中。本例文件 2-14.html 的代码如下，在浏览器中显示的效果如图 2-14 所示。

```
<!DOCTYPE html>
<html>
    <head>
        <meta charset="utf-8">
        <title>label 元素示例</title>
    </head>
    <body>
        <form>
            <label>用户名：<input type="text" id="username" required></label><br>
            <label>密码：<input type="password" id="password" required></label><br>
            <label>性别：</label>
            <label><input type="radio" name="gender" value="男" checked required>男</label>
            <label><input type="radio" name="gender" value="女" required>女</label><br>
            <label><input type="checkbox" id="agreement">接受许可协议</label><br>
            <input type="button" id="submit" value="注册" disabled>
```

图 2-14 label 元素的显示
```

```
        </form>
    </body>
</html>
```

需要注意的是，<label>标签不仅提高了表单的易用性（用户可以单击标签来选择控件），也增加了无障碍访问性（对于有视觉障碍的用户，可以通过屏幕阅读器读出标签内容）。因此，在设计表单时，应尽可能使用<label>标签，以提高用户体验和无障碍访问性。

2.4.4 选择栏元素 select

select 元素可创建下拉菜单或者列表框，实现单选或多选菜单。<select>标签必须配合<option>标签和<optgroup>标签使用，<option>标签定义列表中的可用选项；<optgroup>标签表示一个列表项组，该元素中只能有 option 子元素。

1. select 元素

select 元素的格式为：

```
<select size="x" name="控件名" multiple= "multiple">
    <optgroup>
        <option …> … </option>
        <option …> … </option>
        …
    </optgroup>
    …
</select>
```

select 元素的属性如下。

1）size 属性：指定下拉列表中同时显示选项的数目，其默认值为 1。

2）name 属性：指定下拉列表的名称。

3）multiple 属性：指定下拉列表可选择多个选项，属性值只能是"multiple"。如果没有此属性，那么只能单选。

2. option 元素

option 元素定义下拉列表中的一个选项。浏览器将<option>标签中的内容作为<select>标签的菜单或滚动列表中的一个元素显示。option 元素必须位于 select 元素内部。option 元素的格式为：

```
<option value="选项值" selected="selected">…</option>
```

option 元素的属性如下。

1）value 属性：定义该列表项对应的送往服务器的参数。若省略，则初始值为<option>中的内容。

2）selected 属性：指定该选项的初始状态为选中，其属性值只能是"selected"。

3. optgroup 标签

如果列表选项很多，可以使用<optgroup>标签对相关选项进行分组。optgroup 元素的格式为：

```
<optgroup>
    <option …> … </option>
    <option …> … </option>
    …
</optgroup>
```

<optgroup>元素的属性如下。

1）label 属性：为选项组指定说明文字，该属性必须设置。

2）disabled 属性：禁用该选项组，其属性值是"disabled"。

【例 2-15】 制作问卷调查的下拉菜单示例。本例文件 2-15.html 的代码如下，在浏览器中显示的效果如图 2-15 所示。

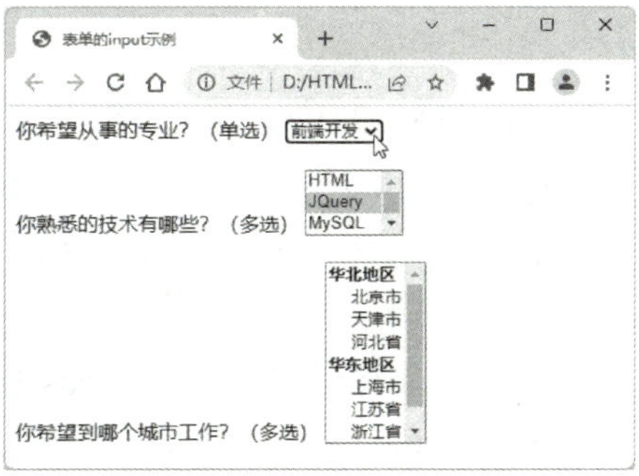

```
<!DOCTYPE html>
<html>
    <head>
        <meta charset="utf-8">
        <title>表单的 input 示例</title>
    </head>
    <body>
        <form action="" method="post">
            你希望从事的专业？（单选）
            <select>
                <option value="front">前端开发</option>
                <option value="back">后端开发</option>
                <option value="ai">人工智能</option>
            </select><br><br>
            你熟悉的技术有哪些？（多选）
            <select size="3" multiple="multiple">
                <option value="html">HTML</option>
                <option value="jq" selected="selected">JQuery</option>
                <option value="mysql">MySQL</option>
                <option value="asp">ASP.NET</option>
            </select><br><br>
            你希望到哪个城市工作？（多选）
            <select size="8" multiple="multiple">
                <optgroup label="华北地区">
                    <option value="beijing">北京市</option>
                    <option value="tianjin">天津市</option>
                    <option value="hebei">河北省</option>
                </optgroup>
                <optgroup label="华东地区">
                    <option value="shanghai">上海市</option>
                    <option value="jiangsu">江苏省</option>
                    <option value="zhejiang">浙江省</option>
                    <option value="anhui">安徽省</option>
                </optgroup>
```

图 2-15　页面的显示效果

```
            </select>
        </form>
    </body>
</html>
```

2.4.5　按钮元素 button

button 元素定义一个按钮。<button>与</button>标签之间的所有内容都是按钮的内容，其中包括任何可接受的内容，包括文本、图像或多媒体内容。这是该元素与 input 元素创建的按钮之间的不同之处。与<input type="button">相比，button 元素提供了更为强大的功能和更丰富的内容。button 元素的格式为：

<button type="按钮的类型">文本、图像元素</button>

button 元素的属性如下。

1）type 属性：指定按钮的类型，只能是 button、reset 或 submit，对应<input>的 3 种类型的按钮。

2）autofocus 属性：autofocus 规定当页面加载时按钮应当自动获得焦点。

3）disabled 属性：disabled 规定应该禁用该按钮。

4）name 属性：规定按钮的名称。

5）value 属性：规定按钮的初始值，可由脚本进行修改。

【例 2-16】　按钮元素示例。本例文件 2-16.html 的代码如下，在浏览器中显示的效果如图 2-16 所示。

```
<!DOCTYPE html>
<html>
    <head>
        <meta charset="utf-8">
        <title>button 元素示例</title>
    </head>
    <body>
        <form action="" method="post">
            <button type="submit">提交</button>  
            <button type="reset">重置</button>  
            <button type="button">确定</button><br><br>
            <button type="button">
                <img src="images/ClickEnter.jpg" width="100" height="30">
            </button>    
            <button type="button">
                <img width="128" height="40" src="https://dgss0.bdstatic.com/5bVWsj_p_tVS5dKfpU_Y_D3/res/r/image/2017-09-26/352f1d243122cf52462a2e6cdcb5ed6d.png">
            </button>
        </form>
    </body>
</html>
```

图 2-16　按钮元素

【说明】图片保存在 2-16.html 文件所在的文件夹中，文件夹名为 images，图片文件名为 ClickEnter.jpg。

2.4.6 多行文本元素 textarea

textarea 元素定义多行的文本输入控件，可以输入多个段落的文字。文本区中可容纳无限数量的文本。textarea 元素的格式为：

    <textarea name="名称" rows="行数" cols="列数">
        初始文本内容
    </textarea>

textarea 元素的属性如下。
1）cols 属性：指定 textarea 文本区内的可见列数，即宽度，此属性必须设置。
2）rows 属性：指定 textarea 文本区内的可见行数，即高度，此属性必须设置。
3）maxlength 属性：指定文本区域的最大字符数。行数和列数是指不拖动滚动条就可看到的部分。
4）name 属性：指定本标签的名称，不是 ID。
5）placeholder 属性：指定描述文本区的简短提示。
6）readonly 属性：指定文本区为只读，这个属性值只能是 readonly。
7）required 属性：指定文本区是必填的，这个属性值只能是 required。

通过 cols 和 rows 属性可以规定 textarea 的尺寸，不过更好的办法是使用 CSS 的 height 和 width 属性。

注意：在文本输入区内的文本行间，若换行则用"\r\n"（回车/换行）分隔，而不是"%OD%OA"。

【例 2-17】 多行文本元素示例。本例文件 2-17.html 的代码如下，在浏览器中显示的效果如图 2-17 所示。

```
<!DOCTYPE html>
<html>
    <head>
        <meta charset="utf-8">
        <title>textarea 元素示例</title>
    </head>
    <body>
        <form action="" method="post">
            <p>学习经历</p>
            <textarea rows="5" cols="60" placeholder="从初中开始，必填" required="required">
</textarea><br>
            <p>备注</p>
            <textarea rows="4" cols="60"></textarea><br>
            <input type="submit" value="确定">  <input type="reset" value="重置输入">
        </form>
    </body>
</html>
```

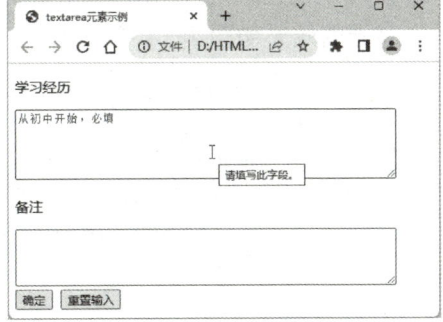

图 2-17 多行文本元素

2.5 分区元素 div

前面介绍的块级元素通常用于组织小区域的内容。为了更方便地管理，这些小区域可能需要被放置在一个更大的区域（或称作分区）中进行布局。

分区元素 div 常用于页面布局时对块级元素的组织，它相当于一个大"容器"。<div>可以定义文档中的分区。div 是 division 的简写，意为分割、区域、分组。<div>元素可以把文档分割为独立的、不同的部分。它可以用作严格的组织工具，并且不使用任何格式与其关联。div 元素可以容纳无序列表、有序列表、表格、表单等块级标签，同时也可以容纳普通的标题、段落、文字、图片等内容。

div 元素是一个块级元素，也就是说，浏览器通常会在 div 元素前后放置一个换行符。实际上，换行是 div 元素固有的唯一格式表现。通常使用 div 元素来组合块级元素，这样就可以使用样式对它们进行格式化。由于 div 元素没有明显的外观效果，因此需要为其添加 CSS 样式属性，才能看到区块的外观效果。div 元素的格式为：

<div id="控件 id" class="类名">文本、图像或表格</div>

div 元素的属性如下。

1）id 属性：用于标识单独的唯一的元素。id 值必须以字母或者下画线开始，不能以数字开始。

2）class 属性：用于标识类名或元素组（类似的元素，或者可以理解为某一类元素）。

3）如果用 id 或 class 来标记<div>，那么该标签的作用会变得更加有效。并非每一个<div>都需要加上 class 或 id，尽管这样做也有一定的好处。

【例 2-18】 使用 div 元素组织网页内容示例。本例文件 2-18.html 的代码如下，在浏览器中显示的效果如图 2-18 所示。

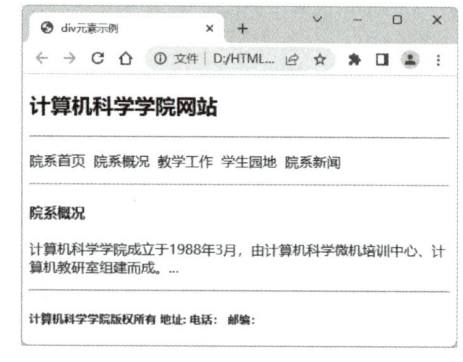

图 2-18　使用 div 元素组织网页内容

```
<!DOCTYPE html>
<html>
    <head>
        <meta charset="utf-8">
        <title>div 元素示例</title>
    </head>
    <body>
        <div class="page">
            <div id="head" class="header">
                <h2>计算机科学学院网站</h2>
                <hr>
            </div>
            <div class="nav">
                <p>院系首页  院系概况  教学工作  学生园地  院系新闻</p>
                <hr>
            </div>
```

```
            <div id="main" class="main_news">
                <h4>院系概况</h4>
                <p>计算机科学学院成立于 1988 年 3 月，由计算机科学微机培训中心、计算机教研室组建而成。...</p>
            </div>
            <div class="foot">
                <hr>
                <h5>计算机科学学院版权所有  地址：电话：  邮编：</h5>
            </div>
        </div>
    </body>
</html>
```

本例把整个文档体（body）设置成 1 个分区（page），然后在该分区中设置了 4 个分区，分别是页头分区（header）、导航栏分区（nav）、主题内容分区（main_news）和页脚的版权分区（foot）。

由于页面中的内容并未设置 CSS 样式，因此整个页面看起来并不美观。在后续章节的练习中，将利用 CSS 样式对该页面进行美化。有关 div 元素的应用，将在后续章节中介绍。

2.6 缩排元素 blockquote

blockquote 元素用于定义一个块引用，浏览器会把<blockquote>与</blockquote>之间的所有文本都从常规文本中分离出来，在左、右两边缩进，以区别于其他文本。有时，不同的浏览器或样式设置可能会用不同的方式来显示块引用，如斜体或不同的背景色。在 blockquote 标签前后添加换行，并增加外边距，可以使块引用更加突出。blockquote 元素的格式为：

```
<blockquote>文本</blockquote>
```

【例 2-19】 blockquote 元素的基本用法示例。本例文件 2-19.html 的代码如下，在浏览器中显示的效果如图 2-19 所示。

```
<!DOCTYPE html>
<html>
    <head>
        <meta charset="utf-8">
        <title>blockquote 元素示例</title>
    </head>
    <body>
        <h4>院系概况</h4>
        <blockquote>
            <p>计算机科学系成立于 1988 年 3 月，由计算机科学微机培训中心、计算机教研室组建而成。现下设系党政办公室、团学办公室、计算机实验中心（含计算机公共课部）、网络管理中心等四个科级管理部门。</p>
        </blockquote>
```

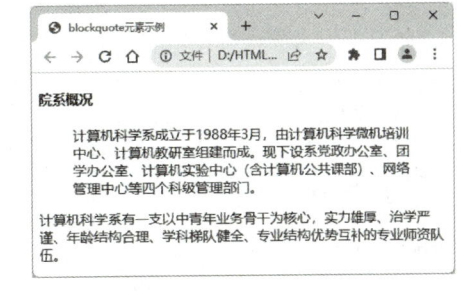

图 2-19 blockquote 元素示例

```
            <p>计算机科学系有一支以中青年业务骨干为核心，实力雄厚、治学严谨、年龄结构合理、学科梯队健全、专业结构优势互补的专业师资队伍。</p>
        </body>
</html>
```

2.7 实训——制作精选信息板块

【实训 2-1】 利用 div 元素组织网页内容，制作精选信息板块。本实训文件 pt2-1.html 的代码如下，在浏览器中显示的效果如图 2-20 所示。

```
<!DOCTYPE html>
<html>
    <head>
        <meta charset="utf-8">
        <title>社区网主页</title>
    </head>
    <body>
        <div style="width: 585px;border:1px solid rgb(220,220,220); margin-top: 16px;margin-left: 25px;">
            <div style="height: 34px;padding-top: 5px;border:1px solid rgb(220,220,220);">
                <label style="font-size: 18px;">精选信息</label>
                <label style="float: right;">more></label>
            </div>
            <div style="margin: 8px;font-size: 14px;line-height: 33px; color:#555454;">
                <ul>
                    <li>1 在活动现场看到的最有趣的场面<label style="float: right;">2023-08-23</label></li>
                    <li>2 在活动现场看到的最有趣的场面<label style="float: right;">2023-08-23</label></li>
                    <li>3 在活动现场看到的最有趣的场面<label style="float: right;">2023-08-23</label></li>
                    <li>4 在活动现场看到的最有趣的场面<label style="float: right;">2023-08-23</label></li>
                    <li>5 在活动现场看到的最有趣的场面<label style="float: right;">2023-08-23</label></li>
                    <li>6 在活动现场看到的最有趣的场面<label style="float: right;">2023-08-23</label></li>
                    <li>7 在活动现场看到的最有趣的场面<label style="float: right;">2023-08-23</label></li>
                </ul>
            </div>
        </div>
    </body>
</html>
```

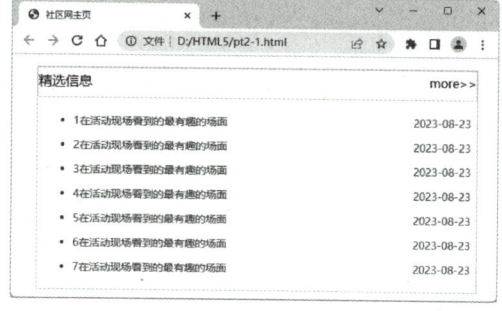

图 2-20　精选信息板块

【说明】 由于页面中的内容并未设置 CSS 样式，因此整个页面看起来并不美观，在后续章节的练习中将利用 CSS 样式对该页面进行美化。

习题 2

1. 制作如图 2-21 所示的课程表。
2. 制作如图 2-22 所示的注册表单。

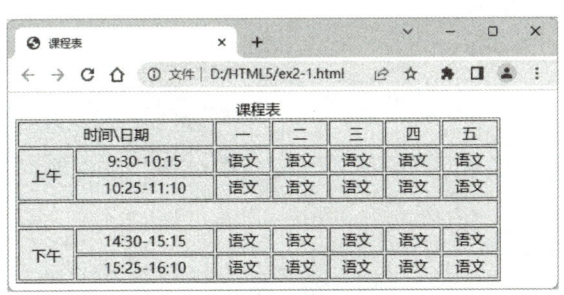

图 2-21　课程表

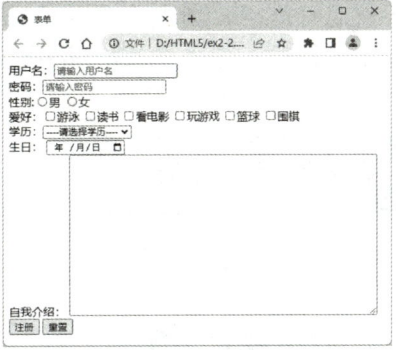

图 2-22　注册表单

3. 使用 div 元素组织段落等网页内容，如图 2-23 所示。

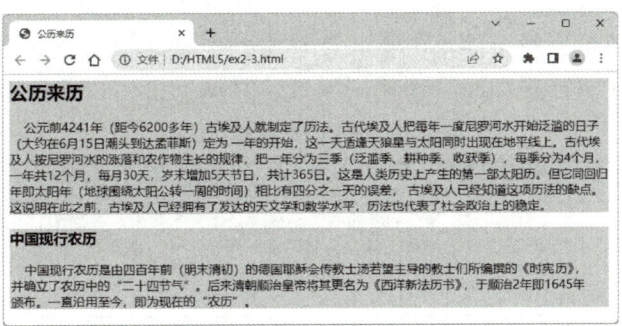

图 2-23　使用 div 元素组织段落等网页内容

第 3 章　HTML5 的行级元素

行级元素也称为行内元素、内联元素。当设计者使用块级元素完成网页元素的组织与布局后，要为其中的每个小区块添加内容，就需要用到行级元素。

学习目标：掌握 HTML 的行级元素及其属性。

重点与难点：图像元素和超链接元素，难点是图像热区超链接元素。

素养目标：培养学生的批判性思维，提升分析问题和解决问题的能力。

3.1 格式化元素

3.1 格式化元素

HTML 的格式化元素包括字体样式元素、短语元素。

3.1.1 字体样式元素

字体样式元素可以使文本内容在浏览器中呈现特定的文字效果。但是，这些文本格式化元素仅能实现简单的、基本的文本格式化。在 HTML5 中，建议使用 CSS 样式表来实现更加丰富的文本格式化效果。对于简单的更改字体样式，文本格式化元素也会经常用到。字体样式元素全是成对出现的标签，而且不使用属性。常用的字体样式元素见表 3-1。

表 3-1　常用的字体样式元素

元素	描述
\<b\>…\</b\>	本标签定义粗体文本，是 bold 的缩写。呈现粗体文本效果。根据 HTML5 规范，在没有其他合适的标签时，才把\<b\>标签作为最后的选项。HTML5 规范声明，应该使用\<h1\>～\<h6\>来表示标题，使用\<em\>标签来表示强调的文本，应该使用\<strong\>标签来表示重要文本，应该使用\<mark\>标签来表示标注的或突出显示的文本
\<big\>…\</big\>	本标签呈现大号字体效果，使用\<big\>标签可以很容易地放大字体，浏览器显示包含在\<big\>…\</big\>标签之间的文字时，其字体比周围的文字要大一号。但是，如果文字已经是最大号字体，这个\<big\>标签将不起任何作用。甚至可以嵌套\<big\>标签来放大文本。每一个\<big\>标签都可以使字体大一号，直到上限 7 号文本，正如字体模型所定义的那样。但是使用\<big\>标签的时候还是要小心，因为浏览器总是试图去理解各种标签，对于那些不支持\<big\>标签的浏览器来说，会经常将其认为是粗体字标签
\<i\>…\</i\>	本标签将包含其中的文本以斜体字（italic）或者倾斜（oblique）字体显示。如果这种斜体字对该浏览器不可用的话，可以使用高亮、反白或加下画线等样式
\<small\>…\</small\>	本标签呈现小号字体效果，\<small\>标签和它所对应的\<big\>标签类似，但它的作用是缩小字体。如果被包围的字体已经是字体模型所支持的最小字号，那么\<small\>标签将不起任何作用。\<small\>标签也可以嵌套，从而连续地把文字缩小。每个\<small\>标签都把文本的字体变小一号，直到达到下限字号
\<tt\>…\</tt\>	本标签呈现类似打字机或者等宽的文本效果。对于那些已经使用了等宽字体的浏览器来说，这个标签在文本的显示上就没有什么特殊效果了
\<sup\>…\</sup\>	本标签定义上标文本。包含在\<sup\>标签和其结束标签\</sup\>中的内容将会以当前文本流中字符高度的一半来显示上标，但是与当前文本流中文字的字体和字号都是一样的。这个标签在向文档添加脚注以及表示方程式中的指数值时非常有用。如果和\<a\>标签结合起来使用，就可以创建出很好的超链接脚注
\<sub\>…\</sub\>	本标签定义下标文本。包含在\<sub\>标签和其结束标签\</sub\>中的内容将会以当前文本流中字符高度的一半来显示下标，但是与当前文本流中文字的字体和字号都是一样的。无论是\<sub\>标签还是和它对应的\<sup\>标签，在数学公式、科学符号和化学式中都非常有用

【例 3-1】 字体样式元素示例。本例文件 3-1.html 的代码如下,在浏览器中显示的效果如图 3-1 所示。

```
<!DOCTYPE html>
<html>
<head>
    <meta charset="utf-8">
    <title>HTML5 保留的文本格式元素示例</title>
</head>
<body>
    <p><b>粗体文本</b><big>大号字体</big><big><big>更大号字体</big></big><b><big>粗体大号字体</big></b></p>
    <p><i>斜体文本</i><small>小号字体</small><small><small>更小号字体</small></small><i><small>斜体小号字体</small></i></p>
    <p><tt>打字机或者等宽的文本</tt>这段文本包含 <sup>上标</sup>还包括<sub>下标</sub></p>
</body>
</html>
```

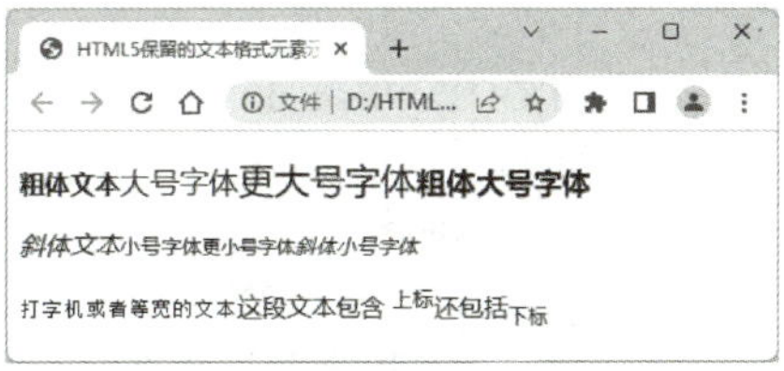

图 3-1 字体样式元素示例

3.1.2 短语元素

短语元素拥有明确的语义,用于标注特殊用途的文本。这些特殊的文本格式化元素会呈现特殊的样式。在文本中加入强调也需要技巧,如果强调过多,会忽略一些重要的短语;如果强调过少,就无法真正突出重要的部分。语义标签不仅可以让用户更容易理解和浏览文档,还可以让某些自动系统利用这些标签从文档中提取信息和有用的参数。提供给浏览器的语义信息越多,浏览器就能更好地展示给用户。如果只是为了达到某种视觉效果而使用这些标签,则不建议使用,而应该使用 CSS 样式表。常用的特殊语义的短语元素见表 3-2。

表 3-2 常用的特殊语义的短语元素

元素	描述
<em>…</em>	本标签告诉浏览器将其中的文本表示为强调的内容。浏览器会将这段文字用斜体来显示
<strong>…</strong>	与<em>标签类似,本标签用于强调文本,但它的强调程度更强。浏览器会用粗体来显示
<code>…</code>	本标签用于表示计算机源代码或其他机器可以阅读的文本内容。浏览器会显示等宽、类似电传打字机样式的字体(Courier)
<kbd>…</kbd>	本标签用来表示文本是从键盘上输入的。浏览器通常会用等宽字体来显示该标签中包含的文本
<var>…</var>	本标签表示变量的名称或由用户提供的值。用<var>标签标记的文本通常会显示为斜体
<dfn>…</dfn>	本标签标记特殊术语或短语。浏览器通常会用斜体来显示<dfn>标签中的文本
<cite>…</cite>	本标签通常表示它所包含的文本对某个参考文献的引用,如书籍或杂志的标题。按照惯例,引用的文本会以斜体显示
<address>…</address>	本标签定义文档或文章的作者或拥有者的联系信息,显示为斜体字
<q>…</q>	本标签定义短的引用,浏览器会在引用的内容周围添加双引号
<pre>…</pre>	本标签定义预格式化的文本。被包围在<pre>标签中的文本会保留空格和换行符,文本呈现为等宽字体。<pre>标签的一个常见应用是用来表示计算机的源代码。<pre>标签中允许的文本可以包括物理样式和基于内容的样式变化,还可以包含链接、图像和水平分隔线
<del>…</del>	本标签定义文档中已经被删除的文本,文字上会显示一条删除线
<ins>…</ins>	本标签定义已经被插入到文档中的文本。<ins>与<del>标签配合使用,用于描述文档的更新和修正
<samp>…</samp>	本标签定义计算机程序代码的样本文本。该标签并不经常使用,只有在要从正常的上下文中提取某些短字符序列并对其进行强调的极少数情况下才使用
<abbr>…</abbr>	本标签用于表示缩写或首字母缩略词,如 "WWW"。通过对缩写词进行标记,能够为浏览器、拼写检查程序、翻译系统和搜索引擎提供有用的信息
<bdo>…</bdo>	<bdo>(Bi-Directional Override)标签定义文字方向,使用 dir 属性,属性值可以是 ltr(left to right,从左到右)或 rtl(right to left,从右到左)

【例 3-2】 短语元素示例。本例文件 3-2.html 的代码如下，在浏览器中显示的效果如图 3-2 所示。

```
<!DOCTYPE html>
<html>
    <head>
        <meta charset="utf-8">
        <title>短语元素示例</title>
    </head>
    <body>
        <p><em>em 标签告诉浏览器把文本表示为强调的内容，用斜体来显示。</em></p>
        <p>strong 强调的程度更强一些，<strong>用粗的字体来显示。</strong></p>
        <p><code>
            <pre>
PI = 3.1415926
r = int(input('r='))   // 请输入 <kbd>100</kbd>，其中变量 <var>r</var> 表示圆的半径
s = PI * r ** 2
print('s=', s)
            </pre>
        </code>
        </p>
        <p>She said <q>I didn't know.</q></p>
        <p>一打有 <del>20</del> <ins>12</ins> 件。</p>
    </body>
</html>
```

图 3-2　短语元素示例

3.2　图像元素 img

图像也称为图片，是网页中不可缺少的元素，它可以美化网页，使网页看起来更加美观大方。虽然有很多种计算机图像格式，但由于受网络带宽和浏览器的限制，Web 上常用的图像格式有 3 种：GIF、JPEG 和 PNG。

img 元素用于向网页中嵌入一幅图像。从技术上讲，<img>标签并不会在网页中插入图像，而是从网页上链接图像。<img>标签创建的是被引用图像的占位空间。img 元素的格式如下：

<img src="图片的 URL" alt="替代文字" width="图像宽度" height="图像高度">

img 元素中的属性说明如下：

1）src 属性：指定要加入图片的位置，即"图像文件的 URL/图像文件名"，URL 可以是相对路径，也可以是绝对路径，本属性是必需的属性。

2）alt 属性：当浏览器尚未完全读入图像或显示的图像不存在时，在图像位置显示的文字，本属性是必需的属性。

3）width 属性：设定图像的宽度（像素数或百分数）。如果不设定图像的大小，图像将按照其本

身的大小显示。属性值可取像素数，也可取百分数。百分数是指相对于当前浏览器窗口的百分比。

4）height 属性：设定图像的高度（像素数或百分数）。

5）title 属性：为浏览者提供额外的提示或帮助信息。

【**例 3-3**】 图像元素示例。本例文件 3-3.html 的代码如下，在浏览器中正常显示的图像效果如图 3-3 所示，当显示的图像路径或图片名称错误，或找不到图片时，例如找不到图片 Pomelo.jpg、CitrusGenealogy.jpg 时，显示的效果如图 3-4 所示。

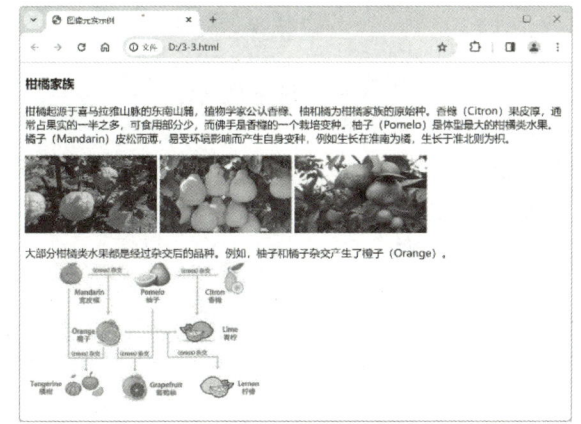

图 3-3　正常显示的图像效果　　　　　图 3-4　图像路径等错误时的显示效果

```
<!DOCTYPE html>
<html>
    <head>
        <meta charset="utf-8">
        <title>图像元素示例</title>
    </head>
    <body>
        <h3>柑橘属家族</h3>
        <p>柑橘起源于喜马拉雅山脉的东南山麓，植物学家公认香橼、柚和橘为柑橘家族的原始种。香橼（Citron）果皮厚，通常占果实的一半之多，可食用部分少，而佛手是香橼的一个栽培变种。柚子（Pomelo）是体型最大的柑橘类水果。橘子（Mandarin）皮松而薄，易受环境影响而产生自身变种，例如生长在淮南为橘，生长于淮北则为枳。
        </p>
        <p><img src="images/citron.jpg" alt="香橼" width="200" height="120">
            <img src="images/Pomelo.jpg" alt="柚子" width="200" height="120">
            <img src="images/Mandarin.jpg" alt="橘子" width="200" height="120">
        </p>
        <p>大部分柑橘类水果都是经过杂交后的品种。例如，柚子和橘子杂交产生了橙子（Orange）。<img src="images/CitrusGenealogy.jpg" alt="柑橘族谱"
            title="柑橘族谱 Citrus Genealogy"></p>
    </body>
</html>
```

当显示的图像不存在时，页面中图像的位置将显示网页图片丢失的信息，即显示 ![] 或 ![]。但由于设置了 alt 属性，因此在图片位置的右边会显示替代文字。同时，由于设置了 title 属性，因此在替代文字附近还会显示提示信息。因此，在使用<img>标签时，最好同时使用 alt 属性和

title 属性，避免因图片路径错误而带来的错误信息。同时，增加鼠标提示信息也方便了浏览者阅读。

3.3 超链接元素 a

超链接（hyperlink）或者按照标准叫法称为锚（anchor），超链接可以是一个字、词组、句子或图像。当网页中包含超链接时，在所有浏览器中，链接的默认外观是：未被访问的链接带有下画线并且是蓝色的；已被访问的链接带有下画线并且是紫色的；活动链接带有下画线并且是红色的。当把鼠标指针移动到网页中的某个超链接上时，鼠标指针变为一只小手，单击该超链接后可以从当前网页跳转到其他位置，包括当前页的某个位置、Internet、本地硬盘或局域网上的其他网页或文件（如跳转到声音、图像等多媒体文件）。

3.3 超链接元素 a

3.3.1 a 元素

锚由<a>标签定义，它在网页上建立超文本链接。通过单击一个词、句或图像，可从此处转到另一个链接资源（目标资源），这个目标资源有唯一的地址（URL）。具有以上特点的词、句或图像就称为热点。a 元素的格式为：

<a href="URL" target="打开窗口方式">热点</a>

a 元素中的属性说明如下。

1）href 属性：规定链接指向的页面的 URL。如果要创建一个不会链接到其他位置的空超链接，可用"#"代替 URL。链接目标可以是站内目标，也可以是站外目标；站内目标可以用相对路径，也可以用绝对路径，站外目标则必须用绝对路径。

2）target 属性：指定链接被单击后会产生网页跳转动作，打开目标页面方式的属性值如下。

- _self：默认值，指在超链接所在的窗口中打开目标页面。
- _blank：在新浏览器窗口中打开目标页面。
- _parent：将目标页面载入含有该链接的父窗口中。
- _top：在当前的整个浏览器窗口中打开目标页面。

3.3.2 用图像作为超链接热点

图像也可作为超链接热点，单击图像则跳转到被链接的文本或其他文件。格式为：

<a href="URL" target="打开窗口方式"><img src="图片的 URL"> </a>

【例 3-4】 文本链接热点和图片链接热点示例。本例文件 3-4.html 的代码如下，在浏览器中显示的效果如图 3-5 所示。

<!DOCTYPE html>
<html>
<head>

图 3-5　页面的显示效果

```
            <meta charset="utf-8">
            <title>超链接元素示例</title>
        </head>
        <body>
            <h3>友情链接</h3>
            <p>
                <a href="http://www.microsoft.com/" target="_blank">微软公司</a>
                    
                <a href="https://www.bilibili.com/">哔哩哔哩</a>    
                <a href="https://www.smzdm.com/">什么值得买</a>
            </p>
            <p>
                <a href="http://www.icbc.com.cn/icbc/"><img src="images/icbc.jpg" alt="中国工商银行"></a>
                <a href="https://www.boc.cn/"><img src="images/boc.jpg" alt="中国银行"></a>
                <a href="https://www.baidu.com/" target="_blank"><img src="images/baidu.jpg" alt="百度"></a>
            </p>
        </body>
</html>
```

3.3.3 指向其他页面的链接

创建指向其他页面的链接，就是在当前页面与其他相关页面之间建立超链接。根据目标文件与当前文件的目录关系，有 4 种方法。注意，应该尽量采用相对路径。

1．链接到同一目录内的网页文件

格式为：

    <a href="目标文件名.html">热点文本</a>

其中，"目标文件名"是链接所指向的文件。

2．链接到下一级目录中的网页文件

格式为：

    <a href="子目录名/目标文件名.html">热点文本</a>

3．链接到上一级目录中的网页文件

格式为：

    <a href="../目标文件名.html">热点文本</a>

其中，"../"表示退到上一级目录中。

4．链接到同级目录中的网页文件

格式为：

    <a href="../子目录名/目标文件名.html">热点文本</a>

表示先退到上一级目录中，然后进入目标文件所在的目录。

【例 3-5】 指向其他页面的超链接示例。当前页 3-5.html 中包含两个链接，分别指向"友情链接"页 3-4.html 和"图像元素示例"页 3-3.html，如图 3-6 所示；单击相应的链接热点将分别打开如图 3-4 和图 3-5 所示的页面。

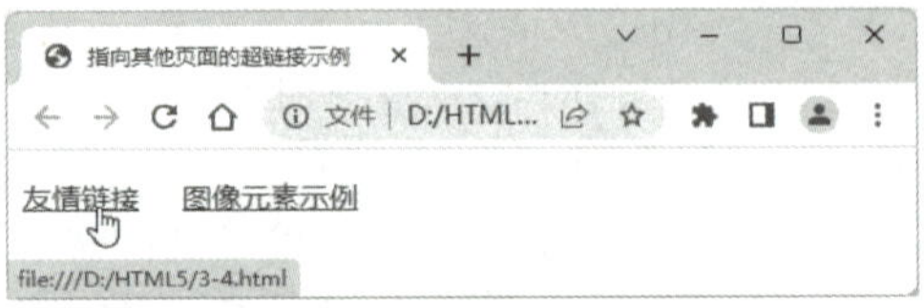

```
<!DOCTYPE html>
<html>
    <head>
        <meta charset="utf-8">
        <title>指向其他页面的超链接示例</title>
    </head>
    <body>
        <p><a href="3-4.html">友情链接</a>    
            <a href="3-3.html" target="_blank">图像元素示例</a>
        </p>
    </body>
</html>
```

图 3-6　页面之间的超链接

3.3.4　创建链接至书签

书签是使用<a>标签在网页元素中设置的标记，其功能类似于用于固定船只的锚，因此也被称为锚记或锚点。当一个页面中有多个书签链接时，需要为每个目标元素设置不同的书签名。书签名在<a>标签的 name 属性中定义，格式为：

<a name="标记名">目标文本附近的字符串</a>

1. 创建链接至页面内的书签

要在当前页面内创建书签链接，需要定义两个标签：一个为超链接标签，另一个为书签标签。超链接标签的格式为：

<a href="#标记名">链接文本</a>

即单击"链接文本"，将跳转到以"标记名"为名称的网页元素。

【例 3-6】 创建链接至页面内的书签。在当前页面 3-6.html 的上部单击"[什么是超文本？]"链接时，将跳转到页面下方的"什么是超文本？"位置处，如图 3-7 所示。

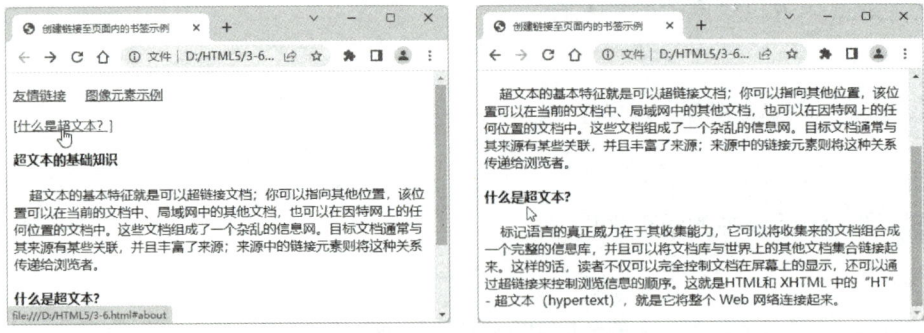

图 3-7　指向页面内书签的超链接

```html
<!DOCTYPE html>
<html>
    <head>
        <meta charset="utf-8">
        <title>创建链接至页面内的书签示例</title>
    </head>
    <body>
        <p><a href="3-4.html">友情链接</a>    
            <a href="3-3.html" target="_blank">图像元素示例</a></p>
        <p><a href="#about">[什么是超文本？]</a></p>
        <h4>超文本的基础知识</h4>
        <p>    超文本的基本特征就是可以超链接文档；你可以指向其他位置，该位置可以在当前的文档中、局域网中的其他文档，也可以在因特网上的任何位置的文档中。这些文档组成了一个杂乱的信息网。目标文档通常与其来源有某些关联，并且丰富了来源；来源中的链接元素则将这种关系传递给浏览者。</p>
        <p><a name="about"></a></p>
        <h4>什么是超文本？</h4>
        <p>    标记语言的真正威力在于其收集能力，它可以将收集来的文档组合成一个完整的信息库，并且可以将文档库与世界上的其他文档集合链接起来。这样的话，读者不仅可以完全控制文档在屏幕上的显示，还可以通过超链接来控制浏览信息的顺序。这就是 HTML 和 XHTML 中的 "HT" - 超文本（hypertext），就是它将整个 Web 网络连接起来。</p>
    </body>
</html>
```

【说明】在验证本例效果时，可以将浏览器窗口缩小到只显示页面上半部分内容的大小，然后单击上部的"[什么是超文本？]"链接，这样就可以看到页面自动定位到下方的"什么是超文本？"位置处。

2．创建链接至其他页面的书签

要在其他页面内创建书签链接，需要定义两个标签：一个为当前页面的超链接标签，另一个为目标页面的书签标签。当前页面的超链接标签的格式为：

<a href="目标文件名.html#标记名">链接文本</a>

即单击"链接文本"，将跳转到目标页面以"标记名"为名称的网页元素。

3.3.5　指向下载文件的链接

如果链接到的文件不是 HTML 文件，则该文件将作为下载文件。指向下载文件的链接格式为：

<a href="下载文件名">热点文本</a>

例如，下载一个软件的压缩包文件 softsetup.rar，可以建立如下链接：

<a href="softsetup.rar">下载</a>

请注意，链接中的文件名应必须与实际的文件名一致。

3.3.6 指向电子邮件的链接

单击指向电子邮件的链接,将打开默认的电子邮件程序,如 FoxMail、Outlook Express 等,并自动填写邮件地址。指向电子邮件链接的格式为:

<a href="mailto:E-mail 地址">热点文本</a>

例如,E-mail 地址是 Jack@163.com,可以建立如下链接:

信箱:<a href="mailto:Jack@163.com">联系我</a>

3.3.7 JavaScript 链接

如果链接到 JavaScript 代码,单击链接将执行该 JavaScript 代码,其格式为:

<a href="javascript:代码;">热点文本</a>

javascript 表示 URL 的内容通过 JavaScript 执行。

例如,执行 JavaScript 代码 "alert('Hello World');",可以建立如下链接:

<a href="javascript:alert('Hello World');">单击显示消息框</a>

3.3.8 空链接

空链接是指未指派目标地址的链接。空链接用于向页面上的对象或文本附加行为。例如,可向空链接附加一个行为,以便在指针滑过该链接时交换图像或显示绝对定位的元素。

创建空链接有下面两种方法。

1. 第一种方法

语法格式为:

<a href="#">热点文本</a>   或   **<a href="">热点文本</a>**

虽然这也是空链接,但它其实有锚点#top 的意思,会产生回到顶部的效果。

2. 第二种方法

语法格式为:

<a href="javascript:void(0);">热点文本</a>

href="javascript:void(0);"的含义是让超链接去执行一个 JavaScript 函数,而不是去跳转到某个地址。void(0)表示一个空的方法,它表示不执行任何操作,这样会防止链接跳转到其他页面。这么做往往是为了保留链接的样式,但不让链接执行实际操作。

3.4 图像热区超链接元素 map、area

3.4 图像热区超链接元素 map、area

除了对整幅图像设置超链接外,还可以将图像划分为若干区域,叫作热区,每个热区可设置不同的超链接。此时,包含热区的图像称为映射图像,即带有可单击区域的图像。对于图像热区使用的不再是 a 元素，而是 area 元素。图像热区链接的使用步骤如下。

3.4.1 用 map 元素定义图像地图

map 元素用于图像映射，<map>…</map>标签中可以包含一个以上的热区<area>标签，每个热区<area>标签都有独立的链接。area 元素始终嵌套在<map>…</map>标签之中。语法格式为：

      <map name="映射图像名" id="映射图像名">
           <area shape="热区形状 1" coords="热区坐标 1" href="链接地址 1">
           <area shape="热区形状 2" coords="热区坐标 2" href="链接地址 2">
           …
           <area shape="热区形状 n" coords="热区坐标 n" href="链接地址 n">
      </map>

<map>标签中的 name 和 id 属性，在 HTML5 中必须同时指定 name 和 id 属性相同的"映射图像名"。

<area>标签的两个重要属性如下。

1）shape 属性：定义热区形状，它有以下 3 个值。
- circle：圆形区域。
- rect：矩形区域。
- poly：多边形区域。

2）coords 属性：定义圆形、矩形或多边形区域的坐标。图像的左上角坐标是（0, 0），x 轴向右为正、y 轴向下为正。coords 属性的格式如下：
- 如果 shape="circle"，则 coords 包含 3 个参数，分别为 x、y 和 r，这 3 个参数是圆心坐标（x, y）和圆的半径 r。
- 如果 shape="rect"，则 coords 包含 4 个参数，分别为 x1、y1、x2、y2，这 4 个参数分别是矩形的左上角（x1, y1）和右下角（x2, y2）的坐标。
- 如果 shape="poly"，则 coords 需要按顺序取多边形各个顶点的坐标值（x, y），因此形式为 "x1, y1, x2, y2, ……, xn, yn"，其数量必须是偶数。可以是逆时针，也可以是顺时针。HTML 会按照定义顶点的顺序将它们连接起来，形成多边形热区。

3.4.2 img 元素与 map 元素的关联

将 img 元素的 usemap 属性与 map 元素的 name、id 属性相关联，需要在 img 元素中设置映射图像名，格式为：

      <img usemap="#映射图像名" src="图像文件地址" … >

img 元素中的 usemap 属性要引用 map 元素中的 id 或 name 属性，所以应同时向 map 元素添加 id 和 name 属性。也就是说，img 元素中 usemap 属性的"映射图像名"必须与 map 元素中 name 和 id 属性的"映射图像名"相同，使得 img 元素中的 usemap 属性与 map 元素中的 name、id 属性相关联，以创建图像与映射之间的关系。

【例 3-7】 带有可单击区域的图像映射的示例。本例文件 3-7.html 的代码如下，在浏览器中显示的效果如图 3-8 所示。

```
<!DOCTYPE html>
<html>
    <head>
        <meta charset="utf-8">
        <title>图像热点链接</title>
    </head>
    <body>
        <map name="image_link">
            <area shape="circle" coords="50,50,50" href="3-4.html" alt="">
            <area shape="rect" coords="100,50,200,200" href="3-5.html" alt="">
            <area shape="poly" coords="250,35,300,20,250,80" href="3-6.html" alt="">
        </map>
        <img usemap="#image_link" src="images/blog.jpg" alt="js" width="300" height="200">
    </body>
</html>
```

图 3-8　带有可单击区域的图像映射

3.5　范围元素 span

范围元素（span）用于组合文档中的行级元素。它没有固定的格式表现，只有在应用样式时才会产生视觉上的变化。使用<span>标签可以标识行级某个范围，以实现对该部分内容的特殊设置，从而与其他内容区分开。格式为：

<span>内容</span>

例如，<p><span>文本内容</span>其他内容</p>。

如果不对 span 元素应用样式，span 元素中的文本与其他文本将没有任何视觉上的差异。尽管如此，上述例子中的 span 元素仍然为 p 元素增加了额外的结构。

可以为 span 元素添加 id 或 class 属性，这样既可以增加适当的语义，又方便应用样式。

span 元素与 div 元素的区别在于，span 元素是行级元素，不会导致换行，而 div 元素是块级元素，它会自动换行。可以将块级元素 div 想象成一个大容器，将行级元素 span 想象成一个小容器，大容器可以容纳小容器。需要注意的是，div 元素可以包含 span 元素，但 span 元素不能包含 div 元素。

另外，span 元素本身没有任何属性，也没有结构上的意义。当其他元素都不合适时，可以使用 span 元素。

3.6 多媒体元素

多媒体元素包括音频元素（audio）和视频元素（video）。

3.6.1 音频元素 audio

HTML5 提供了播放音频的标准。audio 元素能够播放声音文件或者音频流，当前，audio 元素支持三种音频格式：OGG、MP3 和 WAV。audio 元素的格式为：

<audio src="音频文件的 URL" controls="controls" …>文本</audio>

audio 元素的属性见表 3-3。<audio>与</audio>标签之间插入的文本是供不支持 audio 元素的浏览器显示的提示文字。

表 3-3 audio 元素的属性

属性	值	描述
src	URL	要播放的音频的 URL
controls	controls	如果指定该属性，则显示控件，如播放、暂停、音量按钮
autoplay	autoplay	如果指定该属性，则音频在就绪后马上播放
loop	loop	如果指定该属性，则每当音频结束时重新开始播放
preload	preload	如果指定该属性，则音频在页面加载时进行加载，并预备播放。如果使用"autoplay"，则忽略本属性

【例 3-8】 在网页中添加播放音频控件的示例。本例文件 3-8.html 的代码如下，在浏览器中显示的效果如图 3-9 所示。

```
<!DOCTYPE html>
<html>
    <head>
        <meta charset="utf-8">
        <title>audio</title>
    </head>
    <body>
        <audio src="images/甜蜜蜜.mp3" controls="controls">
            当前浏览器不支持 audio
        </audio>
    </body>
</html>
```

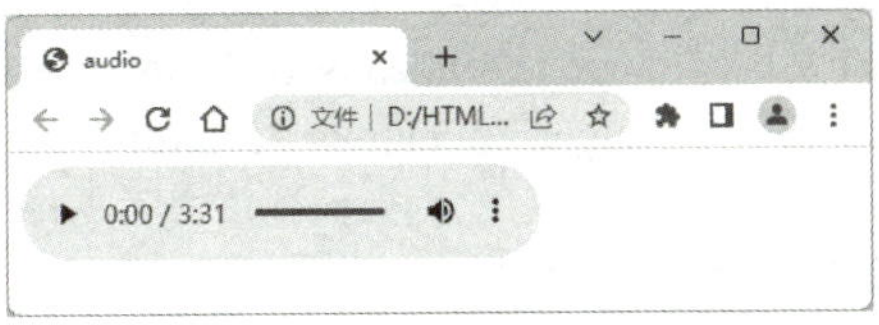

图 3-9 在网页中添加播放音频控件

3.6.2 视频元素 video

video 元素用于定义视频，例如电影片段或其他视频流。目前，video 元素支持三种视频格式：MP4、WebM、Ogg。video 元素的格式为：

<video src="视频文件的 URL" controls="controls" …>文本</video>

可以在<video>和</video>标签之间放置文本内容，这样不支持 video 元素的浏览器就可以显示该标签的信息。video 元素的属性见表 3-4。

表 3-4　video 元素的属性

属　性	值	描　述
src	URL	要播放的视频的 URL
controls	controls	如果指定该属性，则显示控件，如播放按钮等
width	像素值 pixels	设置视频播放器的宽度
height	像素值 pixels	设置视频播放器的高度
autoplay	autoplay	如果指定该属性，则视频在就绪后马上播放
loop	loop	如果指定该属性，则当媒介文件完成播放后再次开始播放
muted	muted	如果指定该属性，视频的音频输出为静音
poster	URL	规定视频正在下载时显示的图像，直到用户单击播放按钮
preload	auto、metadata 或 none	如果指定该属性，则视频在页面加载时进行加载，并预备播放。如果使用"autoplay"，则忽略该属性

【例 3-9】　在网页中添加播放视频控件示例。本例文件 3-9.html 的代码如下，在浏览器中显示的效果如图 3-10 所示。

```
<!DOCTYPE html>
<html>
    <head>
        <meta charset="utf-8">
        <title>video</title>
    </head>
    <body>
        <video src="images/我只在乎你.mp4" width="800" height="" controls="controls">
            当前浏览器不支持 video 直接播放，单击这里下载视频：<a href="myvideo.webm">下载视频</a>
        </video>
    </body>
</html>
```

图 3-10　在网页中添加播放视频控件

3.7　用 HBuilder X 编辑 HTML 文件

在前面章节，为了帮助读者理解 HTML 文档的结构，采用记事本编辑 HTML 文档。为了提高效率，从本章开始将采用 HBuilder X 来编辑 HTML 文档。HBuilder X（简称 HX）是 DCloud（数字天堂）推出的一款支持 HTML5 的 Web 开发软件，它具有体积小、启

3.7 用 HBuilder X 编辑 HTML 文件

动快的特点。HX 提供了完整的语法提示、代码输入法和代码块等功能，大幅提升了 HTML、JavaScript、CSS 的开发效率。此外，HX 的使用方式也比较符合中国人的开发习惯，编辑 HTML 文档的操作非常简单，只需几个简单的步骤。HBuilder X 标准版操作方法请扫二维码。

HBuilder X 标准版操作方法

3.8 实训——制作广告板块

制作社区网首页的广告板块。本实训文件 pt3-1.html 的代码如下，在浏览器中显示的效果如图 3-11 所示。

图 3-11 广告板块

```
<!DOCTYPE html>
<html>
    <head>
        <meta charset="utf-8">
        <title>社区网首页</title>
    </head>
    <body>
        <div style="width: 1200px;margin: 0 auto;text-align: center;">
            <img src="images/hexie.jpg" class="left">
            <span style="font-size: 44px;color: #e95419;">和谐社区</span>
            <img src="images/chengxin.jpg" class="left">
            <span style="font-size: 44px;color: #e95419;">诚信守法</span>
            <img src="images/jiaotong.jpg" class="left">
            <span style="font-size: 44px;color: #e95419;">交通出行</span>
            <img src="images/bianmin.jpg" class="left">
            <span style="font-size: 44px;color: #e95419;">便民服务</span>
        </div>
        <div style="width: 1200px;margin: 0 auto;text-align: center;">
            <div>
                <h3>商家广告</h3>
            </div>
            <div>
                <a href="#"><img src="images/shangjia_pic.jpg"></a>
                <a href="#"><img src="images/shangjia_pic.jpg"></a>
                <a href="#"><img src="images/shangjia_pic.jpg"></a>
                <a href="#"><img src="images/shangjia_pic.jpg"></a>
                <a href="#"><img src="images/shangjia_pic.jpg"></a>
```

```
            </div>
            <div>
                <a href="#"><img src="images/shangjia_pic.jpg"></a>
                <a href="#"><img src="images/shangjia_pic.jpg"></a>
                <a href="#"><img src="images/shangjia_pic.jpg"></a>
                <a href="#"><img src="images/shangjia_pic.jpg"></a>
                <a href="#"><img src="images/shangjia_pic.jpg"></a>
            </div>
        </div>
        <div style="width: 1200px;margin: 0 auto;text-align: center;">
            <span><a href="">01 友情链接</a></span>|<span><a href="">02 友情链接</a></span>|
            <span><a href="">03 友情链接</a></span>|<span><a href="">04 友情链接</a></span>|
            <span><a href="">05 友情链接</a></span>|<span><a href="">06 友情链接</a></span>|
            <span><a href="">07 友情链接</a></span>|<span><a href="">08 友情链接</a></span>|
            <span><a href="">09 友情链接</a></span>|<span><a href="">10 友情链接</a></span>|
            <span><a href="">11 友情链接</a></span>|<span><a href="">12 友情链接</a></span> <br>
            <span><a href="">13 友情链接</a></span>|<span><a href="">14 友情链接</a></span>|
            <span><a href="">15 友情链接</a></span>|<span><a href="">16 友情链接</a></span>|
            <span><a href="">17 友情链接</a></span>|<span><a href="">18 友情链接</a></span>|
            <span><a href="">19 友情链接</a></span>|<span><a href="">20 友情链接</a></span>|
            <span><a href="">21 友情链接</a></span>|<span><a href="">22 友情链接</a></span>|
            <span><a href="">23 友情链接</a></span>|<span><a href="">24 友情链接</a></span>
        </div>
    </body>
</html>
```

【说明】对于复杂的页面，使用表格布局必须采用多层嵌套才能实现布局效果，但过多的表格嵌套将影响页面的打开速度。

习题 3

1. 使用列表和超链接元素制作如图 3-12 所示的网页。
2. 使用表格和列表制作如图 3-13 所示的清单。

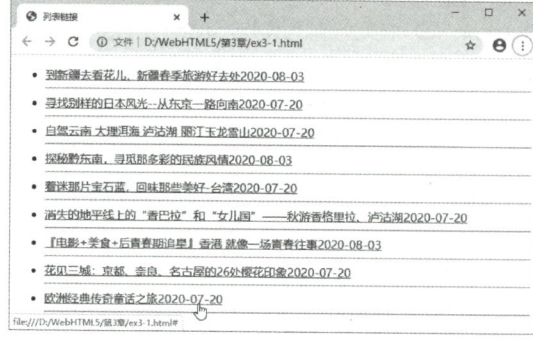

图 3-12　列表和超链接

图 3-13　表格、列表

3．使用图片和超链接元素制作如图 3-14 所示的网页。

图 3-14　图片和超链接

4．制作图文混排网页，如图 3-15 所示。

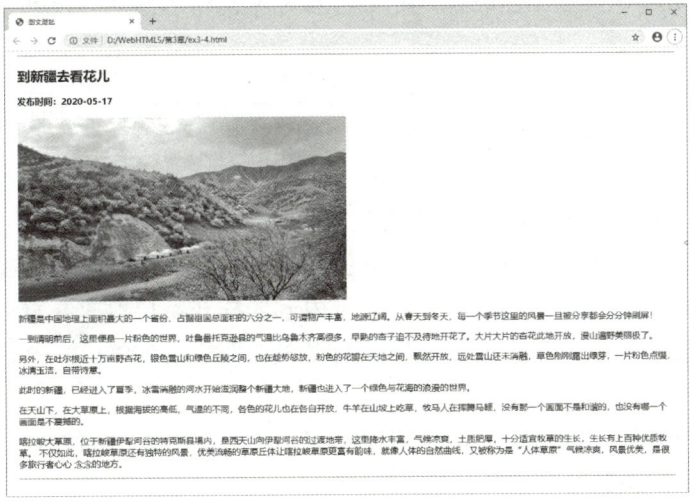

图 3-15　图文混排

第 4 章　CSS3 基础

网页主要由三部分组成，即结构、表现和行为。网页的结构由 HTML 定义，网页的表现由 CSS 定义。CSS 是一种表现语言，用来格式化网页、控制字体、布局、颜色等，将样式添加到 HTML 中是为了解决内容与表现分离的问题。因为 CSS 的表现与 HTML 的结构相分离，CSS 通过对页面结构的风格进行控制，控制整个页面的外观。当需要更改这些页面的样式设置时，只需在样式表中进行修改，而不用对每个页面逐个进行修改，从而大大简化了格式化的工作。

学习目标：掌握在 HTML 中使用 CSS 的方法，了解 CSS 的特性，掌握 CSS 的基本语法和 CSS 的选择器。

重点与难点：CSS 的基本语法，CSS 的选择器。

素养目标：陶冶学生的人文情怀，提升艺术修养，培养审美与创造力。

拓展阅读　CSS 发展历史

4.1　CSS 设计与编写原则

CSS（Cascading Style Sheets，级联样式表，层叠样式表）是一种用于定义如何显示 HTML 元素、控制网页样式并将样式与网页内容分离的标记性语言。样式就是格式，在网页中，像文字的大小、颜色以及图片位置等，都是设置显示内容的样式。层叠是指样式可以层层叠加，可以对一个元素多次设置样式，后面定义的样式会覆盖前面定义的样式，在浏览器中看到的效果是使用最后一次设置的样式。

任何一个项目或系统在开发之前，都需要制定一个开发约定和规则，这样有利于项目的整体风格统一、代码维护和扩展。

1. 文件夹命名规范

存放 CSS 样式文件的文件夹一般命名为 style 或 css。

2. CSS 样式文件的命名规范

在项目初期，会根据不同的类别将样式放在不同的 CSS 文件中，以方便编写和调试；在项目后期，为了提升网站性能，会将不同的 CSS 文件整合到一个文件中，这个文件一般命名为 style.css 或 css.css。

3. CSS 选择符的命名规范

所有的 CSS 选择器必须由小写英文字母、下画线"_"和数字组成，必须以字母开头，不能为纯数字。设计者应该使用有意义的单词或缩写组合来命名选择器，使其名称能够准确描述其作用，这样可以节省查找样式的时间。样式名必须能够表示样式的大致含义，禁止使用如 Div1、Div2、Style1 等命名。表 4-1 是一些样式命名的参考。

表 4-1　样式命名参考

页面功能	命名参考	页面功能	命名参考	页面功能	命名参考
容器	wrap/container/box	头部	header	加入	joinus
导航	nav	底部	footer	注册	register
滚动	scroll	页面主体	main	新闻	news
主导航	mainnav	内容	content	按钮	button
顶导航	topnav	标签页	tab	服务	service
子导航	subnav	版权	copyright	注释	note
菜单	menu	登录	login	提示信息	msg
子菜单	submenu	列表	list	标题	title
子菜单内容	subMenuContent	侧边栏	sidebar	指南	guide
标志	logo	搜索	search	下载	download
广告	banner	图标	icon	状态	status
页面中部	mainbody	表格	table	投票	vote
小技巧	tips	列定义	column_1of3	友情链接	friendlink

当定义的样式名较复杂时，可以使用下画线将层次分开。例如，以下是页面导航菜单选择器的 CSS 代码：

#nav_logo { ... }
#nav_logo_ico { ... }

4．CSS 代码注释

为代码添加注释是一种良好的编程习惯。注释可以增强 CSS 文件的可读性，也有助于后期维护。

在 CSS 中添加注释非常简单，以 "/*" 开始，以 "*/" 结束。注释可以是单行或多行，并且可以出现在 CSS 代码的任何位置。

- 结构性注释：用于从视觉上区分被分隔的部分，采用风格统一的大注释块。例如：

    /* header（定义网页头部区域）--*/

- 提示性注释：在编写 CSS 文档时，可能需要某种技巧来解决某个问题。在这种情况下，最好将解决方案简要地注释在代码后面。例如：

    .news_list li span {
        float: left; /* 设置新闻发布时间向左浮动，与新闻标题并列显示 */
        width: 80px;
        color: #999; /* 设置新闻发布时间为灰色，弱化发布时间的视觉感受 */
    }

4.2　在 HTML 中使用 CSS 的方法

要想在浏览器中显示出样式表的效果，必须把 CSS 与 HTML 文件链接在一起。在 HTML 文件中使用 CSS 的方式有 4 种：行内样式、内部样式、链入外部样式文件和导入外部样式文件。

可以使用任何编辑 HTML 文档的软件编辑 CSS，本章和后续各章仍然使用 HBuilder X 编辑器。所有浏览器都可以运行 CSS，本章和后续各章仍然使用 Google Chrome 浏览器。

4.2.1 行内样式

行内样式（也称内联样式）是指在 HTML 相关的标签内使用样式（style）属性，再定义要显示的样式表。style 属性可以包含任何 CSS 属性，style 属性的内容就是 CSS 的属性和值。用这种方法，可以很简单地对某个标签单独定义样式表。这种样式表只对所定义的标签起作用，并不对整个页面起作用。行内样式的格式为：

<标签 style="属性:属性值; 属性:属性值; …">…</标签>

需要说明的是，行内样式虽然是最简单的 CSS 使用方法，但由于需要为每一个标签设置 style 属性，且当将表现和内容混杂在一起时，行内样式会损失掉样式表的许多优势，后期维护成本依然很高，而且网页文件容易过大，因此不推荐使用。

【例 4-1】 使用行内样式的网页示例。本例文件 4-1.html 的代码如下。

```
<!DOCTYPE html>
<html>
    <head>
        <meta charset="utf-8">
        <title>个人博客网站</title>
    </head>
    <body>
        <div style="width: 800px;">
            <!--行内样式定义的 div 样式-->
            <h3 style="font-size: 25pt;color: blue;text-align: center;">如何快速建立自己的个人博客网站</h3><!--行内样式定义的 h3 样式，不影响其他 h3 标题-->
            <p style="text-align: center;"><img src="images/blog.jpg" style="width: 200;height: 160;border: 1px solid;color: skyblue;"></p>
            <p style="font-size: 11pt;text-indent: 2em;">各大博客门户网站相继关闭，做一个独立的个人博客网站是将来的趋势。越来越多的个人站长倾向于独立建站，那如何快速建立自己的个人博客网站呢？</p><!--行内样式定义段落文字为 11 磅大小，段落首行缩进 2 字符-->
        </div>
        <p>个人博客应该简单、优雅、稳重、大气、低调，采用 HTML5+CSS3 设计，nav 导航实现鼠标悬停渐变显示英文标题的效果，banner 部分，选择大图作为背景，利用 CSS3 中的 animation 属性结合文字图片实现文字从左到右的渐变效果。</p><!--本段没有使用行内样式，段落采用默认排列-->
    </body>
</html>
```

在 HBuilder X 编辑器中编辑 HTML 文档，如图 4-1 所示。

运行 4-1.html 文件，在浏览器中显示的效果如图 4-2 所示。

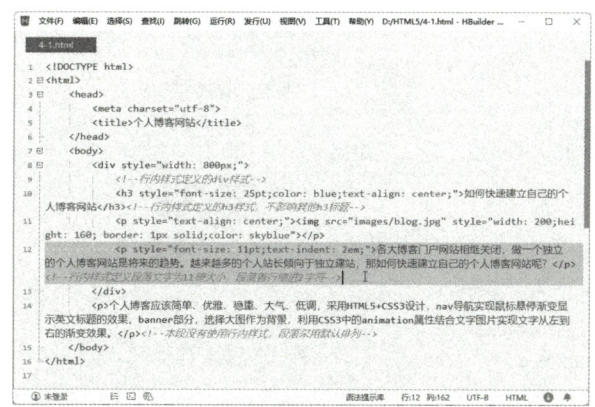

图 4-1　在 HBuilder X编辑器中编辑 HTML 文档

图 4-2　使用行内样式的显示

4.2.2　内部样式

内部样式（也称嵌入样式）是指将样式定义<style>…</style>作为网页代码的一部分放到头部定义<head>…</head>中，定义的样式可以在整个 HTML 文档中调用。内部样式与行内样式的不同是，行内样式的作用域只有一行，而内部样式的作用域是整个 HTML 文档。

1．内部样式表的格式

内部样式表的格式为：

```
<style type="text/css">
    选择符 1 { 属性:属性值; 属性:属性值; … }   /* 注释内容 */
    选择符 2 { 属性:属性值; 属性:属性值; … }
    …
    选择符 n { 属性:属性值; 属性:属性值; … }   /* 注释内容 */
</style>
```

<style>…</style>标签用来说明所要定义的样式。type 属性指定 style，使用 CSS 的语法来定义。当然，也可以指定使用像 JavaScript 之类的语法来定义。属性和属性值之间用冒号"："隔开，定义之间用分号"；"隔开。

选择符可以使用 HTML 标签的名称，所有 HTML 标签都可以作为 CSS 选择符使用。

2．组合选择符的格式

除了在<style>…</style>内分别定义各种选择符的样式外，如果多个选择符具有相同的样式，可以采用组合选择符，以减少重复定义的麻烦，其格式为：

```
<style type="text/css">
    选择符 1, 选择符 2, … , 选择符 n { 属性:属性值; 属性:属性值; … }
    选择符 a, 选择符 b, … , 选择符 m { 属性:属性值; 属性:属性值; … }
</style>
```

【例 4-2】 使用内部样式的网页示例。本例文件 4-2.html 的代码如下，在浏览器中显示的效果如图 4-3 所示。

```
<!DOCTYPE html>
<html>
    <head>
        <meta charset="utf-8">
        <title>个人博客网站</title>
        <style type="text/css">
            body { font-size: 11pt; } /* 设置主体字体大小 */
            /* 设置区块宽度 780px、边框 2px 虚线绿色 */
            div { width: 780px; border: 1px dashed green; }
            /* 设置 h3 标题的字体、颜色、对齐方式 */
            h3 { font-family: 黑体; font-size: 25pt; color: blue; text-align: center; }
            h3.title { font-size: 18pt; font-weight: bold; color: #666; text-align: center; } /* 设置 h3 的副标题 */
            /* 设置段落文字 11pt；黑色；文本缩进两个字符 */
            p { font-size: 11pt; color: black; text-indent: 2em; }
            p.img { text-align: center; } /* 设置段落中的图像居中对齐 */
            p.author { color: blue; text-align: right; } /* 设置段落中的作者文字蓝色、右对齐 */
            img { width: 200px; height: 160px; border: 1px solid; color: skyblue; } /* 设置图像的宽、高、边框 */
        </style>
    </head>
    <body>
        <div>
            <h3>如何快速建立自己的</h3>
            <h3 class="title">个人博客网站</h3>
            <p class="img"><img src="images/blog.jpg"></p>
            <p>各大博客门户网站相继关闭，做一个独立的个人博客网站是将来的趋势。越来越多的个人站长倾向于独立建站，那如何快速建立自己的个人博客网站呢？</p>
            <p>个人博客应该简单、优雅、稳重、大气、低调，采用 HTML5+CSS3 设计，nav 导航实现鼠标悬停渐变显示英文标题的效果，banner 部分，选择大图作为背景，利用 CSS3 中的 animation 属性结合文字图片实现文字从左到右的渐变效果。</p>
            <p class="author">发布：小江</p>
        </div>
    </body>
</html>
```

图 4-3　使用内部样式表

h3 元素定义了 1 个类 title。p 元素定义了 2 个类：img、author。当<h3>、<p>标签使用定义的这些类时，会按照类所定义的属性来显示。

4.2.3　链入外部样式文件

链入外部样式文件就是当浏览器读取到 HTML 文档的样式链接标签时，将向所链接的外部样式文件索取样式。先将样式表保存为一个样式表文件（.css），然后在网页中用<link>标签链接这个样式表文件。

1. 用 link 元素链接样式表文件

link 元素必须放到页面的<head>…</head>标签对内。其格式为:

```
<head>
    <link rel="stylesheet" href="外部样式表文件.css" type="text/css">
    …
</head>
```

其中,<link>标签表示浏览器从"外部样式表文件.css"文件中以文档格式读出定义的样式表。rel="stylesheet"属性定义在网页中使用外部的样式文件,type="text/css"属性定义文件的类型为样式表文件,href 属性定义.css 文件的 URL。

2. 外部样式表文件的格式

外部样式表文件可以用任何文本编辑器(如记事本)打开并编辑,一般样式表文件的扩展名为.css。样式表文件的内容是定义的样式表,不包含 HTML 标签。外部样式表文件的格式为:

```
选择符 1 {属性:属性值; 属性:属性值; … }   /* 注释内容 */
选择符 2 {属性:属性值; 属性:属性值; … }
…
选择符 n {属性:属性值; 属性:属性值; … }
```

一个外部样式表文件可以应用于多个页面。当改变某个样式表文件时,所有页面的样式都会随之改变。在设计者制作大量相同样式页面的网站时,这种方法非常有用,不仅减少了重复的工作量,而且有利于以后的修改。浏览时也减少了重复下载的代码,加快了显示网页的速度。

【例 4-3】 在 HTML 文件中链入外部样式文件 style.css。本例文件 4-3.html 代码如下。

```
<!DOCTYPE html>
<html>
    <head>
        <meta charset="utf-8">
        <title>个人博客网站</title>
        <link rel="stylesheet" href="css/style.css" type="text/css">
    </head>
    <body>
        <div>
            <h3>如何快速建立自己的</h3>
            <h3 class="title">个人博客网站</h3>
            <p class="img"><img src="images/blog.jpg"></p>
            <p>各大博客门户网站,相继关闭,做一个独立的个人博客网站,那是将来的趋势。越来越多的个人站长倾向于独立建站,有个属于自己的博客网站,那如何快速建立自己的个人博客网站呢?</p>
            <p>个人博客应该简单、优雅、稳重、大气、低调,采用 HTML5+CSS3 设计,nav 导航实现鼠标悬停渐变显示英文标题的效果,banner 部分,选择大图作为背景,利用 CSS3 中 animation 属性结合文字图片实现文字从左到右的渐变效果。</p>
            <p class="author">发布:小江</p>
        </div>
    </body>
</html>
```

CSS 文件名为 style.css，存放在文件夹 css 中，代码如下。

```
body {font-size: 11pt} /*设置主体字体大小*/
div {width: 780px; border: 2px dashed green;} /*设置区块宽度 780px、边框 2px 虚线绿色*/
/*设置 h3 标题的字体、颜色、对齐方式*/
h3 {font-family: 黑体; font-size: 25pt; color: blue; text-align: center}
h3.title {font-size: 18pt; font-weight: bold; color: #666; text-align: center} /*设置 h3 的副标题*/
p {font-size: 11pt; color: black; text-indent: 2em} /*设置段落文字 11pt，黑色；文本缩进两个字符*/
p.img {text-align: center} /*设置段落中的图像居中对齐*/
p.author {color: blue; text-align: right} /*设置段落中的作者文字蓝色、右对齐*/
img {width: 200; height: 160; border: 1px solid; color: skyblue} /*设置图像的宽、高、边框*/
```

网页结构文件 4-3.html 和外部样式文件 style.css 都在 HBuilder X 编辑器中编辑，如图 4-4 和图 4-5 所示。注意，在 HBuilder X 的"文件"菜单中选择"新建"CSS 文件后，不会自动保存，所以在运行前一定要手动保存 CSS 文件，然后切换到 4-3.html 文件，执行"运行"。如果没有保存 CSS 文件，将无法显示 CSS 文件的运行结果。

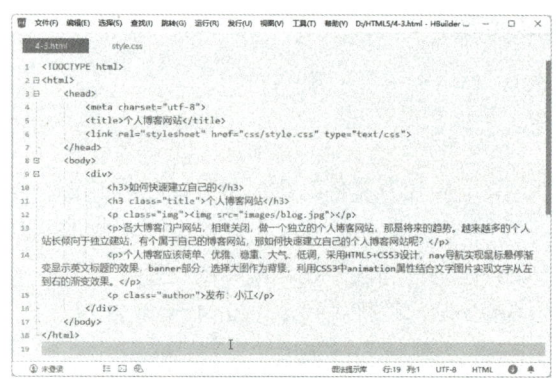
图 4-4　在 HBuilder X 中编辑 4-3.html 文件

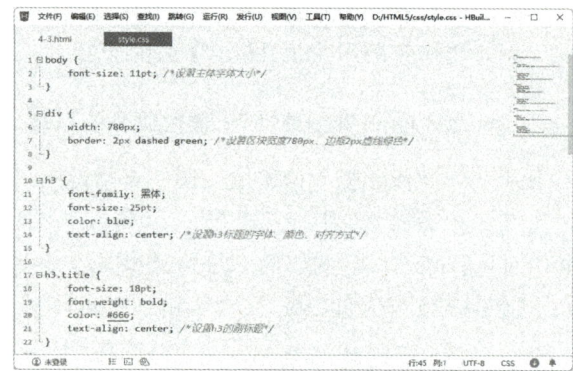
图 4-5　在 HBuilder X 中编辑 style.css 文件

本例文件 4-3.html 在浏览器中显示的效果如图 4-3 所示。

4.2.4　导入外部样式文件

导入外部样式表文件就是当浏览器读取 HTML 文件时，复制一份样式表到这个 HTML 文件中，即在内部样式表的<style>标签对中导入外部样式表文件。其格式为：

```
<style type="text/css">
    @import url("外部样式表的文件名 1.css");
    @import url("外部样式表的文件名 2.css");
    其他样式表的声明;
</style>
```

"外部样式表的文件名"用于指定要导入的样式表文件，扩展名为.css。其方法与链入外部样式表文件的方法相似，但导入外部样式表文件的输入方式更有优势，实质上它相当于内部样式表。

注意，@import 语句后的分号";"不能省略。所有的@import 声明必须放在样式表的开始部分，在其他样式表声明的前面，其他 CSS 规则放在其后的<style>标签对中。如果在内部样式表中指定了规则（如.bg{ color: black; background: orange }），其优先级将高于导入的外部样式表中相同的规则。

【例 4-4】 使用导入外部样式文件制作页面，导入的外部样式文件（extstyle.css）中包含.bgcolor{background: blue}。本例网页文件 4-4.html 在浏览器中显示的效果如图 4-6 所示。

CSS 文件名为 extstyle.css，存放在文件夹 css 中，代码如下。

```
body {font-size: 11pt} /*设置主体字体大小*/
div {width: 780px; border: 2px dashed green;} /*设置区块宽度 780px、边框 2px 虚线绿色*/
h3 {font-family: 黑体; font-size: 25pt; color: blue; text-align: center} /*设置 h3 标题的字体、颜色、对齐方式*/
h3.title {font-size: 18pt; font-weight: bold; color: #666; text-align: center} /*设置 h3 的副标题*/
p {font-size: 11pt; color: black; text-indent: 2em} /*设置段落文字 11pt；黑色；文本缩进两个字符*/
p.img {text-align: center} /*设置段落中的图像居中对齐*/
p.author {color: blue; text-align: right} /*设置段落中的作者文字蓝色、右对齐*/
img {width: 200; height: 160; border: 1px solid; color: skyblue} /*设置图像的宽、高、边框*/
.bgcolor{background:blue} /*设置类，背景为蓝色*/
```

网页结构文件 4-4.html 的代码如下。

图 4-6　导入外部样式表

```
<!DOCTYPE html>
<html>
    <head>
        <meta charset="utf-8">
        <title>个人博客网站</title>
        <style type="text/css">
            @import url(css/extstyle.css);
            /* 设置类，字体为黑色；背景为黄色 */
            .bgcolor { color: black; background: yellow;}
        </style>
    </head>
    <body>
        <div>
            <h3 class="bgcolor">如何快速建立自己的</h3>
            <h3 class="title">个人博客网站</h3>
            <p class="img"><img src="images/blog.jpg"></p>
            <p>各大博客门户网站，相继关闭，做一个独立的个人博客网站，那是将来的趋势。越来越多的个人站长倾向于独立建站，有个属于自己的博客网站，那如何快速建立自己的个人博客网站呢？</p>
            <p style="color:blue"> 个人博客应该简单、优雅、稳重、大气、低调，采用 HTML5+CSS3 设计，nav 导航实现鼠标悬停渐变显示英文标题的效果，banner 部分，选择大图作为背景，利用 CSS3 中 animation 属性结合文字图片实现文字从左到右的渐变效果。</p>
            <p class="author">发布：小江</p>
        </div>
    </body>
</html>
```

通过@import 导入的样式表的顺序决定各种样式是怎样层叠的，在不同规则中出现的相同元素由排在后面的规则决定。例如，在本例中，<h3 class="bgcolor"></h3>中的文字背景色由行内样式.bgcolor 决定，结果不是蓝色的背景，依然是黄色的背景。

4.3 CSS 的两个主要特性

CSS 有两个主要特性，即层叠和继承。

4.3.1 层叠

CSS 的第一个特性是"层叠"，层叠（cascade）是指 CSS 能够对同一个元素应用多个样式表的能力。样式可以规定在单个的 HTML 元素中，也可以规定在 HTML 页的头元素中，或在一个外部的 CSS 文件中。甚至可以在同一个 HTML 文档内部引用多个外部样式表。一个 HTML 文档可能会使用多种 CSS 样式，具体到某元素来说，会层叠多层样式，但生效的总会有一个顺序，当同一个 HTML 元素被不止一个样式定义时，会使用哪个样式呢？即样式生效的优先级从高到低的顺序为：行内样式→内部样式→外部样式→浏览器默认设置。

因此，行内样式（在 HTML 元素内部）拥有最高的优先级，这意味着它将优先于以下的样式声明：<head>标签中的样式声明、外部样式表中的样式声明，以及浏览器中的样式声明（默认值）。

【例 4-5】 样式表的层叠示例。本例在<div>标签中嵌套<p>标签，文件 4-5.html 的代码如下，在浏览器中显示的效果如图 4-7 所示。

```
<!DOCTYPE html>
<html>
    <head>
        <meta charset="utf-8">
        <title>多重样式表的层叠</title>
        <style type="text/css">
            div { color: red; font-size: 12pt; }
            p { color: blue; }
        </style>
    </head>
    <body>
        <div>
            <!-- p 元素里的内容会继承 div 定义的属性-->
            <p>这个段落的文字为蓝色 12 号字</p>
        </div>
    </body>
</html>
```

图 4-7　样式表的层叠

【说明】显示结果表明"这个段落的文字大小为 12 号字"继承 div 属性，为 12 号字；而 color 属性则依照最后的定义，为蓝色。

4.3.2 继承

CSS 的第二个特性是"继承"，继承指的是特定的 CSS 属性可以从父元素向下传递到子元素。这种特性允许样式不仅应用于某个特定的元素，也应用于其后代，而后代所定义的新样式，却不会影响父代样式。

文字样式属性中，以下属性都能继承：color、text-开头的、line-开头的、font-开头的、word-space 等。另外，所有的表格属性样式都可以被继承。

根据 CSS 规则，子元素继承父元素属性。例如：

body{font-family:"微软雅黑";}

通过继承，所有 body 的子元素都应该显示"微软雅黑"字体，子元素的子元素也一样。

需要注意的是，不是所有属性都具有继承性，CSS 强制规定部分属性不具有继承性。所有关于盒子的、定位的、布局的属性都不能继承，例如边框、外边距、内边距、背景、定位、布局、元素高度和宽度。

【例 4-6】 CSS 继承示例。本例文件 4-6.html 的代码如下，在浏览器中显示的效果如图 4-8 所示。

```
<!DOCTYPE html>
<html>
    <head>
        <meta charset="utf-8">
        <title>继承示例</title>
        <style type="text/css">
            p {color: #00f;    /*定义文字颜色为蓝色*/
              text-decoration: underline;   /*增加下画线*/   }
            p em {  /*为 p 元素中的 em 子元素定义样式*/
              font-size: 24px;   /*定义文字大小为 24px*/
              color: #f00;    /*定义文字颜色为红色*/   }
        </style>
    </head>
    <body>
        <h3>CSS 基础</h3>
        <p>CSS 是一组格式设置规则，用于控制<em>Web</em>网页的外观。</p>
        <ul>
            <li>CSS 的优点
                <ul>
                    <li>表现和内容（结构）分离</li>
                    <li>易于维护和<em>改版</em></li>
                    <li>更好地控制页面布局</li>
                </ul>
            </li>
            <li>CSS 设计与编写原则</li>
        </ul>
    </body>
</html>
```

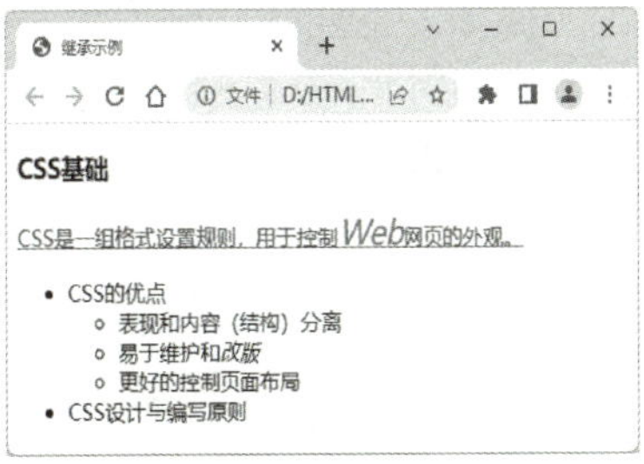

图 4-8 CSS 继承

【说明】 从图 4-8 的显示效果可以看出，虽然 em 子元素重新定义了新样式，但其父元素 p 并未受到影响，而且 em 子元素中的内容还继承了 p 元素中设置的下画线样式，只是颜色和字体大小采用了自己的样式。

4.4 CSS 的基本语法

4.4.1 基本语法

CSS 的基本语法由两部分组成，其格式为：

selector { property1: value1; property2: value2; ... }

selector 被称为选择器，选择器决定了样式定义需要改变的 HTML 元素。

property: value 被称为样式声明，每一条样式声明由 property（属性）和 value（属性值）组成，有一条或多条样式时用冒号隔开，以分号结束，包含在一对大括号"{}"内。用于告诉浏览器如何渲染页面中与选择符相匹配的对象。

例如，下面代码的作用是将 h3 元素内的文字颜色定义为黄色，同时将字体大小设置为 18px。

h3 {color: yellow; font-size: 18px;}

如图 4-9 所示的示意图展示了上面这段代码的结构。

图 4-9 CSS 规则

4.4.2 注意事项

在编写样式时需要注意以下几点。

1. 属性名和属性值要正确

property（属性）是由官方 CSS 规范约定的，而不是自定义的。属性是希望设置的样式属性。每个属性有一个值 value（属性值），属性和属性值用冒号分开，属性值随属性的类别而呈现不同形式，一般包括数值、单位以及关键字。

2. 需要加引号

如果值为若干单词，单词之间有空格，则要给值加引号。例如下面代码。

p {font-family: "sans serif";}

3. 多重声明

如果要定义不止一个声明，则需要用分号将每个声明分开。例如，下面的代码定义一段红色文字的居中段落。

p {text-align:center; color:red;}

最后一条声明是不需要加分号的，因为分号在英语中是一个分隔符号，不是结束符号。然而，大多数有经验的设计师会在每条声明的末尾都加上分号，这么做的好处是，当从现有的规则中增减声明时，会尽可能地减少出错的可能性。

4. 代码的可读性

一般来说，为了方便阅读样式，应该在每行只描述一个属性，且在属性末尾都加上分号。

例如，将<body>和</body>标签内的所有文字设置为"华文中宋"、文字大小为 12px、文字颜色为黑色、背景颜色为白色，则在样式中定义如下。

```
body {
    font-family: "华文中宋";   /*设置字体*/
    font-size: 12px;   /*设置文字大小为 12px*/
    color: #000;   /*设置文字颜色为黑色*/
    background-color: #fff;   /*设置背景颜色为白色*/
}
```

从上述代码片段中可以看出，这样的结构对于阅读 CSS 代码十分清晰，为方便以后编辑，还可以在每行后面添加注释说明。但是，这种写法增加了很多字节，有一定基础的 Web 设计人员可以将上述代码改写为如下。

```
/*定义 body 的样式为 12px 大小的黑色华文中宋字体，且背景颜色为白色*/
body {
    font-family: "华文中宋";
    font-size: 12px;
    color: #000;
    background-color: #fff;
}
```

5．空格

大多数样式表包含不止一条规则，而大多数规则又包含不止一个声明。多重声明和空格的使用使得样式表更容易被编辑。例如下面代码。

```
body {
    color: #000;
    background: #fff;
    margin: 0;
    padding: 0;
    font-family: Georgia, Palatino, serif;
}
```

空格不会影响 CSS 样式的效果。

6．大小写

CSS 对字母大小写不敏感，在编写样式时，建议属性名和属性值都用小写。但是，也有例外，如果涉及与 HTML 文档一起工作，那么 class 和 id 名称对大小写是敏感的。因此，W3C 推荐在 HTML 文档中用小写字母来命名。

7．选择器的分组

对于具有相同样式的选择器，可以将这些选择器分成一个组，用逗号将每个选择器隔开。这样，同组的选择器就可以分享相同的声明。

例如，定义 h1~h6 标题的颜色都为蓝色，将所有的标题元素合为一组。

```
h1, h2, h3, h4, h5, h6 {
    color: blue;
}
```

4.5　CSS 的选择器

选择器（selector）也被称为选择符，CSS 选择器用于指明样式对哪些元素生效。HTML 中的所有元素都是通过不同的 CSS 选择器进行控制的。在 CSS 中，根据选择器的功能或作用范围，可以将选择器分为元素选择器、类选择器、id 选择器和伪类选择器等。

4.5
CSS 的选择器

需要明确的是，一个选择器可能会匹配多个元素，但只有一个元素会应用该选择器的样式，其他元素和符号都可以视为条件。

4.5.1　元素选择器

元素选择器也称为标签选择器。HTML 页面由多个不同的标签元素组成，如 h1、p、img 等。CSS 的元素选择器用于声明这些元素的样式。元素选择器是最简单的选择器，选择器是某个 HTML 元素。元素选择器的格式如下。

```
E {
    property1: value1;
    property2: value2;
    ...
}
```

E 是 Element（元素）的缩写，表示标签元素的名称，例如 p、div、td 等 HTML 标签。property 是 CSS 的属性名，value 是对应的属性值。

需要注意的是，CSS 对所有属性和属性值都有严格要求，如果声明的属性在 CSS 规范中不存在，或者某个属性值不符合该属性的要求，都不能使该 CSS 声明生效。

通过声明具体的标签，可以对文档中这个标签出现的每一个地方应用样式定义。这种做法通常用于设置在整个网页都会出现的基本样式。

例如，下面的定义为网页设置默认字体。

```
body,p,div,blockquote,td,th,dl,ul,ol {
    font-family: Verdana, Arial, Helvetica;
    font-size: 1em;
    color: black;
}
```

这个选择器声明了一系列的标签元素，所有这些标签出现的地方都将以定义的样式（字体、字体大小和颜色）显示。理论上仅声明<body>标签就能符合规则，因为所有其他标签都会放置在<body>标签中，并继承它的属性，现在大部分浏览器确实是这样的。但是仍然有浏览器不能正确地将这些样式带入表格和其他标记中。因此，为了避免这种情况而声明了其他标记。

4.5.2　通配符选择器

通配符选择器也称全局选择器，其作用是定义网页中所有标记元素都使用同一种样式。在编写代码时，用"*"表示通配符选择器。通配符选择器的格式如下。

```
* {
    property1: value1;
    property2: value2;
    ...
}
```

例如，通常在制作网页时首先将页面中所有元素的外边距 margin 和内边距 padding 设置为 0，代码如下。

```
* {
    margin: 0px;    /*外边距设置为 0*/
    padding: 0px;   /*内边距设置为 0*/
}
```

此外，还可以对特定元素的子元素应用样式。

【例 4-7】 通配符选择器示例。本例文件 4-7.html 的代码如下，在浏览器中显示的效果如图 4-10 所示。

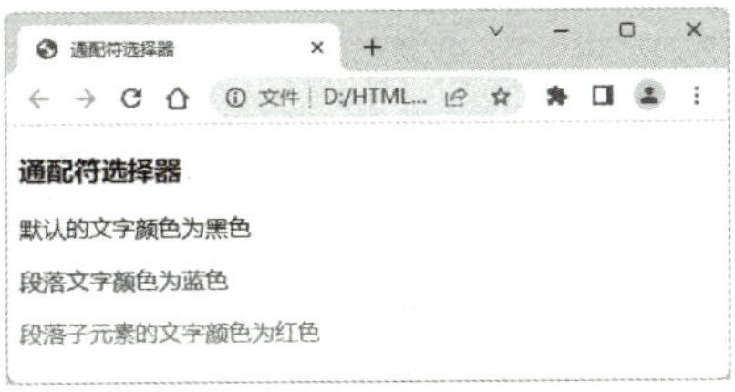

```
<!DOCTYPE html>
<html>
    <head>
        <meta charset="utf-8">
        <title>通配符选择器</title>
        <style type="text/css">
            * {color: #000;}     /*所有文字的颜色为黑色*/
            p {color: #00f;}     /*段落文字的颜色为蓝色*/
            p * {color: #f00;}   /*段落子元素文字的颜色为红色*/
        </style>
    </head>
    <body>
        <div>
            <h3>通配符选择器</h3>
            <div>默认的文字颜色为黑色</div>
            <p>段落文字颜色为蓝色</p>
            <p><span>段落子元素的文字颜色为红色</span></p>
        </div>
    </body>
</html>
```

图 4-10 通配符选择器

从代码的执行结果看出，由于通配符选择器定义了所有文字的颜色为黑色，所以 h3 和 div 元素中文字的颜色为黑色。接着又定义了 p 元素的文字颜色为蓝色，所以 p 元素中文字的颜色呈现为蓝色。最后定义了 p 元素内所有子元素的文字颜色为红色，所以<p><span>和</span></p>之间的文字颜色为红色。

4.5.3 属性选择器

对带有指定属性的 HTML 元素设置样式的选择器，称为属性选择器。从广义角度来说，元素选择器是属性选择器的特例，是一种忽视指定 HTML 元素的属性选择器。属性选择器可以匹配 HTML 文档中元素定义的属性、属性值或属性值的一部分。属性选择器的格式如下。

```
E[attribute] {
    property1: value1;
    property2: value2;
    ...
}
```

E（Element）表示标签元素的名称，可以省略。attribute 表示该元素的某个属性。属性选择器是在标签元素后面加一对方括号，方括号中列出各种属性或者表达式。表示属性选择器匹配网页中具有 attribute 属性的 E 元素。如果省略元素名，则为包含指定属性的所有元素设置样式。在 CSS3 中，属性选择器的语法格式有 7 种，见表 4-2。

表 4-2 属性选择器

语法格式	描述	例子
[attribute]	用于选取带有指定属性的每个元素，通过匹配指定的属性来控制元素的样式，要把匹配的属性包含在方括号中	[target] 选择带有 target 属性所有元素
[attribute=value]	用于选取带有指定属性和值的每个元素。用于精准属性匹配，只有当属性值完全匹配指定的属性值时才会应用样式	[target=_blank] 选择 target="_blank"的所有元素
[attribute~=value]	用于选取属性值中包含指定词汇的每个元素。通过为属性定义字符串列表，然后只要匹配其中任意一个字符串即可控制元素样式。多个值使用空格分隔	[title~=flower] 选择 title 属性包含单词"flower"的所有元素
[attribute|=value]	用于选取带有以指定值开头的属性值的每个元素，该值必须是整个单词。用于连字符匹配，与空白匹配的功能和用法相同，但是连字符匹配中的字符串列表用连字符"-"进行分割	[lang|=en] 选择 lang 属性值以"en"开头的所有元素
[attribute^=value]	用于选取带有以指定值开头的属性值的每个元素。属性值子串选择器用于前缀匹配，只要属性值的开始字符串匹配指定字符串，即可对元素应用样式，前缀匹配使用[^=]形式来实现	a[src^="https"] 选择其 src 属性值以"https"开头的每个 a 元素
[attribute$=value]	用于选取属性值以指定值结尾的每个元素。属性值子串选择器用于后缀匹配，与前缀相反，只要属性的结尾字符串匹配指定字符，使用[$=]形式控制	a[src$=".pdf"] 选择其 src 属性以".pdf"结尾的所有 a 元素
[attribute*=value]	用于指定属性值中包含指定值的每个元素，位置不限，也不限制整个单词。属性值子串选择符用于子字符串匹配，只要属性中存在指定字符串即应用样式，使用[*=]形式控制	a[src*="abc"] 选择其 src 属性中包含"abc"子串的每个 a 元素

【例 4-8】属性选择器示例，本例文件 4-8.html 的代码如下，在浏览器中显示的效果如图 4-11 所示。

```
<!DOCTYPE html>
<html>
    <head>
        <meta charset="utf-8">
        <title>属性选择器示例</title>
        <style type="text/css">
            img[alt] {border: 3px solid #00F;}   /*作用任何带 alt 属性的 img 元素*/
            a[href][title] {font-weight: bold;}   /*作用同时带 href 和 title 属性的 a 元素*/
            a[href="www.taobao.com"][title="淘宝"] {font-size: 18px;}   /* 作用地址指向 www.taobao.com 并且 title 为"淘宝"的 a 元素*/
            a[title~="baidu"] {color: red;}
```

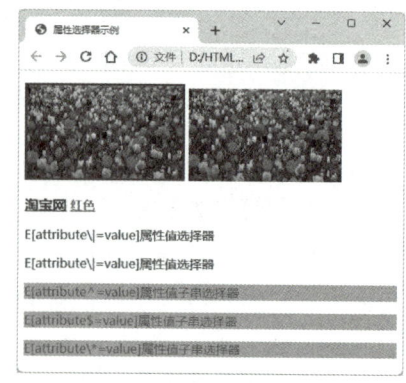

图 4-11 属性选择器

```
            *[lang\|="en"] {color: blue;}
            p[title^="my"] {color: yellow;}
            p[title$="Test"] {color: green;}
            p[title\*="est"] {background-color: aqua;}
        </style>
    </head>
    <body>
        <p><img src="images/tulip.jpg" alt="郁金香" width="200" height="120">
            <img src="images/tulip.jpg" width="200" height="120">
        </p>
        <a href="www.taobao.com" title="淘宝">淘宝网</a>
        <a href="http://www.baidu.com/" title="www baidu com">红色</a>
        <!--元素 a 的 title 属性包含 3 个值（多个值使用空格分隔），其中一个为 baidu，因此可匹
配样式。-->
        <p lang="en">E[attribute\|=value]属性值选择器</p>
        <p lang="en-US">E[attribute\|=value]属性值选择器</p>
        <p title="myTest">E[attribute^=value]属性值子串选择器</p>
        <p title="myTest">E[attribute$=value]属性值子串选择器</p>
        <p title="myTest">E[attribute\*=value]属性值子串选择器</p>
    </body>
</html>
```

4.5.4 派生选择器

4.5.4 派生选择器

派生选择器是指依据元素在其位置的上下文关系来定义样式。在 CSS 1.0 中，这种选择器被称为上下文选择器，CSS 2.0 中将其改名为派生选择器。也有人将这种选择器叫作父子选择器。派生选择器允许根据文档的上下文关系来确定某个标签的样式。通过合理使用派生选择器，可以使 HTML 代码变得更加整洁。派生选择器可以分成 3 种：后代选择器、子元素选择器、相邻兄弟选择器。

1. 后代选择器

后代选择器（Descendant Selector）又称为包含选择器，后代选择器可以选择某元素后代的元素，两个元素之间的层次间隔可以是无限的。其格式如下。

```
父元素 子元素 {
    property1: value1;
    property2: value2;
    ...
}
```

在后代选择器中，规则左边的选择器一端包括两个或多个用空格分隔的选择器。选择器之间的空格是一种结合符（Combinator）。每个空格结合符可以解释为"……在……找到""……作为……的一部分""……作为……的后代"，但是要求必须从右向左读选择器，即"'子元素'在'父元素'找到"、"'子元素'作为'父元素'的一部分"、"'子元素'作为'父元素'的后代"。

因此，h1 em 选择器可以解释为"作为 h1 元素后代的任何 em 元素"。如果要从右向左读选择器，可以换成以下说法"包含 em 的所有 h1 会把以下样式应用到该 em"。

可以定义后代选择器来创建一些规则，使这些规则在某些文档结构中起作用，而在另外一些结构中不起作用。

【例 4-9】 后代选择器示例。本例只对 h3 元素中的 em 元素应用样式，本例文件 4-9.html 的代码如下，在浏览器中显示的效果如图 4-12 所示。

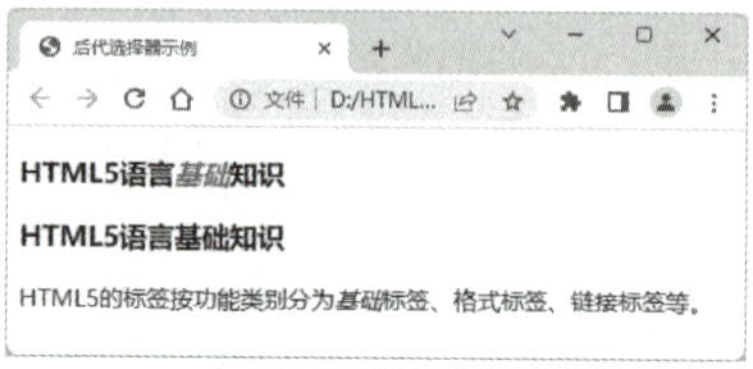

```
<!DOCTYPE html>
<html>
    <head>
        <meta charset="utf-8">
        <title>后代选择器示例</title>
        <style type="text/css">
            h3 em {color:red;}
        </style>
    </head>
    <body>
        <h3>HTML5 语言<em>基础</em>知识</h3>
        <h3>HTML5 语言基础知识</h3>
        <p>HTML5 的标签按功能类别分为<em>基础</em>标签、格式标签、链接标签等。</p>
    </body>
</html>
```

图 4-12 后代选择器

h3 em {color:red;}规则会把作为 h3 元素后代的 em 元素的文本变为红色。其他 em 文本（如不含 em 的 h3、段落或块引用中的 em）则不会应用这个规则。

2. 子元素选择器

子元素选择器（Child Selectors）只能选择作为某元素子元素的元素。它与后代选择器最大的不同就是元素间隔不同，后代选择器将该元素作为父元素，它所有的后代元素都是符合条件的，而子元素选择器只有相对于父元素来说的第一级子元素符合条件。其格式如下。

```
父元素 > 子元素 {
    property1: value1;
    property2: value2;
    ...
}
```

子选择器使用了大于号（子结合符）。子结合符两边可以有空白符，这是可选的。
例如，如果希望选择只作为 h3 元素子元素的 strong 元素，可以这样写。

```
h3 > strong {color:red;}
```

选择器 h3 > strong 可以解释为"选择作为 h3 元素子元素的所有 strong 元素"。这个规则会把第一个 h3 下面的两个 strong 元素变为红色，但是第二个 h3 中的 strong 元素不受影响：

```
<h3>这是<strong>非常</strong> <strong>非常</strong>重要</h3>
<h3>这是<em>真的<strong>非常</strong></em>重要</h3>
```

3. 相邻兄弟选择器

相邻兄弟选择器（Adjacent Sibling Selector）可选择紧接在另一元素后的元素，且二者有相同的父元素。与后代选择器和子元素选择器不同的是，相邻兄弟选择器针对的元素是同级元素，且两个元素是相邻的，拥有相同的父元素。其格式如下。

```
兄弟1 + 兄弟2 {
    property1: value1;
    property2: value2;
    ...
}
```

相邻兄弟选择器使用了加号（+），即相邻兄弟结合符（Adjacent Sibling Combinator）。与子结合符一样，相邻兄弟结合符旁边可以有空白符。请记住，用一个结合符只能选择两个相邻兄弟中的第二个元素。两个标签相邻时，使用相邻兄弟选择器，可以对后一个标签进行样式修改。例如，如果要把紧接在 h3 元素后出现的元素段落 p 改成红色，可以这样写。

> h3 + p {color: red;}

这个选择器读作："选择紧接在 h3 元素后出现的段落，h3 和 p 元素拥有共同的父元素"。

【例 4-10】 相邻兄弟选择器示例。本例文件 4-10.html 的代码如下，在浏览器中显示如图 4-13 所示。

```html
<!DOCTYPE html>
<html>
    <head>
        <meta charset="utf-8">
        <title>相邻兄弟选择器示例</title>
        <style type="text/css">
            h3+p {color: red;}
            p+p+p {color: blue;}
            li+li {background-color: aqua;}
        </style>
    </head>
    <body>
        <p>第零个段落</p>
        <p>第一个段落</p>
        <h3>标题 3</h3>
        <p>第二个段落</p><!--p 相邻 h3，p 为红色-->
        <p>第三个段落</p>
        <p>第四个段落</p><!--连续第 3 个 p 为相邻-->
        <p>第五个段落</p><!--也是连续的第 3 个 p 相邻-->
        <div>
            <ul>
                <li>咖啡</li>
                <li>茶</li><!--第二个<li>标签会选中，因为它是第一个<li>标签紧邻的<li>标签-->
                <li>可口可乐</li><!--第三个<li>标签也会选中；因为第三个<li>标签的上一个标签也是<li> 标签，也满足 CSS 选择器 li+li{}的条件-->
```

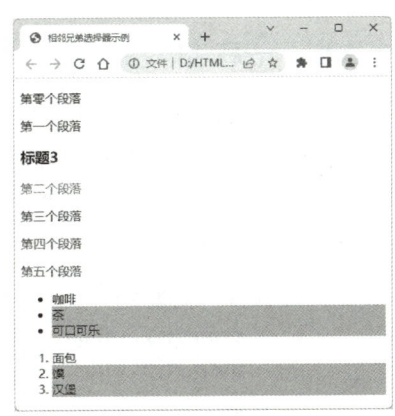

图 4-13 相邻兄弟选择器

```
            </ul>
            <ol>
                <li>面包</li>
                <li>馍</li>
                <li>汉堡</li>
            </ol>
        </div>
    </body>
</html>
```

相邻兄弟选择器只会影响下面的 p 标签的样式，不影响上面兄弟的样式。

在上面的代码中，div 元素中包含两个列表：一个是无序列表，一个是有序列表，每个列表都包含三个列表项。这两个列表是相邻兄弟，列表项本身也是相邻兄弟。不过，第一个列表中的列表项与第二个列表中的列表项不是相邻兄弟，因为这两组列表项不属于同一父元素。这个选择器只会把列表中的第二个和第三个列表项变为粗体。第一个列表项不受影响。

派生选择器是可以结合使用的，以相邻兄弟选择器为例：p + ul，相邻兄弟结合符还可以结合其他结合符：html > body p + ul {color: red;}。

从后往前，这个选择器解释为：选择紧接在 p 元素后出现的所有兄弟 ul 元素，该 p 元素包含在一个 body 元素中，body 元素本身是 html 元素的子元素。

从前往后，选择 html 元素的子元素 body 的后代元素 p 元素的相邻元素 ul。

4.5.5 兄弟选择器

兄弟选择器使用了波浪号（~），即兄弟结合符（Sibling Combinator）。兄弟元素选择器用来指定位于同一个父元素之中的某个元素之后的其他某个种类的所有兄弟元素所使用的样式。当两个标签不相邻时，要想修改后一个标签的样式，需要使用兄弟选择器。其格式如下。

```
元素 1 ~ 元素 2 {
    property1: value1;
    property2: value2;
    ...
}
```

兄弟选择器与相邻兄弟选择器是不一样的。相邻兄弟选择器是指两个元素相邻，拥有同一个父元素；兄弟选择器选择元素 1 之后的所有元素 2，元素 1 和元素 2 拥有同一个父元素，且它们之间不一定要相邻。

【例 4-11】 兄弟选择器示例。本例文件 4-11.html 的代码如下，在浏览器中显示的效果如图 4-14 所示。

```
<!DOCTYPE html>
<html>
    <head>
```

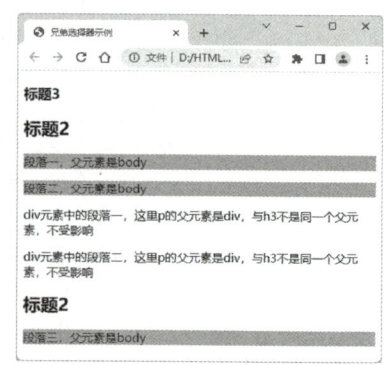

图 4-14　兄弟选择器

```
            <meta charset="utf-8">
            <title>兄弟选择器示例</title>
            <style type="text/css">
                    h3~p {background-color: aqua;}
            </style>
    </head>
    <body>
            <h3>标题 3</h3>
            <h2>标题 2</h2>
            <p>段落一，父元素是 body</p>
            <p>段落二，父元素是 body</p>
            <div>
                <p>div 元素中的段落一，这里 p 的父元素是 div，与 h3 不是同一个父元素，不受影响</p>
                <p>div 元素中的段落二，这里 p 的父元素是 div，与 h3 不是同一个父元素，不受影响</p>
            </div>
            <h2>标题 2</h2>
            <p>段落三，父元素是 body</p>
    </body>
</html>
```

兄弟元素选择器 h3～p 表示匹配 h3 元素之后的同一个父元素之中的 p 元素。

4.5.6　id 选择器

id 选择器可以为标有特定 id 的单一 HTML 元素指定单独的样式。定义 id 选择器时要在 id 名称前加上一个"#"号。其格式如下。

**E#idValue {
　　property1: value1;
　　property2: value2;
　　...
}**

由于 id 的唯一性，因此通常会将标签名 E 省略。#idValue 是定义的 id 选择器名称。由于在一个 HTML 文档中 id 是唯一的，所以该选择器名称在一个文档中也是唯一的，只对页面中的唯一元素进行样式定义。这个样式定义在页面中只能出现一次，其适用范围为整个 HTML 文档中所有由 id 选择符所引用的设置。

id 选择器虽然已经很明确地选择了某个元素，但它依然可以用于其他选择器。例如，用在派生选择器中，可以选择该元素的后代元素或者子元素等。

id 选择器局限性很大，只能单独定义某个元素的样式，一般只在特殊情况下使用。

【例 4-12】id 选择器示例。本例文件 4-12.html 的代码如下，在浏览器中显示的效果如图 4-15 所示。

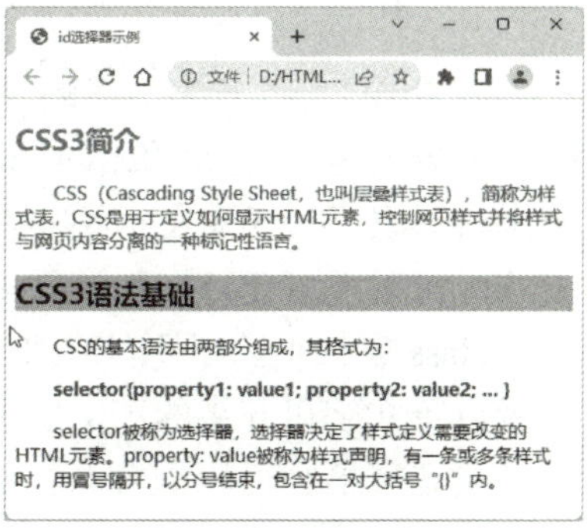

```
<!DOCTYPE html>
```

图 4-15　id 选择器

```
<html>
    <head>
        <meta charset="utf-8">
        <title>id 选择器示例</title>
        <style type="text/css">
            #title {color: red;}
            #sub_title { background-color: aqua;}
            #p_content, #p_title strong {color: blue;}
            p{text-indent: 2em;}
        </style>
    </head>
    <body>
        <h2 id="title">CSS3 简介</h2>
        <p id="p_content">CSS（Cascading Style Sheet，也叫层叠样式表），简称为样式表，CSS 是用于定义如何显示 HTML 元素，控制网页样式并将样式与网页内容分离的一种标记性语言。</p>
        <h2 id="sub_title">CSS3 语法基础</h2>
        <p>CSS 的基本语法由两部分组成，其格式为：</p>
        <p id="p_title"><strong>selector{property1: value1; property2: value2; ... } </strong></p>
        <p>selector 被称为选择器，选择器决定了样式定义需要改变的 HTML 元素。property: value 被称为样式声明，有一条或多条样式时，用冒号隔开，以分号结束，包含在一对大括号"{}"内。</p>
    </body>
</html>
```

使用 id 选择器可以为特定的 HTML 元素指定样式。在本例中，id 选择器#title 将 h2 元素的颜色设为红色，#sub_title 将 h2 元素的背景颜色设为湖绿色。同时，#p_content 和#p_title strong 将 p 元素和 strong 元素的颜色设为蓝色。另外，通过 p 选择器将所有 p 元素的文本缩进设为 2 个字符。

4.5.7 类选择器

类选择器可以为指定类（class）的 HTML 元素指定样式。其格式如下。

E.classValue {
    property1: value1;
    property2: value2;
    ...
}

元素 E 可以省略，省略 E 后表示在所有的元素中筛选，有相同 class 属性的元素将被选择。如果指定 E 元素的相同 class 属性，那么需要在定义 class 选择器前加上元素名 E，其适用范围将只限于该元素 E 所包含的元素。省略元素 E 的类选择器是最常用的定义方法，使用这种方法，可以很方便地在任意元素上套用预先定义好的类样式。

class 属性值除了不具有唯一性外，其他规范与 id 值相同，类名称可以是任意英文单词组合或者以英文字母开头的英文字母与数字的组合，一般根据其功能和效果简要命名。

类选择器也可以配合派生选择器，与 id 选择器不同的是，元素可以基于它的类而被选择。

【例 4-13】 类选择器示例。本例文件 4-13.html 的代码如下，在浏览器中显示的效果如

图 4-16 所示。

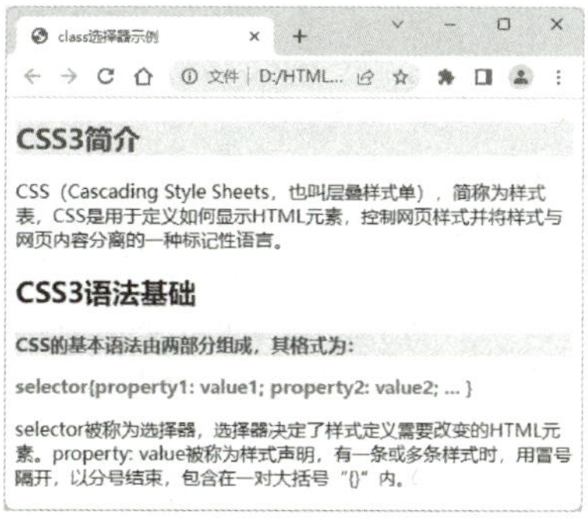

```
<!DOCTYPE html>
<html>
    <head>
        <meta charset="utf-8">
        <title>class 选择器示例</title>
        <style type="text/css">
            .keynote {
                background: beige;
                font-weight: bold;
                color: blue;
            }
            p.important {
                color: red;
            }
        </style>
    </head>
    <body>
        <h2 class="keynote">CSS3 简介</h2>
        <p>CSS（Cascading Style Sheets，也叫层叠样式单），简称为样式表，CSS 是用于定义如何显示 HTML 元素，控制网页样式并将样式与网页内容分离的一种标记性语言。</p>
        <h2>CSS3 语法基础</h2>
        <p class="keynote">CSS 的基本语法由两部分组成，其格式为：</p>
        <p class="important"><strong>selector{property1: value1; property2: value2;... } </strong></p>
        <p>selector 被称为选择器，选择器决定了样式定义需要改变的 HTML 元素。property: value 被称为样式声明，有一条或多条样式时，用冒号隔开，以分号结束，包含在一对大括号"{}"内。</p>
    </body>
</html>
```

图 4-16 类选择器

使用类选择器可以为指定 class 的 HTML 元素指定样式。在本例中，类选择器.keynote 将 h2 元素的背景设为米色，字体加粗，字体颜色设为蓝色。同时，类选择器.important 将 p 元素的颜色设为红色。另外，通过 p.important 选择器将具有 important 类的 p 元素的文本设为粗体。

4.5.8 伪类选择器

伪类是指同一个标签，根据其不同状态，有不同的样式。伪类之所以名字中有"伪"字，是因为它所指定的对象在文档中并不存在，它指定的是一个与其相关的选择器的状态。伪类选择器和类选择器不同，不能像类选择器一样随意用别的名字。例如，div 属于块级元素，这一点很明确。但是 a 属于什么类别？不明确。因为需要看用户单击前是什么状态，单击后是什么状态。所以，就把它叫作"伪类"。

伪类是指那些处在特殊状态的元素。伪类名可以单独使用，泛指所有元素，也可以和元素名称连起来使用，特指某类元素。伪类以冒号（:）开头，元素选择符和冒号之间不能有空格，伪类名中间也不能有空格。伪类选择器的语法格式如下：

selector:pseudo-class {

```
property1: value1;
property2: value2;
...
}
```

selector 表示一个选择器。pseudo-class 表示伪类名。

CSS 类也可与伪类搭配使用。伪类选择器的语法格式如下。

```
selector.class : pseudo-class {
    property: value;
}
```

伪类可以让用户在使用页面的过程中增加更多的交互效果，伪类见表 4-3。

表 4-3　伪类

伪类名	描述
:link	向未被访问的链接添加样式，即超链接单击之前的样式
:visited	向已被访问的链接添加样式，即超链接单击之后的样式
:hover	向鼠标悬停在上方的元素添加样式
:active	向被激活的元素添加样式，即鼠标单击该元素，但是不松手时的样式
:focus	向拥有输入焦点的元素添加样式
:first-child	向元素添加样式，且该元素是它的父元素的第一个元素
:lang	向带有指定 lang 属性的元素添加样式

例如，应用最为广泛的锚点元素 a 的几种状态：未访问链接状态、已访问链接状态、鼠标指针悬停在链接上的状态和被激活的链接状态。记住，在 CSS 中，这四种状态必须按照固定的顺序写：a:link、a:visited、a:hover、a:active。这叫"l(link)ov(visited)e h(hover)a(active)te，love hate"爱恨原则，即必须"先爱后恨"。如果不按照顺序，CSS 的就近原则（后面的样式覆盖前面的样式）会导致显示与预期不符。

【例 4-14】　伪类应用示例。当鼠标悬停在超链接的时候背景色变为其他颜色，并且添加了边框线，待鼠标离开超链接时又恢复到默认状态，这种效果就可以通过伪类实现。本例文件 4-14.html 的代码如下，在浏览器中显示的效果如图 4-17 所示。

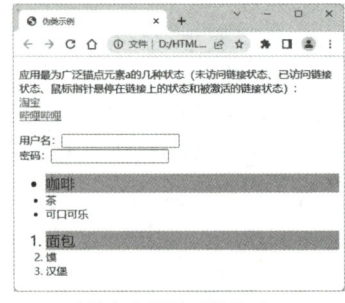
未访问超链接时的显示

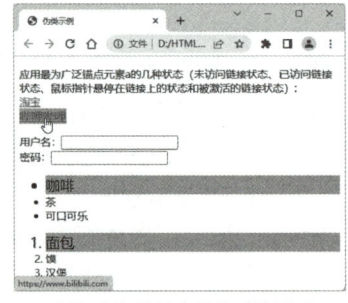
鼠标在超链接上悬停时的显示

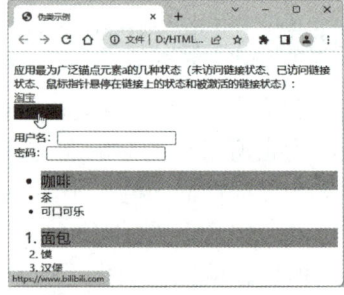
在超链接上单击不松手时的显示

图 4-17　伪类应用

```
<!DOCTYPE html>
<html>
    <head>
```

```html
        <meta charset="utf-8">
        <title>伪类示例</title>
        <style type="text/css">
            a:link {color: blue;} /*超链接单击之前是蓝色*/
            a:visited {color: red;} /*超链接单击之后是红色*/
            /*鼠标悬停是绿色，较大的字体，背景是湖绿色*/
            a:hover {color: green;font-size: large;background-color: aqua;}
            /*鼠标单击链接，但是不松手的时候，字体是黑色，背景是蓝紫色*/
            a:active {color: black;background-color: blueviolet;}
            input:focus {background-color: yellow;} /*输入框获得焦点时，背景色是黄色*/
            /*列表的第一项元素字体是 22px，背景色是浅蓝色*/
            li:first-child {font-size: 22px;background-color: #00FFFF;}
        </style>
    </head>
    <body>
        <p>应用最为广泛锚点元素 a 的几种状态（未访问链接状态、已访问链接状态、鼠标指针悬停在链接上的状态和被激活的链接状态）:<br>
            <a href="https://www.taobao.com/">淘宝</a><br>
            <a href="https://www.bilibili.com/">哔哩哔哩</a>
        </p>
        <form action="login" method="post">
            用户名：<input type="text" name="username" id="username" value=""><br>
            密码：<input type="password" name="password" id="password" value="">
        </form>
        <div id="">
            <ul>
                <li>咖啡</li>
                <li>茶</li>
                <li>可口可乐</li>
            </ul>
            <ol>
                <li>面包</li>
                <li>馍</li>
                <li>汉堡</li>
            </ol>
        </div>
    </body>
</html>
```

需要注意的是，active 样式要写到 hover 样式后面，否则 active 样式将无法生效。因为当浏览者单击超链接未松手（active）的时候其实也是鼠标指针悬停（hover）的时候，所以如果把 hover 样式写到 active 样式后面就相当于把样式重写了。

【例 4-15】:first-child 伪类示例。使用:first-child 伪类选择元素的第一个子元素。本例文件 4-15.html 的代码如下，在浏览器中显示的效果如图 4-18 所示。

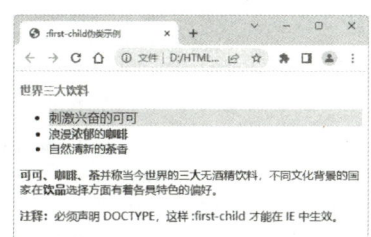

图 4-18 :first-child 伪类示例

```
<!DOCTYPE html>
<html>
    <head>
        <meta charset="utf-8">
        <title>:first-child 伪类示例</title>
        <style type="text/css">
            /*把作为某元素的第一个子元素的所有 p 元素设置为粗体、红色*/
            p:first-child {font-weight: bold;color: red;}
            /*把作为某个元素（在 HTML 中肯定是 ol 或 ul 元素）第一个子元素的所有 li 元素变成大字体、黄色背景*/
            li:first-child { font-size: large; background-color: yellow; }
            /*把作为某个元素第一个元素的所有 b、strong 元素变成蓝色*/
            b:first-child,strong:first-child {color: blue;}
        </style>
    </head>
    <body>
        <div>
            <p>世界三大饮料</p>
            <ul>
                <li>刺激兴奋的可可</li>
                <li>浪漫<strong>浓郁</strong>的<strong>咖啡</strong></li>
                <li>自然清新的<strong>茶</strong>香</li>
            </ul>
            <p><b>可可、咖啡、茶</b>并称当今世界的<b>三大</b>无酒精饮料，不同文化背景的国家在<b>饮品</b>选择方面有着各具特色的偏好。</p>
        </div>
        <p><b>注释：</b>必须声明 DOCTYPE，这样 :first-child 才能在 IE 中生效。</p>
    </body>
</html>
```

【例 4-16】 :lang 伪类示例。:lang 伪类选择器要求匹配的内容必须是指定语言的元素，可为不同的语言定义特殊的规则。对使用多语言版本的网站，可以根据不同语言版本，设置不同的样式。在本例中，:lang 类为属性值是 zh 的元素加上框，为属性值为 no 的 q 元素定义引号的类型。本例文件 4-16.html 的代码如下，在浏览器中显示的效果如图 4-19 所示。

```
<!DOCTYPE html>
<html>
    <head>
        <meta charset="utf-8">
        <title>:lang 伪类示例</title>
        <style type="text/css">
            /* 定义对语言为 zh 的元素起作用 */
            :lang(zh) { border: 1px solid red;height: 30px; }
            q:lang(no) { quotes: "【""】"; }
        </style>
    </head>
    <body>
        <div lang="zh">定义对语言为 zh 的元素起作用</div>
```

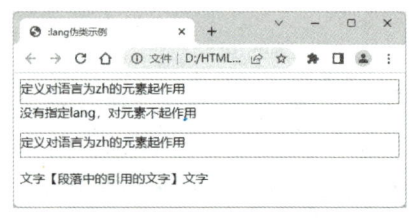

图 4-19 :lang 伪类示例

```
            <div>没有指定 lang，对元素不起作用</div>
            <p lang="zh">定义对语言为 zh 的元素起作用</p>
            <p>文字<q lang="no">段落中的引用的文字</q>文字</p>
        </body>
</html>
```

4.5.9 UI 元素状态伪类选择器

CSS3 新增了 UI（User Interface，用户界面）元素状态伪类选择器。该选择器用于指定当元素处于某种状态时，只有指定的样式才起作用，在默认状态下不起作用。UI 元素的状态包括：启用、禁用、选中、未选中、获得焦点、失去焦点、锁定和待机等。CSS3 定义了 17 种 UI 元素状态伪类选择器，见表 4-4。

表 4-4　UI 元素状态伪类选择器

伪类	描述
E:hover	伪类选择器被用来指定当鼠标指针移动到元素上时元素所使用的样式
E:active	伪类选择器被用来指定元素被激活（鼠标在元素上按下没有松开）时使用的样式
E:focus	伪类选择器被用来指定元素获得焦点时使用的样式
E:enabled	伪类选择器被用来指定当元素处于可用状态时的样式
E:disabled	伪类选择器被用来指定当元素处于不可用状态时的样式
E:read-only	伪类选择器被用来指定当元素处于只读状态时的样式
E:read-write	伪类选择器被用来指定当元素处于读写状态时的样式
E:checked	伪类选择器用来指定当表单中的单选框或者是复选框处于选取状态时的样式
E:default	伪类选择器用来指定当页面打开时默认处于选中状态的单选框或复选框的控件的样式
E:indeterminate	伪类选择器用来指定当页面打开时，一组单选框中没有任何一个单选框被设定为选中状态时，整组单选框的样式
E::selection	伪类选择器用来指定当元素处于选中状态时的样式
E:invalid	伪类选择器用来指定当元素内容不能通过元素的诸如 required 等属性所指定的检查或元素内容不符合元素规定的格式时的样式
E:valid	伪类选择器用来指定当元素内容能通过诸如 required 等属性所指定的检查或元素内容符合元素规定的格式时的样式
E:required	伪类选择器用来指定允许使用 required 属性，而且已经指定了 required 属性的 input 元素、select 元素以及 textarea 元素的样式
E:optional	伪类选择器用来指定允许使用 required 属性，而且未指定了 required 属性的 input 元素、select 元素以及 textarea 元素的样式
E:in-range	伪类选择器用来指定当元素的有效值被限定在一段范围之内，且实际的输入值在该范围之内时的样式
E:out-of-rang	伪类选择器用来指定当元素的有效值被限定在一段范围之内，但实际输入值在超过时使用的样式

UI 元素状态伪类选择器的语法格式如下。

```
E[ type="元素类型属性值" ]: pseudo-class {
    property1: value1;
    property2: value2;
    ...
}
```

E 表示元素的名称，可以在元素中添加元素的 type 属性。pseudo-class 表示伪类名。
在使用 UI 状态伪类选择器时，可以结合属性选择器[type="元素类型属性值"]来限定特定元素的类型，甚至将 UI 状态伪类结合在一起使用，创造更丰富的样式。如果不限定元素的类型，则对任何元素均有效。

1. E:hover、E:active 和 E:focus 伪类选择器

这 3 个选择器一般是针对单行文本框 text、多行文本框 textarea 这两种表单元素。

例如，当文本框获取焦点时使用 outline 属性为文本框添加一个红色轮廓线。关键代码为：

```
<style type="text/css">
    input:focus { outline: 1px solid red; /*对所有 input 元素设置获取焦点时的样式*/ }
</style>
<p><label for="name">姓名: </label><input type="text" name="name"></p>
<p><label for="email">邮箱: </label><input type="text" name="email"></p>
```

【例 4-17】 E:hover、E:active 和 E:focus 伪类选择器的应用示例。本例文件 4-17.html 的代码如下，在浏览器中运行时，鼠标指针经过、鼠标单击（但未松开）、鼠标获得焦点（单击松开）时在浏览器中显示的效果如图 4-20 所示。

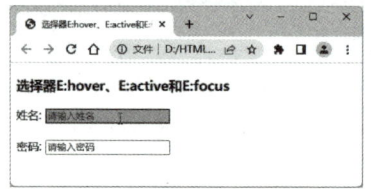 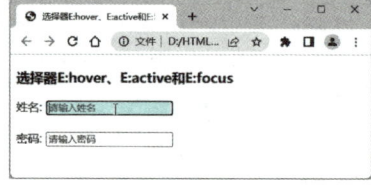 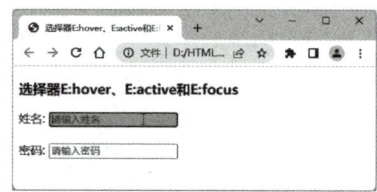

a) 鼠标指针经过　　　　　　　b) 鼠标单击(但未松开)　　　　　　c) 鼠标获得焦点(单击松开)

图 4-20　E:hover、E:active 和 E:focus 伪类选择器的应用

```
<!DOCTYPE html>
<html>
    <head>
        <meta charset="utf-8">
        <title>选择器 E:hover、E:active 和 E:focus 应用</title>
        <style type="text/css">
            input[type="text"]:hover { /*姓名框，鼠标指针经过（悬停）*/
                background-color: pink; }
            input[type="text"]:focus { /*鼠标获得焦点（单击）并进行文字输入时*/
                background-color: #ccc; }
            input[type="text"]:active { /*鼠标按下（按下还未松开）*/
                background-color: yellow; }
            input[type="password"]:hover { /*密码框，鼠标指针经过（悬停）*/
                background-color: red; }
        </style>
    </head>
    <body>
        <h3>选择器 E:hover、E:active 和 E:focus</h3>
        <form>
            姓名: <input type="text" placeholder="请输入姓名"><br><br>
            密码: <input type="password" placeholder="请输入密码">
        </form>
    </body>
```

</html>

2. E:enabled 与 E:disabled 伪类选择器

在表单中，有些表单元素（如输入框、密码框、复选框等）有"可用"和"不可用"这两种状态。默认情况下，这些表单元素都处在可用状态。通过这两个伪类选择器来分别设置表单元素的"可用"与"不可用"两种状态的 CSS 样式。

【例 4-18】 E:enabled 与 E:disabled 伪类选择器的应用示例。本例文件 4-18.html 的代码如下，"可用"和"不可用"在浏览器中显示的效果如图 4-21 所示。

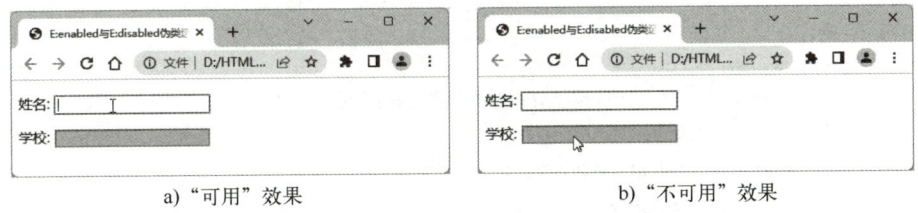

a)"可用"效果　　　　　　　　b)"不可用"效果

图 4-21　E:enabled 与 E:disabled 伪类选择器的应用

```
<!DOCTYPE html>
<html>
    <head>
        <meta charset="utf-8">
        <title>E:enabled 与 E:disabled 伪类选择器</title>
        <style type="text/css">
            input[type="text"]:enabled { /*可用状态*/
                outline: 1px solid #63E3FF; }
            input[type="text"]:disabled { /*不可用状态*/
                background-color: #FFD572; }
        </style>
    </head>
    <body>
        <form>
            <p><label for="enabled">姓名: </label><input type="text" name="en"></p>
            <p><label for="disabled">学校: </label><input type="text" name="dis" disabled="disabled"> </p>
        </form>
    </body>
</html>
```

3. E:read-only 与 E:read-write 伪类选择器

在表单中，有些表单元素（如文本框、文本域等）有"读写"和"只读"这两种状态。默认情况下，这些表单元素都处在"读写"状态。通过这两个伪类选择器分别设置表单元素的"读写"与"只读"这两种状态的 CSS 样式。

【例 4-19】 E:read-only 与 E:read-write 伪类选择器的应用示例。本例文件 4-19.html 的代码如下，"读写"和"只读"在浏览器中显示的效果如图 4-22 所示。

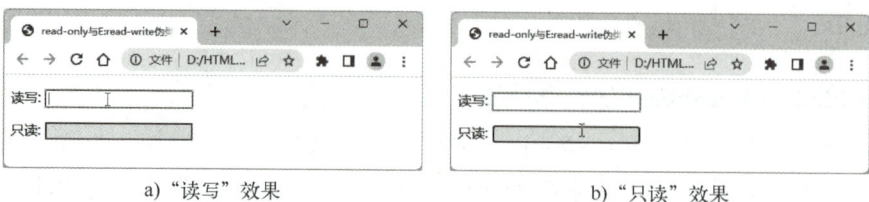

a)"读写"效果　　　　　　　　　　　b)"只读"效果

图 4-22　E:read-only 与 E:read-write 伪类选择器的应用

```
<!DOCTYPE html>
<html>
    <head>
        <meta charset="utf-8">
        <title>read-only 与 E:read-write 伪类选择器</title>
        <style type="text/css">
            input[type="text"]:read-write { /*读写*/
                outline: 1px solid #63E3FF; }
            input[type="text"]:read-only { /*只读*/
                background-color: #EEEEEE; }
        </style>
    </head>
    <body>
        <form>
            <p><label for="text1">读写: </label><input type="text" name="text1"></p>
            <p><label for="text2">只读: </label><input type="text" name="text2" readonly="readonly"></p>
        </form>
    </body>
</html>
```

4．E:checked、E:default 和 E:indeterminate 伪类选择器

E:checked 伪类选择器指定当表单中的单选框或者复选框处于选中状态时的样式。E:default 选择器指定当页面打开时默认处于选中状态的单选框或复选框的控件的样式。E:indeterminate 选择器指定当页面打开时，一组单选框中没有任何一个单选框被设定为选中状态时，整组单选框的样式。

【例 4-20】　E:checked 和 E:indeterminate 伪类选择器的应用示例。本例文件 4-20.html 的代码如下，在浏览器中显示的效果如图 4-23 所示。

图 4-23　E:checked 和 E:indeterminate 伪类选择器的应用

```
<!DOCTYPE html>
<html>
    <head>
```

```
        <meta charset="utf-8">
        <title> E:checked 和 E:indeterminate 伪类选择器</title>
        <style type="text/css">
            input[type="checkbox"]:checked { outline: 2px solid green; }
            input[type="radio"]:indeterminate { outline: 2px solid red; }
        </style>
    </head>
    <body>
        <h3> E:checked 和 E:indeterminate 伪类选择器</h3>
        <form>
            <p>您的爱好：<input type="checkbox">美食 <input type="checkbox">健身 <input type="checkbox">影视 <input type="checkbox">旅游</p>
            <p>您的性别:<input type="radio" name="gender">男 <input type="radio" name="gender">女</p>
        </form>
    </body>
</html>
```

5．E::selection 伪类选择器

默认情况下，浏览器中用鼠标选择的网页文本都是用"深蓝的背景，白色的字体"显示的，可以用 E::selection 伪类选择器指定当元素处于选中状态时的样式。

【例 4-21】 E::selection 伪类选择器的应用示例。本例文件 4-21.html 的代码如下，在浏览器中显示的效果如图 4-24 所示。

 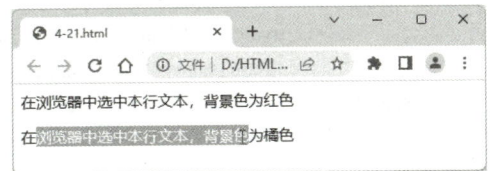

图 4-24　E::selection 伪类选择器的应用

```
<!DOCTYPE html>
<html>
    <head>
        <meta charset="utf-8">
        <title></title>
        <style type="text/css">
            div::selection { background-color: red; /*选中 div 元素的背景色：红色*/
                color: white; /*白色字体*/ }
            p::selection { background-color: orange; /*选中 p 元素的背景色：橘色*/
                color: white;/*白色字体*/ }
        </style>
        <body>
            <div>在浏览器中选中本行文本，背景色为红色</div>
            <p>在浏览器中选中本行文本，背景色为橘色</p>
        </body>
</html>
```

6. E:invalid 和 E:valid 伪类选择器

E:invalid 和 E:valid 伪类选择器指定在元素的内容校验不通过或校验通过时显示的样式。

【例 4-22】 E:invalid 与 E:valid 伪类选择器的应用示例。本实例文件 4-22.html 的代码如下，在浏览器中显示的效果如图 4-25 所示。

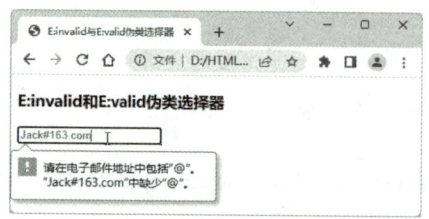 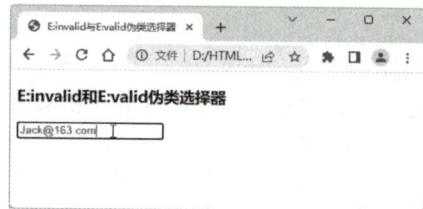

图 4-25　E:invalid 和 E:valid 伪类选择器的应用

```
<!DOCTYPE html>
<html>
    <head>
        <meta charset="utf-8">
        <title>E:invalid 与 E:valid 伪类选择器</title>
        <style type="text/css">
            input[type="email"]:invalid { color: red; }
            input[type="email"]:valid { color: green; }
        </style>
    </head>
    <body>
        <h3>E:invalid 和 E:valid 伪类选择器</h3>
        <form> <input type="email" placeholder="请输入邮箱"></form>
    </body>
</html>
```

7. E:required 与 E:optional 伪类选择器

E:required 伪类选择器指定使用了 required 属性的 input 元素、select 元素以及 textarea 元素的样式。E:optional 伪类选择器指定允许使用 required 属性，而且未指定 required 属性的 input 元素、select 元素以及 textarea 元素的样式。

【例 4-23】 E:required 与 E:optional 伪类选择器的应用。本例文件 4-23.html 的代码如下，在浏览器中显示的效果如图 4-26 所示。

```
<!DOCTYPE html>
<html>
    <head>
        <meta charset="utf-8">
        <title>E:required 与 E:optional 伪类选择器</title>
        <style type="text/css">
            input[type="text"]:required { background: yellow; }
            input[type="text"]:optional { background: pink; }
        </style>
    </head>
```

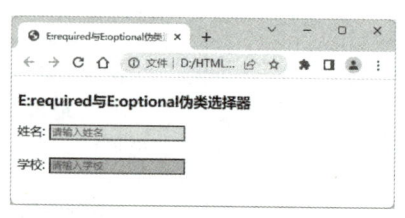

图 4-26　E:required 与 E:optional 伪类选择器的应用

```
<body>
    <h3>E:required 与 E:optional 伪类选择器</h3>
    <form>
        姓名: <input type="text" placeholder="请输入姓名" required> <br> <br>
        学校: <input type="text" placeholder="请输入学校">
    </form>
</body>
</html>
```

8．E:in-range 与 E:out-of-range 伪类选择器

E:in-range 伪类选择器指定当元素的有效值被限定在一段范围之内，且实际的输入值在该范围之内时的样式。E:out-of-range 伪类选择器指定当元素的有效值被限定在一段范围之内，但实际输入值超出范围时使用的样式。

【例 4-24】 E:in-range 伪类选择器指定输入值在该范围之内时显示绿色背景，E:out-of-range 伪类选择器指定输入值超过限定的范围时显示红色背景，本例文件 4-24.html 的代码如下，在浏览器中显示的效果如图 4-27 所示。

图 4-27　E:in-range 与 E:out-of-range 伪类选择器的应用

```
<!DOCTYPE html>
<html>
    <head>
        <meta charset="utf-8">
        <title>E:in-range 与 E:out-of-range 伪类选择器</title>
        <style type="text/css">
            input[type="number"]:in-range { color: #ffffff; background: green; }
            input[type="number"]:out-of-range { background: red; color: #ffffff; }
        </style>
    </head>
    <body>
        <h3>E:in-range 与 E:out-of-range 伪类选择器</h3>
        <input type="number" min="0" max="100" value="0">
    </body>
</html>
```

4.5.10　结构伪类选择器

结构伪类选择器是 CSS3 新增的类型选择器。结构伪类选择器是指根据 HTML 元素之间的文档结构树（DOM）来实现元素过滤，也就是通过文档结构的相互关系来匹配特定的元素，从而减少文档内对 class 属性和 id 属性的定义，使得文档更加简洁。在 CSS3 版本中，

4.5.10
结构伪类选择器

新增的结构伪类选择器见表 4-5。

表 4-5　结构伪类选择器

伪类名	描述
:root	匹配文档的根元素，在 HTML 中永远是 html 元素
:last-child	向元素添加样式，且该元素是它的父元素的最后一个子元素，等同于:nth-last-child(1)
:nth-child(n)	向元素添加样式，且该元素是它的父元素的第 n 个子元素。第 1 个元素编号为 1
:nth-last-child(n)	向元素添加样式，且该元素是它的父元素的倒数第 n 个子元素
:only-child	向元素添加样式，且该元素是它的父元素的仅有的唯一子元素
:first-of-type	向元素添加样式，且该元素是同级同类型元素中第一个元素
:last-of-type	向元素添加样式，且该元素是同级同类型元素中最后一个元素
:nth-of-type(n)	向元素添加样式，且该元素是同级同类型元素中第 n 个元素
:nth-last-of-type(n)	向元素添加样式，且该元素是同级同类型元素中倒数第 n 个元素
:only-of-type	向元素添加样式，且该元素是同级同类型元素中唯一的元素
:empty	向没有子元素（包括文本内容）的元素添加样式
:not	排除本元素的样式

结构伪类选择器的语法格式如下。

```
selector:pseudo-class {
    property1: value1;
    property2: value2;
    ...
}
```

selector 表示一个选择器，pseudo-class 表示伪类名。下面分别介绍各结构伪类选择器。

1．:root 伪类选择器

:root 选择器用于匹配 HTML 文档根元素，根元素只能是 html 元素。也就是说使用:root 选择器定义的样式，对所有页面元素都生效。对于不需要该样式的元素，可以单独设置样式进行覆盖。

【例 4-25】 :root 伪类选择器示例。在样式表中分别定义了:root 的背景色和 body 的背景色。本例文件 4-25.html 的代码如下，在浏览器中显示的效果如图 4-28 所示。

```
<!DOCTYPE html>
<html>
    <head>
        <meta charset="utf-8">
        <title>:root 伪选择器示例</title>
        <style type="text/css">
            :root {background-color: gainsboro;}
            body {background-color: darkgrey;}
        </style>
    </head>
    <body>
        <h3>2020 年编程语言排行</h3>
        <ol>
```

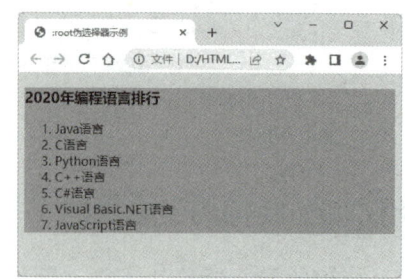

图 4-28　:root 伪类选择器

```
            <li>Java 语言</li>
            <li>C 语言</li>
            <li>Python 语言</li>
            <li>C++语言</li>
            <li>C#语言</li>
            <li>Visual Basic.NET 语言</li>
            <li>JavaScript 语言</li>
        </ol>
    </body>
</html>
```

2．:first-child、:last-child、:nth-child、:nth-last-child 和:only-child

这组伪类选择器统称为子节点伪类选择器。这组选择器依次要求匹配该元素必须是其父元素的第一个子节点、最后一个子节点、第 n 个子节点、倒数第 n 个子节点、唯一的子节点。

【例 4-26】 子节点伪类选择器示例。本例文件 4-26.html 的代码如下，在浏览器中显示的效果如图 4-29 所示。

```
<!DOCTYPE html>
<html>
    <head>
        <meta charset="utf-8">
        <title> :child </title>
        <style type="text/css">
            /* 定义对作为其父元素的第一个子节点的 li 元素起作用的 CSS 样式 */
            li:first-child {border: 1px solid black;}
            /* 定义对作为其父元素的最后一个子节点的 li 元素起作用的 CSS 样式 */
            li:last-child {background-color: #aaa;}
            /* 定义对作为其父元素的第 2 个子节点的 li 元素起作用的 CSS 样式 */
            li:nth-child(2) {color: #888;}
            /* 定义对作为其父元素的倒数第 2 个子节点的 li 元素起作用的 CSS 样式 */
            li:nth-last-child(2) {font-weight: bold;}
            /* 定义对作为其父元素的唯一的子节点的 span 元素起作用的 CSS 样式 */
            span:only-child {font-size: 30pt;font-family: "隶书";}
        </style>
    </head>
    <body>
        <ol>
            <li>Java 语言</li>
            <li>C 语言</li>
            <li>Python 语言</li>
            <li>C++语言</li>
            <li>C#语言</li>
            <li>Visual Basic.NET 语言</li>
            <li>JavaScript 语言</li>
        </ol>
        <ul>
            <li id="java">Java 语言</li>
```

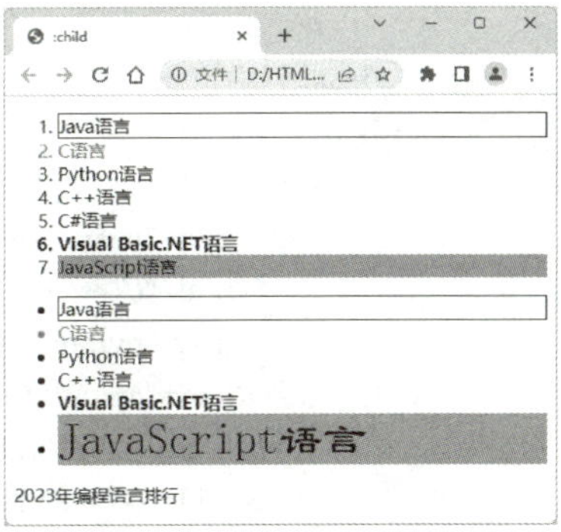

图 4-29 子节点伪类选择器

```
                <li id="c">C 语言</li>
                <li id="python">Python 语言</li>
                <li id="cplus">C++语言</li>
                <li id="vb">Visual Basic.NET 语言</li>
                <li><span id="js">JavaScript 语言</span></li>
            </ul>
        <span>2023 年编程语言排行</span>
    </body>
</html>
```

:nth-child 和:nth-last-child 两个伪类选择器的功能不止于此，它们还支持奇数节点、偶数节点和 xn+y 的用法，见表 4-6。

表 4-6 :nth-child 和:nth-last-child 伪类选择器

伪类名	描述
:nth-child(odd/event)	父元素的第奇数个/偶数个子节点的元素
:nth-last-child(odd/event)	父元素的倒数第奇数个/偶数个子节点的元素
:nth-child(xn+y)	父元素的第 xn+y 个子节点
:nth-last-child(xn+y)	父元素的倒数第 xn+y 个子节点

【例 4-27】 :nth-child 和:nth-last-child 伪类选择器示例。本例文件 4-27.html 的代码如下，在浏览器中显示的效果如图 4-30 所示。

```
<!DOCTYPE html>
<html>
    <head>
        <meta charset="utf-8">
        <title> :nth-child </title>
        <style type="text/css">
            /* 定义对作为其父元素的奇数个子节点的 li 元素起作用的 CSS 样式 */
            li:nth-child(odd) {margin: 10px;border: 2px dotted black;}
            /* 定义对作为其父元素的偶数个子节点的 li 元素起作用的 CSS 样式 */
            li:nth-child(even) {padding: 4px;border: 1px solid black;}
            /* 定义对作为其父元素的倒数第 3n+1 个（1、4、7）子节点的 li 元素起作用的 CSS 样式 */
            li:nth-last-child(3n+1) {border: 2px solid black;}
        </style>
    </head>
    <body>
        <ul>
            <li id="java">Java 语言</li>
            <li id="c">C 语言</li>
            <li id="python">Python 语言</li>
            <li id="cplus">C++语言</li>
            <li id="vb">Visual Basic.NET 语言</li>
            <li id="js">JavaScript 语言</li>
        </ul>
    </body>
</html>
```

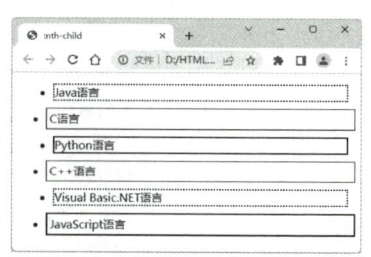

图 4-30 :nth-child 和:nth-last-child 伪类选择器

3. :first-of-type、:last-of-type、:nth-of-type、:nth-last-of-type 和:only-of-type

这组伪类选择器称为兄弟节点伪类选择器，与子节点伪类选择器 xxx-child 有些类似，但这组并不要求是父元素的第 1 个、倒数第 n 个、唯一元素，只要求它们与其有共同类型、同级元素的第 1 个、倒数第 n 个、唯一元素。也跟上组一样，拥有奇偶节点和 xn+y 的用法。

【例 4-28】 兄弟节点伪类选择器示例。本例文件 4-28.html 的代码如下，在浏览器中显示的效果如图 4-31 所示。

```html
<!DOCTYPE html>
<html>
    <head>
        <meta charset="utf-8">
        <title> :type </title>
        <style type="text/css">
            p {padding: 5px;}
            /* 匹配 p 选择器，且是与它同类型、同级的兄弟元素中的第一个的 CSS 样式 */
            p:first-of-type {border: 1px solid black;}
            /* 匹配 p 选择器，且是与它同类型、同级的兄弟元素中的最后一个的 CSS 样式 */
            p:last-of-type {background-color: #aaa;}
            /* 匹配 p 选择器，且是与它同类型、同级的兄弟元素中的第 2 个的 CSS 样式 */
            p:nth-of-type(2) {    color: #888;}
            /* 匹配 p 选择器，且是与它同类型、同级的兄弟元素中的倒数第 2 个的 CSS 样式 */
            p:nth-last-of-type(2) {font-weight: bold;}
        </style>
    </head>
    <body>
        <div>2020 年编程语言排行</div>
        <p>No.1</p>
        <p>No.2</p>
        <p>No.3</p>
        <p>No.4</p>
        <hr>
        <div>
            <div id="java">Java 语言</div>
            <div id="c">C 语言</div>
            <p id="python">Python 语言</p>
            <p id="cplus">C++语言</p>
            <p id="vb">Visual Basic.NET 语言</p>
            <p id="js">JavaScript 语言</p>
            <div id="php">PHP 语言</div>
    </body>
</html>
```

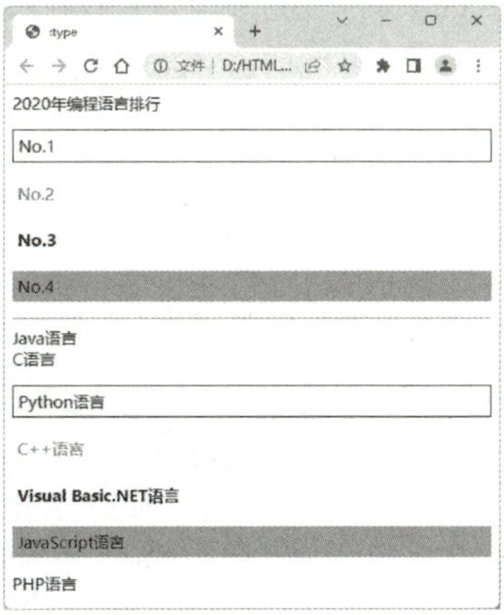

图 4-31 兄弟节点伪类选择器

4. :empty 伪类选择器

:empty 伪类选择器要求该元素只能是空元素，不能包含子节点，也不能包含文本内容（包括空格）。

【例 4-29】 :empty 伪类选择器示例。本例文件 4-29.html 的代码如下，在浏览器中显示的效果如图 4-32 所示。

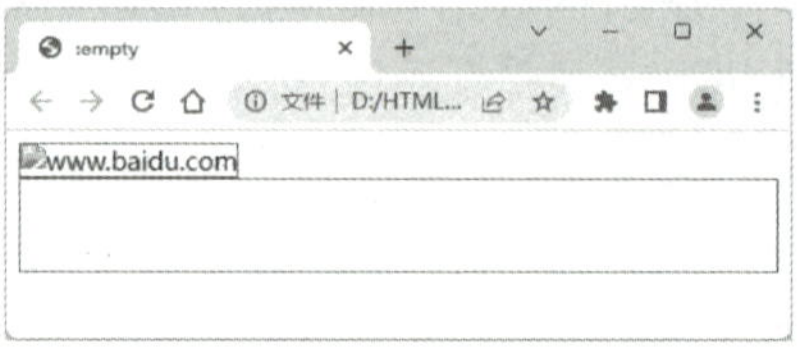

图 4-32 :empty 伪类选择器

```
<!DOCTYPE html>
<html>
    <head>
        <meta charset="utf-8">
        <title> :empty </title>
        <style type="text/css">
            /* 定义对空元素起作用的 CSS 样式 */
            :empty { border: 1px solid brown; height: 60px; }
        </style>
    </head>
    <body>
        <img src="baidu.jpg" alt="www.baidu.com">
        <div></div>
        <div> </div> <!--有一个空格，不是空元素，所以不会显示-->
    </body>
</html>
```

4.5.11 其他伪类选择器

4.5.11 其他伪类选择器

1. :target 伪类选择器

:target 伪类选择器称为目标伪类选择器，要求元素必须是命名锚点（可将访问者快速带到指定位置）的目标，而且必须是正在访问的目标。可以通过该选择器高亮显示正在被访问的目标。

【例 4-30】 :target 伪类选择器示例。单击导航栏中的菜单，对应的目标区域将显示为黄色背景，本例文件 4-30.html 的代码如下，在浏览器中显示的效果如图 4-33 所示。

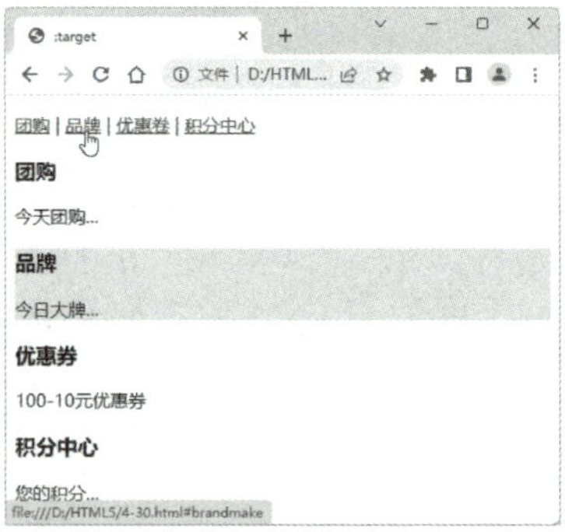

图 4-33 :target 伪类选择器

```
<!DOCTYPE html>
<html>
    <head>
        <meta charset="utf-8">
        <title> :target </title>
        <style type="text/css">
            /*目标区域显示为黄色背景*/
            :target { background-color: #ff0; }
        </style>
    </head>
    <body>
        <p id="menu"><a href="#groupbuy">团购</a> | <a href="#brandmake">品牌</a> | <a href="#coupon">优惠券</a> | <a href="#integrationcenter">积分中心</a></p>
        <div id="groupbuy">
            <h3>团购</h3>
            <p>今天团购...</p>
        </div>
```

```
                <div id="brandmake">
                    <h3>品牌</h3>
                    <p>今日大牌...</p>
                </div>
                <div id="coupon">
                    <h3>优惠券</h3>
                    <p>100-10 元优惠券</p>
                </div>
                <div id="integrationcenter">
                    <h3>积分中心</h3>
                    <p>您的积分...</p>
                </div>
            </body>
        </html>
```

2．:not 伪类选择器

:not 伪类选择器称为否定伪类选择器，即选择除某个元素之外的所有元素。例如，想给表单中除 submit 按钮之外的 input 元素添加红色边框。

【例 4-31】:not 伪类选择器示例。本例文件 4-31.html 的代码如下，在浏览器中显示的效果如图 4-34 所示。

```
<!DOCTYPE html>
<html>
    <head>
        <meta charset="utf-8">
        <title> :not </title>
        <style type="text/css">
            /*将 id 不是 python 的列表项显示为棕色加粗*/
            li:not(#python) { color: brown; font-weight: bold; }
        </style>
    </head>
    <body>
        <ul>
            <li id="java">Java 语言</li>
            <li id="c">C 语言</li>
            <li id="python">Python 语言</li>
            <li id="cplus">C++语言</li>
            <li id="vb">Visual Basic.NET 语言</li>
            <li id="js">JavaScript 语言</li>
        </ul>
    </body>
</html>
```

图 4-34 :not 伪类选择器

4.5.12 伪元素选择器

4.5.12
伪元素选择器

伪元素不是真正的页面元素，在 HTML 中没有对应的元素。伪元素代表了某个元素的子元素，这个子元素虽然在逻辑上存在，但实际却并不存在于 HTML 文档树中。伪元素在 HTML

中无法审查，但是伪元素的用法和真正的页面元素一样，可以用来对 CSS 设置样式，用于将特殊的效果添加到某些选择器。

伪类的效果可以通过添加一个实际的类来实现，而伪元素的效果则需要通过添加一个实际的元素才能实现，这也是它们一个称为伪类，一个称为伪元素的原因。

CSS3 为了区分伪类和伪元素，规定伪类用一个冒号（:）来表示，伪元素用两个冒号（::）来表示。伪元素由双冒号和伪元素名称组成。伪元素的语法格式如下。

```
selector::pseudo-element {
    property1: value1;
    property2: value2;
    ...
}
```

CSS 类也可以与伪元素配合使用，此时伪元素的语法格式如下。

```
selector.class::pseudo-element {
    property1: value1;
    property2: value2;
    ...
}
```

其中，selector 表示一个选择器，pseudo-element 表示伪元素。

CSS3 定义的伪元素见表 4-7。

表 4-7　CSS3 定义的伪元素

伪元素名	描述
::first-letter	将样式添加到文本的首字母
::first-line	将样式添加到文本的首行
::before	在某元素之前插入某些内容。::before、::after 使用的时候必须有一个 content 属性才能起效
::after	在某元素之后插入某些内容
::enabled	向当前处于可用状态的元素添加样式，通常用于定义表单的样式或者超链接的样式
::disabled	向当前处于不可用状态的元素添加样式，通常用于定义表单的样式或者超链接的样式
::checked	向当前处于选中状态的元素添加样式
::not(selector)	向不是 selector 元素的元素添加样式
::target	向正在访问的锚点目标元素添加样式
::selection	向用户当前选取内容所在的元素添加样式

伪类选择器是用来选择对象的，伪类选择器本质上是插入了一个元素或者说插入了一个盒子。伪元素选择器默认插入的是行内元素（inline），浏览器无法直接审查伪元素。下面分别介绍各伪元素选择器。

1．::first-letter、::selection、::first-line

1）::first-letter 定义第一个字。

2）::first-line 定义第一行（以浏览器为准的第一行）。

3）::selection 定义被选中的字行（鼠标选中的字段），只能向::selection 伪元素选择器应用少量 CSS 属性：color、background、cursor 以及 outline。

【例 4-32】 伪元素选择器示例。本例文件 4-32.html 的代码如下，在浏览器中显示的效果如图 4-35 左图所示；当用鼠标选中内容时，被选中部分的背景改变颜色，如图 4-35 中图、右图所示。

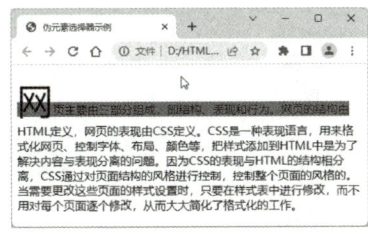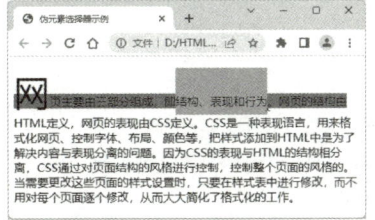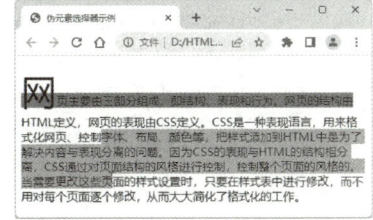

图 4-35 伪元素选择器

```
<!DOCTYPE html>
<html>
    <head>
        <meta charset="utf-8">
        <title>伪元素选择器示例</title>
        <style type="text/css">
            p::first-letter {   /* 第一个字 */
                font-size: 50px; }
            p::first-line {   /* 第一行（以浏览器为准的第一行） */
                background: chocolate; }
            p::selection {   /* 被选中的字行（鼠标选中的字段） */
                background: chartreuse; }
        </style>
    </head>
    <body>
        <p>网页主要由三部分组成，即结构、表现和行为。网页的结构由 HTML 定义，网页的表现由 CSS 定义。CSS 是一种表现语言，用来格式化网页、控制字体、布局、颜色等，把样式添加到 HTML 中是为了解决内容与表现分离的问题。因为 CSS 的表现与 HTML 的结构相分离，CSS 通过对页面结构的风格进行控制，控制整个页面的风格的。当需要更改这些页面的样式设置时，只要在样式表中进行修改，而不用对每个页面逐个修改，从而大大简化了格式化的工作。</p>
    </body>
</html>
```

2．::after 和::before

::after 和::before 是 CSS 伪元素，它们用于在元素的内容前或内容后插入内容。这些内容是由 content 属性定义的。在 CSS 代码中，要将::after 写在::before 前面。

1）::after 和::before 使用的时候必须有一个 content 属性才能起效，最后产生 after 或 before 伪对象，在块内部（例如<div>.... ::after</div>）所有子元素的前面或后面插入内容。这里的 content 属性可以包含的主要内容如下。

- 文本或者其他字符串。
- 图片，但是图片是原始尺寸，不太好控制，比如：content:url(images/1.jpg)。
- 可以为空。content:""，产生一个空对象，特别适合设置为一个 position:absolute 的对象，然后就可以结合背景或者定位，以实现更复杂的布局效果。

【例 4-33】 使用伪元素选择器::after 和::before，在 div 元素的内容前、后添加内容。本例文件 4-33.html 的代码如下，在浏览器中显示时，div 元素的内容为"Hello"，在其前方显示"Before!"，或者在其后方显示"After!"，效果如图 4-36 所示。

```
<!DOCTYPE html>
<html>
    <head>
        <meta charset="utf-8">
        <title>::before 和::after 伪元素选择器示例</title>
        <style type="text/css">
            div::after {
                content: "After!";
                background: yellow;
            }
            div::before {
                content: "Before!";
                background: aqua; }
        </style>
    </head>
    <body>
        <div>Hello</div>
    </body>
</html>
```

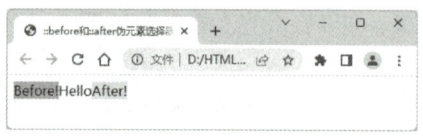

图 4-36 伪元素

通过 content 属性定义要添加的内容。在本例中，div::before 选择器定义了在 div 元素内容前添加的内容，内容为"Before!"，背景颜色为 aqua。div::after 选择器定义了在 div 元素内容后添加的内容，内容为"After!"，背景颜色为 yellow。

2）当插入的内容定义了宽、高和其他属性时，其实就是一个盒子（必须通过 display 转换，因为默认是一个行内元素）。

【例 4-34】 伪元素选择器示例（插入的盒子）。本例文件 4-34.html 在浏览器中显示的效果如图 4-37 所示。

```
<!DOCTYPE html>
<html>
    <head>
        <meta charset="utf-8">
        <title>伪元素选择器示例</title>
        <style type="text/css">
            div { width: 280px; height: 220px;
                border: 1px solid #000; }
            div::before { content: "插入的盒子";
                display: block; width: 150px; height: 150px; background: chartreuse; }
        </style>
    </head>
    <body>
        <div>盒子 1</div>
```

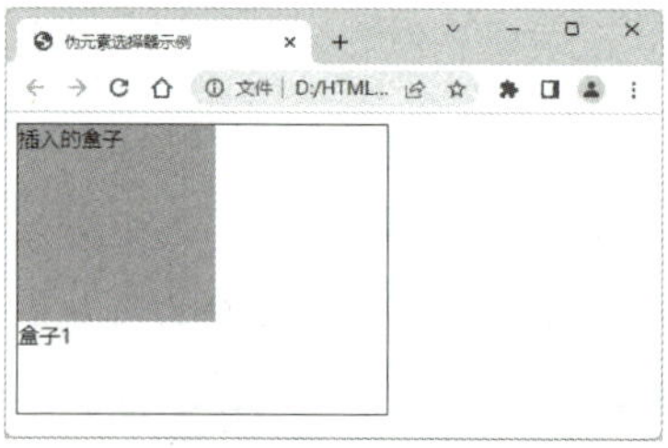

图 4-37 伪元素选择器（插入的盒子）

			</body>
		</html>

【例 4-35】 伪元素选择器示例。本例文件 4-35.html 的代码如下，在浏览器中显示的效果如图 4-38 左图所示；当用鼠标指针指向图片时，图片位置出现红色框，图像下移，如图 4-38 右图所示。

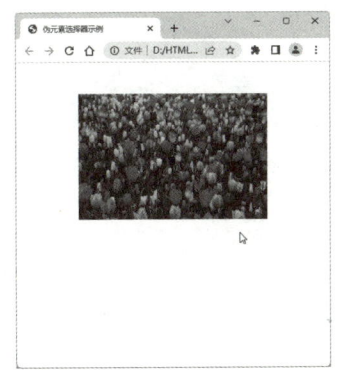 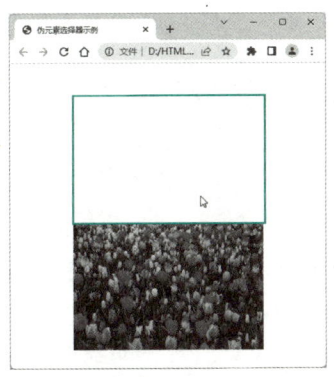

图 4-38 伪元素选择器示例

```
<!DOCTYPE html>
<html>
    <head>
        <meta charset="utf-8">
        <title>伪元素选择器示例</title>
        <style type="text/css">
            div { width: 300px;height: 200px;margin: 50px auto;}
            img {   /*img 是行内块元素*/
                width: 300px;height: 200px;}
            div:hover::before {   /*当鼠标经过 div 的时候在前面添加一个盒子*/
                content: "";   /*必须要有这个属性，表示产生一个内容对象，后面的样式都是为这个虚拟出来的对象设置的*/
                width: 300px;height: 200px;border: 3px solid red;
                display: block;   /*伪元素默认是行内元素，转化为块级元素*/
            }
        </style>
    </head>
    <body>
        <div><img src="images\tulip.jpg" alt=""></div>
    </body>
</html>
```

1）在样式中，定义一个 div 盒子，宽度为 300px、高度为 200px，并定义边距为 50px 让盒子居中对齐；定义图片的宽度、高度与盒子一样大，让图片填满盒子（也可以不一样大）。

2）需要注意的是，伪元素默认是行内元素，行内元素无法设置宽度和高度，因此需要将伪元素转化为块级元素。添加伪元素实现 content 属性。

3）在<body>中，div 盒子内放置一个 img 元素。

4.6 属性值的写法和单位

样式表是由属性和属性值组成的，有些属性值会用到单位。在 CSS 中，属性值的单位与在 HTML 中的有所不同。在 CSS 中，属性值的单位主要分为长度（又称百分比）单位和色彩单位。

4.6 属性值的写法和单位

4.6.1 长度、百分比单位

使用 CSS 进行排版时，常常会在属性值后面加上长度或者百分比的单位。

1. 长度单位

长度单位分为相对长度单位和绝对长度单位。

相对长度单位是指，以该属性前一个属性的单位值为基础来完成目前的设置。而绝对长度单位不会因设备不同而改变。常见的长度单位见表 4-8。

表 4-8 常见的长度单位

长度单位	简介	示例	长度单位类型
em	相对于当前对象内大写字母 M 的宽度	div { font-size : 1.2em;}	相对长度单位
ex	相对于当前对象内小写字母 x 的高度	div { font-size : 1.2ex;}	相对长度单位
px	像素（pixel），像素是相对于屏幕分辨率而言的	div { font-size : 12px;}	相对长度单位
pt	点（point），1pt = 1/72in	div { font-size : 12pt;}	绝对长度单位
pc	派卡（pica），相当于汉字新四号铅字的尺寸，1pc =12pt	div { font-size : 0.75pc;}	绝对长度单位
in	英寸（inch），1in = 2.54cm = 25.4mm = 72pt = 6pc	div { font-size : 0.13in;}	绝对长度单位
cm	厘米（centimeter）	div { font-size : 0.33cm;}	绝对长度单位
mm	毫米（millimeter）	div { font-size : 3.3mm;}	绝对长度单位

由于相对长度单位确定的是一个相对于另一个长度属性的长度，因而它能更好地适应不同的媒体，所以它是首选的。一个长度的值由可选的正号"+"或负号"–"，接着一个数字，后面由标明单位的两个字母组成。

设置属性时，大多数仅能使用正数，只有少数属性可使用正、负数。若属性值设置为负数，且超过浏览器所能接受的范围，浏览器将会选择比较靠近且能支持的数值。

2. 百分比单位

百分比单位也是一种常用的相对类型，该值可以是长度单位或其他单位。每一个可以使用百分比值单位指定的属性，同时也自定义了这个百分比值的参照值。在大多数情况下，这个参照值是该元素本身的字体尺寸。并非所有属性都支持百分比单位。

一个百分比值由可选的正号"+"或负号"–"，接着一个数字，后跟百分号"%"组成。如果百分比值是正的，正号可以不写。正负号、数字与百分号之间不能有空格。例如下面的示例代码。

```
p{ line-height: 200%; }    /* 本段文字的高度为标准行高的 2 倍 */
hr{ width: 80%; }          /* 水平线长度是相对于浏览器窗口的 80% */
```

注意：不论使用哪种单位，在设置时，数值与单位之间不能加空格。

4.6.2 色彩单位

在 CSS 中设置色彩的方式主要是 RGB 方式，所有色彩由红色、绿色、蓝色三种色彩混合而成。可以使用颜色名称、十六进制数、rgb 函数和 rgba 函数来定义色彩。

需要注意的是，无论使用哪种单位，在设置时，数值与单位之间不能加空格。

1．用颜色名称方式表示色彩值

在 CSS 中也提供了与 HTML 一样的用颜色英文名称表示色彩的方式。CSS 颜色规范中定义了 147 种颜色名，其中有 17 种标准颜色和 130 种其他颜色，常用的 17 种标准颜色名称包括 aqua（湖绿色）、black（黑色）、blue（蓝色）、fuchsia（紫红）、gray（灰色）、green（绿色）、lime（石灰）、maroon（褐红色）、navy（海军蓝）、olive（橄榄色）、orange（橙色）、purple（紫色）、red（红色）、silver（银色）、teal（青色）、white（白色）、yellow（黄色）。例如下面的示例代码。

```
div {color: red; }
```

2．用十六进制数方式表示色彩值

在计算机中，定义每种色彩的强度范围为 0～255。当所有色彩的强度都为 0 时，将产生黑色；当所有色彩的强度都为 255 时，将产生白色。

在 HTML 中，使用 RGB 指定色彩时，前面是一个"#"号，再加上 6 个十六进制数字表示，表示方法为：#RRGGBB。其中，前两个数字代表红光强度（Red），中间两个数字代表绿光强度（Green），后两个数字代表蓝光强度（Blue）。以上 3 个参数的取值范围为：00～ff。参数必须是两位数。对于只有 1 位的参数，应在前面补 0。这种方法共可表示 256×256×256 种色彩，即 16M 种色彩。而红色、绿色、蓝色、黑色、白色的十六进制设置值分别为：#ff0000、#00ff00、#0000ff、#000000、#ffffff。例如下面的示例代码。

```
div { color: #ff0000; }
```

如果每个参数在各自两位上的数字都相同，也可缩写为#RGB 的方式。例如：#cc9900 可以缩写为#c90。

3．用 rgb 函数方式表示色彩值

在 CSS 中，可以用 rgb 函数设置所需要的色彩。语法格式为：rgb(R,G,B)。其中，R 为红色值，G 为绿色值，B 为蓝色值。这 3 个参数可取正整数值或百分比值，正整数值的取值范围为 0～255，百分比值的取值范围为色彩强度的百分比 0.0%～100.0%。例如下面的示例代码。

```
div { color: rgb(128,50,220); }
div { color: rgb(15%,100,60%); }
```

注意：当使用 RGB 百分比时，即使值为 0 时也要写百分比符号。但是在其他的情况下就不需要这么做了。比如说，当尺寸为 0 像素时，0 之后不需要使用 px 单位，因为 0 就是 0，无论单位是什么。

4．用 rgba 函数方式表示色彩值

rgba 函数在 rgb 函数的基础上增加了控制透明度 alpha 的参数。语法格式为：rgba(R,G,B,A)。其中，R、G、B 参数等同于 rgb 函数中的 R、G、B 参数，A 参数表示透明度 alpha，取值在 0～1 之间，不可为负值。例如下面的示例代码。

```
<div style="background-color: rgba(0,0,0,0.5);">alpha 值为 0.5 的黑色背景</div>
```

4.7 HTML 文档结构与元素类型

CSS 通过与 HTML 文档结构相对应的选择器来实现对页面表现的控制，文档结构在样式的应用中起着重要的作用。CSS 之所以强大，正是因为它可以根据 HTML 文档结构来决定样式的应用。

4.7.1 文档结构的基本概念

为了更好地理解"CSS 根据 HTML 文档结构来决定样式的应用"这一点，首先需要理解文档是如何结构化的，这也为后续学习继承、层叠等知识打下基础。

【例 4-36】 文档结构示例。本例文件 4-36.html 的代码如下，在浏览器中的显示的效果如图 4-39 所示。

```
<!DOCTYPE html>
<html>
    <head>
        <meta charset="utf-8">
        <title>文档结构示例</title>
    </head>
    <body>
        <h1>CSS3 基础</h1>
        <p>CSS 是一组格式设置规则，用于控制<em>Web</em>页面的外观。</p>
        <ul>
            <li>CSS 的优点
                <ul>
                    <li>表现和内容（结构）分离</li>
                    <li>易于维护和<em>改版</em></li>
                    <li>更好地控制页面布局</li>
                </ul>
            </li>
            <li>CSS 设计与编写原则</li>
        </ul>
    </body>
</html>
```

图 4-39 文档结构

在 HTML 文档中，文档结构是基于元素层次关系的，在 HBuilder X 中，可以通过"视图"菜单中的"显示文档结构图"选项来查看文档结构图，如图 4-40 所示。本例中代码的元素层次

关系可以用图 4-41 所示的树形结构来描述。

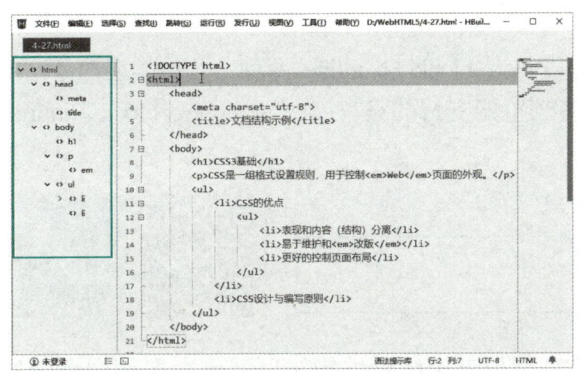

图 4-40　HBuilder X 中的文档结构图

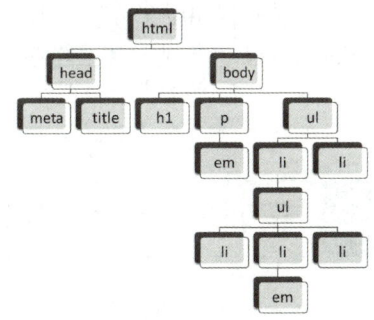

图 4-41　HTML 文档树形结构

在这样的层次结构中，每个元素都处于文档结构中的特定位置，每个元素可能是父元素，也可能是子元素，或者同时是父元素和子元素。例如，文档中的 body 元素既是 html 元素的子元素，又是 h1、p 和 ul 的父元素。在整个代码中，html 元素是所有元素的祖先，也被称为根元素。前面讲解的"后代"选择器就是基于文档结构建立的。

4.7.2　元素类型

我们已经通过文档结构树形图的方式讲解了文档中元素的层次关系。这种层次关系同时也取决于元素类型之间的关系。CSS 使用 display 属性来规定元素应该生成的框的类型。任何元素都可以通过 display 属性改变默认的显示类型。

1．块级元素（display:block）

display 属性设置为 block 将显示块级元素。块级元素的宽度为 100%，并且会在后面带有换行符，使得块级元素始终占据一行。例如，div 常被称为块级元素，这意味着这些元素可以显示为一块内容。标题、段落、列表、表格、分区 div 和 body 等元素都是块级元素。

2．行内元素（display:inline）

行内元素，也称为内联元素或行级元素，通过将 display 属性设置为 inline 来显示。行内元素前后没有换行符，且没有高度和宽度，因此没有固定的形状，显示时只占据其内容的大小。超链接、图像、范围 span、表单元素等都是行内元素。

3．列表项元素（display:list-item）

list-item 属性值表示列表项目，其本质上也是块状显示，但是它是一种特殊的块状类型，会增加缩进和项目符号。

4．隐藏元素（display:none）

none 属性值表示隐藏并取消盒模型，所包含的内容不会被浏览器解析和显示。通过将 display 设置为 none，该元素及其所有内容都不再显示，也不占用文档中的空间。

5．其他分类

除了上述常用的分类之外，还包括以下分类：

display: inline-table | run-in | table | table-caption | table-cell | table-column | table-column-group | table-row | table-row-group | inherit

如果从布局角度来分析，上述显示类型都可以归为 block 和 inline 两种，其他类型都是这两种类型的特殊显示方式。真正能够应用并获得所有浏览器支持的只有 4 个：none、block、inline 和 list-item。

4.8 实训——制作内容详情页

在这一节中，将利用本章所学的基础知识来创建一个综合性的案例。这个案例中会使用一些在后面章节中才会介绍的属性。

【实训 4-1】通过链接外部样式表的方式，创建社区网站内容详情网页的局部内容。本例文件 pt4-1.html 在浏览器中显示的效果如图 4-42 所示。

1．前期准备

（1）栏目目录结构

在栏目文件夹下，创建两个子文件夹：images 和 css。images 文件夹用于存放图像素材，而 css 文件夹用于存放外部样式表文件。

（2）页面素材

将本页面需要使用的图像素材 new.jpg 存放在 images 文件夹下。

图 4-42　内容详情网页

（3）外部样式表

在 css 文件夹下，创建一个名为 new_xiangqing.css 的样式表文件。

2．制作页面

CSS 文件 new_xiangqing.css 的代码如下：

```
/*新闻内容详情 new_xiangqing.css*/
.content{ width: 1200px; margin: 0 auto; margin-top: 34px; }
.hr1{ height:1px; border:none; border-top:1px solid rgb(204,204,204); margin-top: 5px; width: 902px; }
.new_xiangqing{ width: 902px; padding-right: 15px; }
.new_xiangqing h2{ font-size: 22px; line-height: 30px; text-align: center; color: #494949; margin-top: 30px; font-weight: 600; }
.new_xiangqing h3{ font-size: 12px; line-height: 21px; color: #878787; text-align: center; margin-top: 5px; font-weight: 300; }
.new_xiangqing p{ font-size: 14px; line-height: 30px; color: #4b4b4b; text-indent: 2em; }
.new_xiangqing img{ margin-left: 156px; width: 600px; height: 339px; margin-top: 20px; }
```

网页结构文件 pt4-1.html 的 HTML 代码如下：

```
<!DOCTYPE html>
<html>
```

```
<head>
    <meta charset="utf-8">
    <title>内容详情</title>
    <link rel="stylesheet" href="css/new_xiangqing.css">
</head>
<body>
    <div class="content">
        <div class="new_xiangqing">
            <hr class="hr1">
            <h2>去看花儿</h2>
            <h3>发布时间：2023-05-17</h3>
            <img src="images/new.jpg">
            <!--此处省略部分内容-->
        </div>
    </div>
</body>
</html>
```

习题 4

1．使用内嵌样式表，设置 h1 的属性，通过类选择器改变 span 的颜色，实现每个 span 设置的字呈现不同的颜色，如图 4-43 所示。

2．使用伪类相关的知识实现鼠标悬停效果，当鼠标指针悬停在链接上时，呈现不同的显示，如图 4-44 所示。

图 4-43　五彩标题

图 4-44　悬停效果

3．使用 CSS 制作社区网的页脚版权信息局部页面，如图 4-45 所示。

图 4-45　页脚版权信息

4．使用 CSS 制作主页 Logo 栏局部页面，如图 4-46 所示。

图 4-46　题 4 图

5. 使用 CSS 基本知识制作如图 4-47 所示的页面。

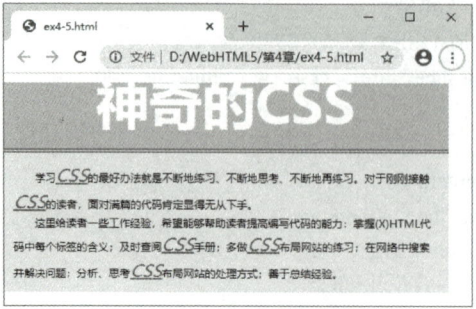

图 4-47　题 5 图

第 5 章 CSS3 的属性

网页由文本、超链接、图片等基本元素组成，使用 HTML+CSS 技术可以精确地控制这些元素的显示效果。

学习目标：掌握 CSS 的属性，包括 CSS 背景、文本、列表、图像、表格、表单、链接等元素的属性样式。

重点与难点：重点是 CSS 背景、文本、列表、图像、链接的属性样式，难点是表格、表单元素的属性样式。

素养目标：深化学生对传统文化的理解，使其能够欣赏并创造美的价值。

5.1 CSS 背景属性

网页背景是网页设计的重要因素之一，不同类型的网站有不同的背景和基调。CSS 有非常丰富的背景属性。CSS 允许为任何元素添加纯色背景，也允许使用图像作为背景。背景属性在命名时，使用"background-"作为前缀。

5.1.1 背景颜色属性 background-color

background-color 属性用于设置背景颜色，可以设置任何有效的颜色值。

语法：**background-color: color | transparent**

参数：color 指定颜色，颜色取值前面已经介绍过，颜色值可以使用多种书写方式，可以用颜色名，也可以用十六进制颜色值，还可以是 rgb 函数值。transparent 表示透明的意思，也是浏览器的默认值。

【说明】background-color 不能继承，默认值是 transparent，如果一个元素没有指定背景色，那么默认背景色为 transparent（透明色），这样其父元素的背景才能看见。

设置元素的背景颜色属性。示例代码如下。

```
p { background-color: silver; }
div { background-color: rgb(223,71,177);}
body { background-color: #98AB6F; }
pre { background-color: transparent; }
```

【例 5-1】 设置元素的背景颜色示例。本例文件 5-1.html 的代码如下，在浏览器中显示的效果如图 5-1 所示。

```
<!DOCTYPE html>
<html>
    <head>
        <meta charset="utf-8">
        <title>设置背景色</title>
        <style type="text/css">
```

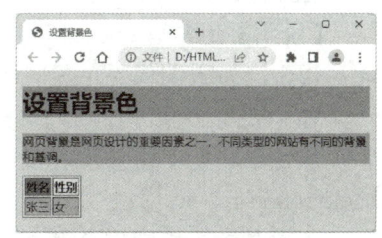

图 5-1 设置元素的背景颜色

```
            h1 { /*标题1的背景色*/ background-color: coral;}
            p { /*段落的背景色*/ background-color: darkgrey;}
            table { /*表格的背景色*/ background-color: yellow;}
        </style>
    </head>
    <body style="background: gainsboro;"><!--设置整个网页的背景色-->
        <h1>设置背景色</h1>
        <p>网页背景是网页设计的重要因素之一，不同类型的网站有不同的背景和基调。</p>
        <table border="1" cellspacing="" cellpadding="">
            <tr>
                <th style="background-color: red;">姓名</th><!--表格单元格的背景色-->
                <th>性别</th>
            </tr>
            <tr style="background-color: yellowgreen;"><!--设置表格的行的背景色-->
                <td>张三</td>
                <td>女</td>
            </tr>
        </table>
    </body>
</html>
```

5.1.2 背景图像属性 background-image

5.1.2 背景图像属性 background-image

背景图像属性 background-image 可以用于设置元素的背景图像，并且可以设置线性渐变等效果。

语法：background-image: none | url(url), url(url),… | linear-gradient | radial-gradient | repeating-linear-gradient | repeating-radial-gradient

参数：默认情况下，参数为 none，表示不加载图像，无背景图。

使用 url 参数可以指定要插入背景图像的路径，也可以使用绝对或相对地址来指定背景图像。在 CSS3 之前，每个元素只能设置一个背景图像。如果同时指定了背景颜色和背景图像，背景图像会覆盖当前的背景颜色。但是在 CSS3 中，允许元素使用多个背景图像，多个 url 属性值之间用逗号分隔。

CSS3 新增的属性如下。

linear-gradient：使用线性渐变创建背景图像。

radial-gradient：使用径向（放射性）渐变创建背景图像。

repeating-linear-gradient：使用重复的线性渐变创建背景图像。

repeating-radial-gradient：使用重复的径向（放射性）渐变创建背景图像。

【说明】通常建议如果设置了 background-image 属性，同时也要设置 background-color 属性，用于当背景图像不可见时保持与文本形成一定的对比。

如果要将图像添加到整个浏览器窗口，可以将其添加到<body>标签。对于块级元素，背景图片从元素的左上角开始放置，并沿着 x 轴和 y 轴平铺，占满元素的全部尺寸。通常需要配合 background-repeat 属性（即背景重复属性，5.1.3 节将会介绍）来控制图像的平铺。

如果某个元素同时具有 background-image 属性和 background-color 属性，那么 background-image 属性优先于 background-color 属性，也就是说背景图像会覆盖背景色。

设置元素的背景图片属性。示例代码如下。

```
body { background-image: none; }
div { background-image: url("images/backimg.jpg"); }
blockquote { background-image: url("backpic.jpg"); }
br { background-image: url(http://baidu.com/ImageFile/aa.gif); }
body{ background-image: url(bg_flower.gif), url(bg_flower_2.gif);}
div{ background:url("bg1.jpg") 0 0 no-repeat, url("bg2.jpg") 200px 0 no-repeat,
    url("gb3.jpg") 400px 200px no-repeat;}
```

【例 5-2】 设置背景图像示例。本例文件 5-2.html 的代码如下，在浏览器中显示的效果如图 5-2 所示。

```
<!DOCTYPE html>
<html>
    <head>
        <meta charset="utf-8">
        <title>设置背景图像</title>
        <style type="text/css">
            body { /*整个网页的背景图片*/
                background-image: url(images/sunshine.jpg);}
            p { /*段落的背景图片和颜色*/
                background-color: darkgrey;
                background-image: url(images/flowers1.jpg);}
            table { /*表格的背景图片*/ background-image: url(images/rose2.jpg);
                width: 400px;height: 300px;}
        </style>
    </head>
    <body>
        <p>网页背景是网页设计的重要因素之一，不同类型的网站有不同的背景和基调。CSS 有非常丰富的背景属性。CSS 允许为任何元素添加纯色背景，也允许使用图像作为背景。</p>
        <table border="1" cellspacing="20" cellpadding="30">
            <tr>
                <th style="background-image: url(images/buttonblue.jpg); ">姓名</th>
                <!--表格的单元格的背景图片-->
                <th>性别</th>
            </tr>
            <tr style="background-image: url(images/buttonaqua.jpg);">
                <!--设置表格的行的背景图片-->
                <td>张三</td>
                <td>女</td>
            </tr>
        </table>
    </body>
</html>
```

图 5-2 设置背景图像

该示例通过 CSS 样式设置了多个元素的背景图像。具体设置如下：body 元素的背景图像为 images/sunshine.jpg。p 元素的背景图像为 images/flowers1.jpg，背景颜色为 darkgrey。table 元素的背景图像为 images/rose2.jpg，设置了宽度为 400px，高度为 300px。

在表格中，还对表头和表格行中的某些单元格进行了单独的背景图像设置，具体如下：表头的第一个单元格的背景图像为 images/buttonblue.jpg。表格的第二行的背景图像为 images/buttonaqua.jpg。

这样，通过设置不同元素的背景图像，可以为网页的不同部分增加视觉效果。

【例 5-3】 多背景图像属性示例。本例文件 5-3.html 的代码如下，在浏览器中显示的效果如图 5-3 所示。

```
<!DOCTYPE html>
<html>
    <head>
        <meta charset="utf-8">
        <title>多背景图像</title>
        <style type="text/css">
            div { width: 400px; height: 300px; border: 5px dashed; float: left; margin: 5px;
            background-image: url(images/apple.jpg), url(images/apple2.gif), url(images/apple3.jpg),
            url(images/apple4.jpg); background-repeat: no-repeat, no-repeat, no-repeat, no-repeat;
            background-position: left top, right top, right bottom, left bottom;
            background-size: 120px 120px; }
        </style>
    </head>
    <body>
        <div id="">
            内容
        </div>
    </body>
</html>
```

图 5-3 多背景图像

该示例通过 CSS 样式设置了一个 div 元素的多个背景图像。具体设置如下：div 元素的宽度为 400px，高度为 300px，边框为 5px 虚线，浮动方式为左浮动，外边距为 5px。div 元素的背景图像使用了 4 个图像，分别是 images/apple.jpg、images/apple2.gif、images/apple3.jpg、images/apple4.jpg。

背景图像的重复方式都设置为不重复（no-repeat）。背景图像的位置设置为左上角（left top）、右上角（right top）、右下角（right bottom）、左下角（left bottom）。背景图像的大小设置为 120*120px。

通过这样的设置，div 元素的背景将同时显示 4 个图像，每个图像在不同的位置，大小都为 120*120px，从而实现了多背景图像的效果。这样的设计可以为元素增加丰富的背景效果。

5.1.3 重复背景图像属性 background-repeat

5.1.3
重复背景图像属性 background-repeat

重复背景图像（background-repeat）属性的主要作用是设置背景图像在网页中如何重复显示。通过背景重复，可以使用较小的图像来填充整个页面，有效地减少图像文件大小。

在默认情况下，背景图像会在水平和垂直方向上进行平铺。如果不希望图像平铺，或者只希望在一个方向上平铺，可以使用 background-repeat 属性进行控制。

语法：**background-repeat: repeat | no-repeat | repeat-x | repeat-y**

参数：repeat 表示背景图像在水平和垂直方向上都进行平铺，这是默认值。repeat-x 表示背景图像在水平方向上进行平铺。repeat-y 表示背景图像在垂直方向上进行平铺。no-repeat 表示背景图像不进行平铺。

【说明】该属性用于设置元素的背景图像是否进行平铺以及如何进行平铺。在设置之前，需要先指定元素的背景图像。

设置表格或段落的背景图像重复属性。示例代码如下。

```
table { background: url("images/buttondvark.gif"); background-repeat: repeat-y; }
p { background: url("images/rose.gif"); background-repeat: no-repeat; }
```

【**例 5-4**】设置重复背景图像示例。本例包含了 4 个 HTML 文件：5-4a.html、5-4b.html、5-4c.html 和 5-4d.html，在浏览器中显示的效果如图 5-4 所示。

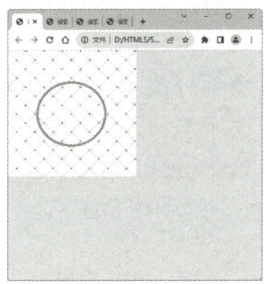
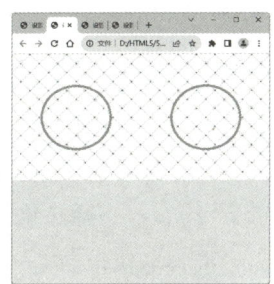
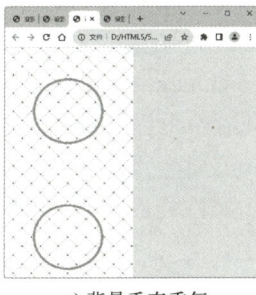
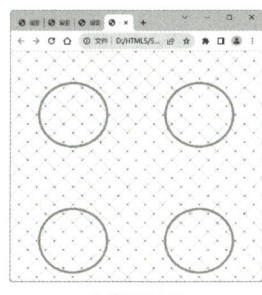

a) 背景不重复　　　　　b) 背景水平重复　　　　　c) 背景垂直重复　　　　　d) 背景重复

图 5-4　设置重复背景图像

背景不重复 5-4a.html 的代码如下。

```html
<!DOCTYPE html>
<html>
    <head>
        <meta charset="utf-8">
        <title>设置背景图片重复 1</title>
        <style type="text/css">
            body {   /* 背景图像不重复的 CSS 定义代码 */
                background-color: beige;
                background-image: url(images/backpic.jpg);
                background-repeat: no-repeat;
            }
        </style>
    </head>
    <body>
    </body>
</html>
```

5-4b.html、5-4c.html 和 5-4d.html 的代码只需在 5-4a.html 的基础上修改下面代码。

5-4b.html 背景图像水平重复的 CSS 定义代码如下：

body { background-color: beige;background-image:url(images/backpic.jpg);background-repeat: repeat-x;}

5-4c.html 背景图像垂直重复的 CSS 定义代码如下：

body {background-color: beige;background-image:url(images/backpic.jpg);background-repeat: repeat-y;}

5-4d.html 背景图像重复的 CSS 定义代码如下：

body {background-color: beige;background-image:url(images/backpic.jpg);background-repeat: repeat;}

5.1.4 固定背景图像属性 background-attachment

如果希望背景图像固定在屏幕的某一位置，不随着滚动条移动，可以使用 background-attachment 属性来设置。

语法：**background-attachment: scroll | fixed**

参数：background-attachment 属性有两个可选的属性值，其中，scroll 设置图像随页面元素一起滚动（默认值），fixed 设置图像固定在屏幕上，不随页面元素滚动。

【说明】background-attachment 设置背景图像是否固定或者随着页面其余部分滚动。默认值为 scroll，表示背景图像会随着页面其余部分的滚动而滚动。设置为 fixed 表示当页面其余部分滚动时，背景图像不会滚动。也可以通过 inherit 从父元素继承 background-attachment 的设置。

background-attachment 属性将图像设置为固定在屏幕上，不随页面滚动。示例代码如下。

html { background-image: url("rose.jpg"); background-attachment: fixed; }

5.1.5 背景图像位置属性 background-position

当在网页中插入背景图像时，默认插入图像的位置是位于网页的左上角。然而，可以通过使用 background-position 属性来改变图像的插入位置。

语法：background-position: position position | length length

参数：position 可以为 top（将背景图像与元素的顶部对齐）、center（将背景图像相对于元素水平居中或垂直居中）、bottom（将背景图像与元素的底部对齐）、left（将背景图像与元素的左边对齐）、right（将背景图像与元素的右边对齐）之一。length 为百分比或由数字和单位标识符组成的长度值。

【说明】background-position 用于设置背景图像原点的位置。如果图像需要平铺，则从这一点开始平铺。默认值为左上角的零点位置，这两个值之间用空格隔开，写作 0 0。它有以下 3 种写法。

- 位置参数：x 轴有 3 个参数，分别是 left、center、right；y 轴同样有 3 个参数，分别是 top、center、bottom。通常情况下，x 轴和 y 轴参数各取一个组成属性值，例如 left bottom 表示左下角，right top 表示右上角。如果只给定一个值，则另一个值默认为 center。
- 百分比：可以写为 x% y%，第一个表示 x 轴的位置，第二个表示 y 轴的位置，左上角为 0 0，右下角为 100% 100%。如果只指定了一个值，该值用于横坐标 x，纵坐标 y 默认为 50%。

- 长度：可以写为 xpos ypos，第一个表示离原点 x 轴的长度，第二个表示离原点 y 轴的长度。单位可以是像素(px)等长度单位，也可以与百分比混合使用。

设置对象的背景图像位置时，必须先指定 background-image 属性。默认值为(0% 0%)。该属性的定位不受对象的补丁属性（padding）设置的影响。

示例代码如下。

```
body { background: url("images/backpic.jpg"); background-position: top right; }
div { background: url("images/back.gif"); background-position: 30% 75%; }
table { background: url("images/back.gif"); background-position: 35% 2.5cm; }
a { background: url("images/backpic.jpg"); background-position: 5.25in; }
```

【例 5-5】 设置背景图像位置示例。本例文件 5-5.html 的代码如下，在浏览器中显示的效果如图 5-5 所示。

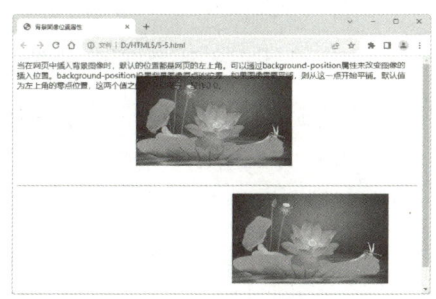

图 5-5　设置背景图像的位置

```
<!DOCTYPE html>
<html>
    <head>
        <meta charset="utf-8">
        <title>背景图像位置属性</title>
        <style type="text/css">
            div {
                background-image: url(images/lotus.jpg); /*背景图片*/
                background-repeat: no-repeat; /*图片不重复显示*/
                width: 800px; /*设置图片宽度*/
                height: 250px; /*设置图片高度*/
            }
        </style>
    </head>
    <body>
        <div style="background-position: center center;">当在网页中插入背景图像时，默认的位置都是网页的左上角。可以通过 background-position 属性来改变图像的插入位置。background-position 设置背景图像原点的位置，如果图像需要平铺，则从这一点开始平铺。默认值为左上角的零点位置，这两个值之间用空格隔开，写作 0 0。</div>
        <hr>
        <div style="background-position: 90% 10%;"></div>
    </body>
</html>
```

5.1.6 背景图像大小属性 background-size

5.1.6　背景图像大小属性 background-size

在 CSS3 之前，背景图片的尺寸是由图像的实际尺寸决定的。在 CSS3 中，可以规定背景图片的尺寸，background-size 属性设置背景图像的大小。

语法：**background-size : [length | percentage | auto]{1,2} | cover | contain**

参数：auto 为默认值，保持背景图像的原始高度和宽度。length 设定具体的值，可以改变背景图像的大小。percentage 是百分值，可以是 0%～100%之间的任何值，这个值只能应用在块元素上，所设定的百分值将根据所在元素的宽度的百分比来计算背景图像大小。cover 将图像拉伸放大以适合铺满整个容器，但可能会导致背景图像失真。contain 与 cover 相反，它会将背景图像缩小以适合铺满整个容器，这同样可能会导致图像失真。

当 background-size 取值为 length 和 percentage 时，可以设置一个或两个值。当只设定一个值时，第二个值默认为 auto。不过，这里的 auto 并不会保持背景图像的原始高度，而是会与第一个值相同。

【说明】设置背景图像的大小，以像素或百分比显示。当指定为百分比时，大小由所在父元素区域的宽度、高度决定。也可以通过 cover 和 contain 来对图片进行伸缩。

示例代码如下。

```
div{background:url(bg_flower.gif);background-size: 100px 80px;background-repeat:no-repeat;}
```

【例 5-6】 设置背景图像的大小示例。本例文件 5-6.html 的代码如下，在浏览器中显示的效果如图 5-6 所示，对背景图像进行拉伸，使其完全填充内容区域。

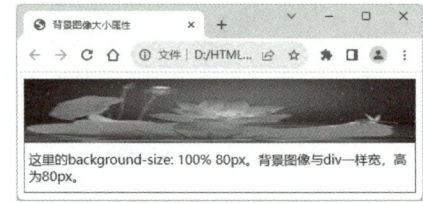

图 5-6　设置背景图像的大小

```
<!DOCTYPE html>
<html>
    <head>
        <meta charset="utf-8">
        <title>背景图像大小属性</title>
    </head>
    <body>
        <div style="border: 1px solid #00f; padding:90px 5px 10px; background:url(images/lotus.jpg) no-repeat; background-size:100% 80px">
            这里的 background-size: 100% 80px。背景图像与 div 一样宽，高为 80px。
        </div>
    </body>
</html>
```

5.1.7　背景属性 background

background 是简写属性，可以在一个样式中将 background-color、background-position、background-attachment、background-repeat、background-image 全部设置，也可以省略其中的某几项。将这几项的属性值直接用空格拼接，作为 background 的属性值即可。还可以直接设置 inherit 从父元素继承。

语法：**background : background-color background-image background-repeat background-attachment background-position**

参数：该属性是复合属性。请参阅各参数对应的属性。默认值为 transparent none repeat scroll 0% 0%。背景属性 background 的语法中，各个参数应该用空格分隔。

【说明】如使用该复合属性定义其单个参数，则其他参数的默认值将无条件覆盖各自对应的单个属性设置。尽管该属性不可继承，但如果未指定，其父对象的背景颜色和背景图像将在对象中显示。

示例代码如下。

```
body { background: url("images/bg.gif") repeat-y }
div { background: red no-repeat scroll 5% 60%; }
caption { background: #ffff00 url("images/bg.gif") no-repeat 50% 50%; }
pre { background: url("images/bg.gif") top right; }
```

5.1.8 背景覆盖区域属性 background-clip

background-clip 属性用于设置背景的覆盖区域。这是 CSS3 新增的背景属性。

语法：**background-clip: border-box | padding-box | content-box**

参数：它的属性值有 3 个，border-box 设置背景显示区域到边框中，是默认值。padding-box 值设置背景显示区域到内边距框。content-box 值设置背景显示区域到内容框。

其显示区域的具体划分将在 CSS 盒模型中详细介绍。

【例 5-7】 设置背景覆盖区域示例。本例文件 5-7.html 的代码如下，在浏览器中显示的效果如图 5-7 所示。

```
<!DOCTYPE html>
<html>
    <head>
        <meta charset="utf-8">
        <title>背景覆盖区域属性</title>
        <style type="text/css">
            div {
                width: 100px;
                height: 120px;
                padding: 20px;
                border: 5px dotted;
                float: left;
                margin: 5px;
                background: aqua;
            }
        </style>
    </head>
    <body>
        <div>内容</div>
        <div style="background-clip: border-box;">内容</div>
        <div style="background-clip: padding-box;">内容</div>
        <div style="background-clip: content-box;">内容</div>
    </body>
</html>
```

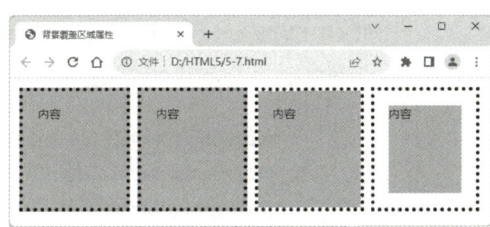

图 5-7 设置背景覆盖区域

5.1.9 背景图像起点属性 background-origin

background-origin 属性用于指定背景图像的起点位置。它的取值与 background-clip 属性相同，用于表示背景覆盖的起点。不过由于背景会在水平和垂直方向上重复，所以对于纯色背景，这两个属性的差别并不明显。但是在使用背景图像时，background-origin 属性可以用来确定背景图像的起点位置。需要注意的是，如果背景图像的 background-attachment 属性为 fixed，则 background-origin 属性将没有效果。

语法：**background-origin: padding-box | border-box | content-box**

参数：border-box 将背景图像的起点设置在外边框的左上角。padding-box 将背景图像的起点设置在内边框的左上角，这是默认值。content-box 将背景图像的起点设置在内容框的左上角。三种边框的示意图如图 5-8 所示。

将背景图像相对于内容框(content-box)进行定位。示例代码如下。

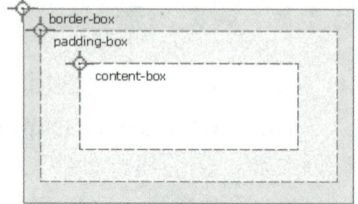

```
div { background-image: url('bg.jpg');
      background-repeat: no-repeat;
      background-position: 100% 100%;
      background-origin: content-box; }
```

图 5-8　三种边框的示意图

【例 5-8】　背景图像起点属性示例。本例文件 5-8.html 的代码如下，在浏览器中显示的效果如图 5-9 所示。

```
<!DOCTYPE html>
<html>
    <head>
        <meta charset="utf-8">
        <title>background-origin 属性</title>
        <style type="text/css">
            div { padding: 30px; border: 10px dashed darkorange;
                background-image: url('images/apple.jpg'); background-size: 100px 100px;
                background-repeat: no-repeat; }
            #div1 { background-origin: border-box; }
            #div2 { background-origin: padding-box; }
            #div3 { background-origin: content-box; }
        </style>
    </head>
    <body>
        <p>background-origin:border-box：</p>
        <div id="div1">
            <p>这是文本内容。…</p>
        </div>
        <p>background-origin:padding-box：</p>
        <div id="div2">
            <p>这是文本内容。…</p>
        </div>
        <p>background-origin:content-box：</p>
        <div id="div3">
            <p>这是文本内容。…</p>
        </div>
    </body>
</html>
```

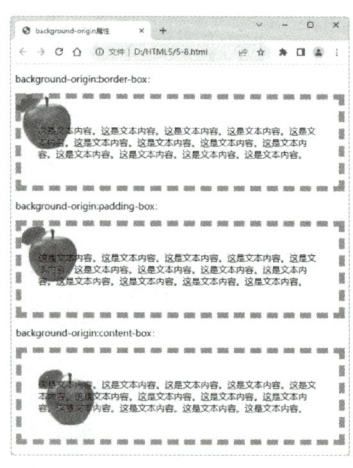

图 5-9　背景图像起点

5.1.10 背景渐变属性 background-image

用 background-image 属性还可以设置线性渐变等效果。

1. 线性渐变

为了创建线性渐变效果,必须至少定义两种颜色节点。颜色节点即是想要呈现平稳过渡的颜色。同时,也可以设置一个起点。

语法:**background-image: linear-gradient | radial-gradient (direction, color-stop1, color-stop2, ...)**

参数:linear-gradient 使用线性渐变创建背景图像。radial-gradient 使用径向(放射性)渐变创建背景图像。direction 是渐变的预定义方向(值为 to bottom、to top、to right、to left、to bottom right 等)。color-stop 是过渡的颜色节点。

【说明】CSS3 渐变(gradients)可以在两个或多个指定的颜色之间显示平稳的过渡。CSS3 定义了两种类型的渐变。其中,线性渐变(linear-gradient)可以向下、向上、向左、向右、对角方向;径向渐变(radial-gradient)由它们的中心定义。

下面代码为从上到下(默认情况下)的线性渐变的示例。本示例从顶部开始线性渐变,起点是红色,慢慢过渡到黄色。

```
#div1 { background-image: linear-gradient(red, yellow);}
```

线性渐变,从左到右。下面代码从左边开始线性渐变,起点是红色,慢慢过渡到黄色:

```
#div2 { background-image: linear-gradient(to right, red , yellow); }
```

线性渐变,对角。通过指定水平和垂直的起始位置来制作一个对角渐变。下面代码从左上角开始(到右下角)线性渐变。起点是红色,慢慢过渡到黄色:

```
#div3 { background-image: linear-gradient(to bottom right, red, yellow); }
```

2. 使用角度

如果想要在渐变的方向上做更多的控制,可以定义一个角度,而不用预定义方向。

语法:**background-image:linear-gradient | radial-gradient(angle, color-stop1, color-stop2)**

参数:angle 是渐变的角度。

【说明】角度是指水平线和渐变线之间的角度,顺时针方向为正。换句话说,0deg(度)将创建一个从下到上的渐变,90deg 将创建一个从左到右的渐变。角度示意图如图 5-10 所示。但是,有些浏览器(Chrome、Safari、Firefox 等)使用了旧的标准,即 0deg 将创建一个从左到右的渐变,90deg 将创建一个从下到上的渐变。可以用换算公式 90-x=y 修正,其中 x 为标准角度,y 为非标准角度。

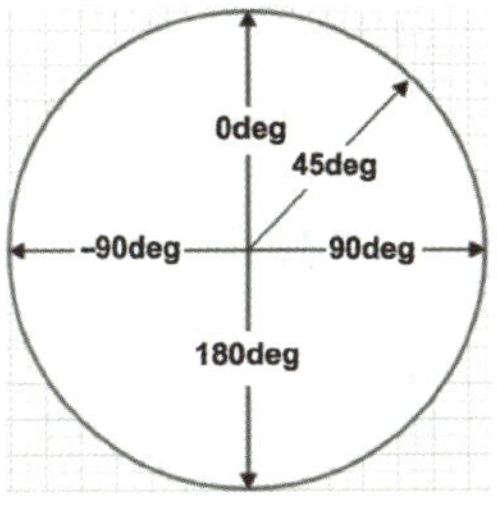

带有指定的角度的线性渐变。示例代码如下。

图 5-10 角度示意图

```
#div4 { background-image: linear-gradient(-90deg, red, yellow); }
```

【例 5-9】背景渐变属性示例。本例文件 5-9.html 的代码如下,在浏览器中显示的效果如

图 5-11 所示。

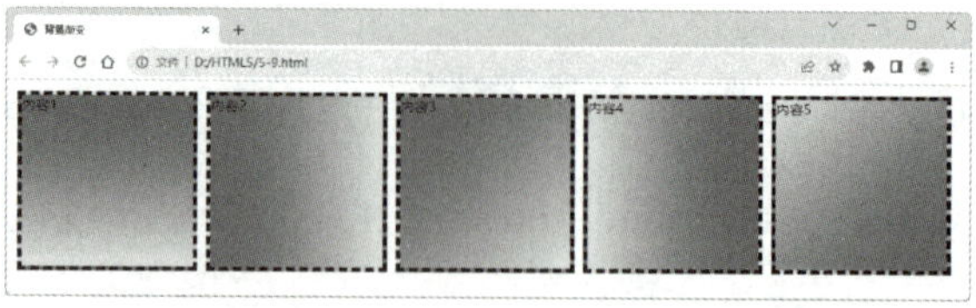

```html
<!DOCTYPE html>
<html>
    <head>
        <meta charset="utf-8">
        <title>背景渐变</title>
        <style type="text/css">
            div { width: 200px; height: 200px; border: 5px dashed; float: left; margin: 5px; }
        </style>
    </head>
    <body>
        <div style="background-image: linear-gradient(red, yellow); float: left;">
            内容 1
        </div>
        <div style="background-image: linear-gradient(to right, red , yellow); float: left;">
            内容 2
        </div>
        <div style="background-image: linear-gradient(to bottom right, red, yellow); float: left;">
            内容 3
        </div>
        <div style="background-image: linear-gradient(-90deg, red, yellow); float: left;">
            内容 4
        </div>
        <div style="background-image:linear-gradient(-45deg, red, yellow);float: left;">
            内容 5
        </div>
    </body>
</html>
```

图 5-11 背景渐变 1

3．使用多个颜色结点

可以使用多个颜色节点。例如，下面的代码创建一个从上到下、带有多个颜色节点的线性渐变。

  #div5 { background-image: linear-gradient(red, yellow, green); }

另外，下面的代码创建一个带有彩虹颜色和文本的线性渐变。

  #div6 { background-image: linear-gradient(to right, red, orange, yellow, green, blue, indigo, violet); }

4．使用透明度

CSS3 渐变也支持透明度（Transparent），可用于实现减弱变淡的效果。为了添加透明度，可以使用 rgba()函数来定义颜色节点。rgba()函数中的最后一个参数可以是从 0 到 1 的值，它定义了颜色的透明度：0 表示完全透明，1 表示完全不透明。

例如，下面的代码创建一个从左到右的线性渐变。起点是完全透明的，慢慢过渡到完全不透明的红色。

```
#div7 { /*从左到右的线性渐变，带有透明度*/
         background-image: linear-gradient(to right, rgba(255, 0, 0, 0), rgba(255, 0, 0, 1)); }
```

5．重复的线性渐变

repeating-linear-gradient()函数用于创建重复的线性渐变。

例如，下面的代码创建一个重复的线性渐变。

```
#div8 { background-image: repeating-linear-gradient(red, yellow 10%, green 20%); }
```

【例 5-10】背景渐变属性示例。本例文件 5-10.html 的代码如下，在浏览器中显示的效果如图 5-12 所示。

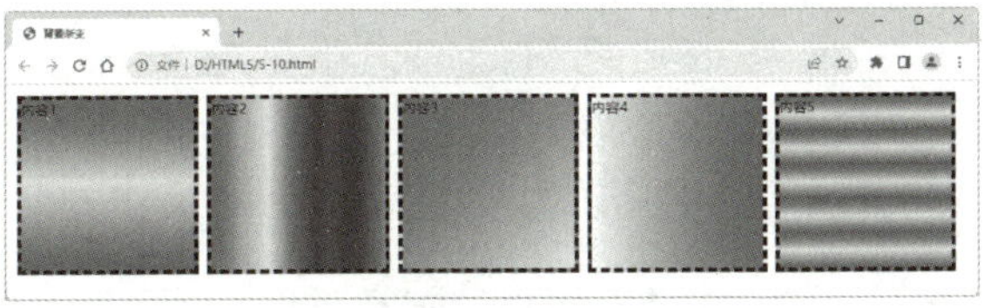

```
<!DOCTYPE html>
<html>
    <head>
        <meta charset="utf-8">
        <title>背景渐变</title>
        <style type="text/css">
            div { width: 200px; height: 200px; border: 5px dashed; float: left; margin: 5px; }
        </style>
    </head>
    <body>
        <div style="background-image: linear-gradient(red, yellow, green); float: left;">内容 1</div>
        <div style="background-image: linear-gradient(to right, red, orange, yellow, green, blue, indigo, violet); float: left;">内容 2</div>
        <div style="background-image: linear-gradient(to bottom right, red, yellow); float: left;">内容 3</div>
        <div style="background-image: linear-gradient(to right, rgba(255, 0, 0, 0), rgba(255, 0, 0, 1)); float: left;">内容 4</div>
        <div style="background-image: repeating-linear-gradient(red, yellow 10%, green 20%); float: left;">内容 5</div>
    </body>
</html>
```

图 5-12　背景渐变 2

6．径向渐变

径向渐变由其中心定义。为了创建一个径向渐变，至少需要定义两个颜色节点。颜色节点即想要呈现平滑过渡的颜色。同时，还可以指定渐变的中心、形状（圆形或椭圆形）和大小。默认情况下，渐变的中心是 center（表示在中心点），渐变的形状是 ellipse（表示椭圆形），渐变的大小是 farthest-corner（表示到最远的角落）。

语法：**background-image: radial-gradient(shape size at position, start-color,..., last-color)**

（1）径向渐变-颜色节点均匀分布（默认情况下）

例如，下面的代码创建颜色节点均匀分布的径向渐变。

```
#div9 { background-image: radial-gradient(red, yellow, green); }
```

（2）径向渐变-颜色节点不均匀分布

例如，下面的代码创建颜色节点不均匀分布的径向渐变。

```
#div10 { background-image: radial-gradient(red 5%, yellow 15%, green 60%); }
```

7．设置形状

shape 参数定义渐变的形状，它可以是值 circle 或 ellipse。其中，circle 表示圆形，ellipse 表示椭圆形。默认值是 ellipse。

例如，下面的代码创建形状为圆形的径向渐变。

```
#div11 { background-image: radial-gradient(circle, red, yellow, green); }
```

8．不同尺寸关键字的使用

size 参数定义渐变的大小，它可以是以下四个值：closest-side、farthest-side、closest-corner、farthest-corner。

例如，下面的代码创建带有不同尺寸关键字的径向渐变。

```
#div12 { background-image: radial-gradient(closest-side at 60% 55%, red, yellow, black); }
#div13 { background-image: radial-gradient(farthest-side at 60% 55%, red, yellow, black); }
```

9．重复的径向渐变

repeating-radial-gradient()函数用于重复径向渐变。

例如，下面的代码创建一个重复的径向渐变。

```
#div14 { background-image: repeating-radial-gradient(red, yellow 10%, green 15%); }
```

5.2　CSS 字体属性

网页主要是通过文字传递信息，字体具有两方面的作用：一是传递语义功能，二是美学效应。由于不同的字体可以给人带来不同的风格感受，所以对于网页设计人员来说，首先需要考虑的问题就是准确选择字体属性。CSS 的字体设置属性不仅可以控制文本的大小、颜色、对齐方式、字体，还可以控制行高、首行缩进、字母间距和字符间距等。字体属性主要涉及文字本身的效果，在命名字体属性时使用 font- 前缀。

5.2
CSS 字体属性

5.2.1　字体类型属性 font-family

font-family 属性设置文本元素的字体类型。

语法： **font-family : name1, name2,…**

参数： name 是字体名称。字体名称按优先顺序排列，以逗号隔开。如果字体名称包含空格，则要用引号括起。

【说明】用 font-family 属性可控制显示字体。不同的操作系统，其字体名称是不同的。对于 Windows 系统，其字体名称就如 Word 中的"字体"列表中所列出的字体名称。

示例代码如下。

```
div { font-family: Courier, "Courier New", monospace; }
```

5.2.2 字体尺寸属性 font-size

font-size 属性设置字体的大小,实际上它设置的是字体中字符框的高度,实际的字符字体可能比这些框高或低。

语法:font-size : absolute-size | relative-size | length | percentage
参数:其值可以是绝对值也可以是相对值。它的取值有以下几种。

absolute-size(绝对尺寸):将字体设置为不同的尺寸,取值有 xx-small | x-small | small | medium | large | x-large | xx-large。其中 medium 为默认值。这些尺寸都没有精确定义,只是相对而言的,在不同的设备下,这些关键字可能会显示不同的字号。

relative-size(相对尺寸):设置的尺寸相对于父元素中的字体尺寸进行相对调节。使用成比例的 em 单位计算。取值有 larger | smaller。

length(长度):由浮点数字和单位标识符组成的长度值,不可为负值。常见的有 px(绝对单位)、pt(绝对单位)。

percentage(百分数):设置的尺寸是基于父元素中字体尺寸的一个百分比数。

示例代码如下。

```
p { font-style: normal; }
p { font-size: 12px; }
p { font-size: 20%; }
```

5.2.3 字体倾斜属性 font-style

font-style 属性设置字体的倾斜风格,有正常体、斜体或倾斜体。

语法:font-style : normal | italic | oblique
参数:normal 为正常字体(默认值),italic 为斜体,oblique 为倾斜的字体。

【说明】一些不常用的字体可能只有正常体,如果用 italic 就会没有效果,这时就要用 oblique,可以让没有斜体属性的字体倾斜。

示例代码如下。

```
p { font-style: normal; }
p { font-style: italic; }
p { font-style: oblique; }
```

5.2.4 小写字体属性 font-variant

font-variant 属性用于设置元素中的文本是否为小型的大写字母。

语法:font-variant : normal | small-caps
参数:normal 默认为正常的字体。small-caps 设置将使所有的小写字母转换为大写字母字体,但是所有使用小型大写字体的字母与其余文本相比,其字体尺寸更小。

示例代码如下。

　　span { font-variant: small-caps; }

5.2.5　字体粗细属性 font-weight

font-weight 属性用于设置元素中文本字体的粗细。

语法：font-weight: normal | bold | bolder | lighter | number

参数：normal 表示正常的字体，相当于 number 为 400。使用此值将取消之前的任何设置。bold 表示粗体，相当于 number 为 700，也可以看作是 HTML 中 b 元素的加粗效果。bolder 表示更粗的粗体，即特粗体。lighter 表示比默认字体细一些。number 表示数字越大，字体越粗，可以使用 100、200、300、400、500、600、700、800 和 900。

示例代码如下。

　　span { font-weight: 800; }

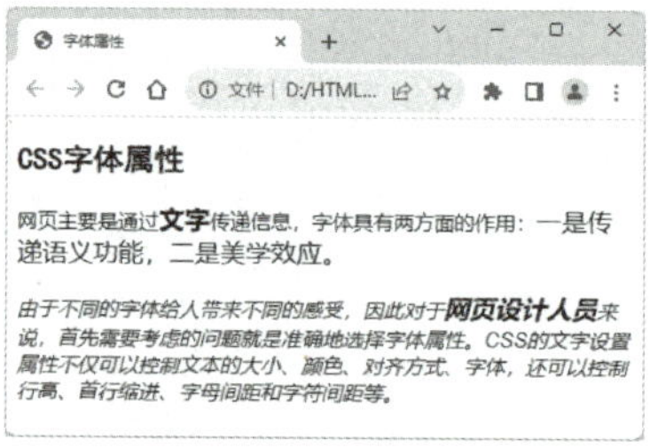

【例 5-11】设置字体样式。本例文件 5-11.html 的代码如下，在浏览器中显示的效果如图 5-13 所示。

```
<!DOCTYPE html>
<html>
    <head>
        <meta charset="utf-8">
        <title>字体属性</title>
        <style type="text/css">
            h2 { font-family:  黑体; /*设置字体类型*/ }
            p { font-family: Arial, "Times New Roman"; font-size: 12pt; /*设置字体大小*/ }
            .one { font-weight: bold; /*设置字体为粗体*/ font-size: 20px; }
            .two { font-weight: 400; /*设置字体为 400 粗细*/ font-size: 20px; }
            .three { font-weight: 900; /*设置字体为 900 粗细*/ font-size: 20px; }
            p.italic { font-style: italic; /*设置斜体*/ }
        </style>
    </head>
    <body>
        <h2>CSS 字体属性</h2>
        <p>网页主要是通过<span class="one">文字</span>传递信息，字体具有两方面的作用：<span class="two">一是传递语义功能，二是美学效应。</span></p>
        <p class="italic">由于不同的字体给人带来不同的感受，因此对于<span class="three">网页设计人员</span>来说，首先需要考虑的问题就是准确地选择字体属性。…。
        </p>
    </body>
</html>
```

图 5-13　字体样式

【说明】目前，大多数操作系统和浏览器还不能很好地实现非常精细的文本加粗设置，通常只能设置"正常"（normal）和"加粗"（bold）两种粗细。

5.2.6 字体简写属性 font

font 是字体属性的简写或复合属性。

语法：**font: font-style | font-variant | font-weight | font-size | line-height | font-family**

font: caption | icon | menu | message-box | small-caption | status-bar

参数：可以全部设置，也可以省略其中的几项，将各项的属性值用空格拼接，作为 font 的属性值。请参阅各参数对应的属性。

【说明】声明方式参数必须按照如上的排列顺序。每个参数仅允许有一个值。忽略参数值时将使用其参数对应的独立属性的默认值。

示例代码如下。

```
h1 { font: 15px bold "Arial" normal; }
p { font: italic small-caps 500 12px Courier; }
p { font: italic small-caps 500 12px 宋体; }
p { font: italic small-caps 500 150% Courier; }
p { font: 18px serif; }
```

5.2.7 CSS3 新增使用服务器字体

CSS3 之前只能使用本地字体，为了防止出现有些字体在用户端的系统上没有安装的情况，往往需要写一个字体优先表，即便如此，也会遇到在用户端找不到个别字体的情况。为了改善这种情况，CSS3 增加了使用服务器字体的属性，目前支持的服务器字体只有 TrueType 格式和 OpenType 格式。使用服务器字体非常简单，只要使用@font-face 定义服务器字体。

格式：**@font-face { font-family: 字体名称;**
src: url(字体文件 url), local(该字体在本地的名称); }

参数："font-family: 字体名称"定义的字体名称，在其他地方直接使用该名称。"src: url(字体文件 url), local(该字体在本地的名称)"为必需的，定义字体文件的 URL。浏览器在解析该字体名称时，优先使用客户端的字体，找不到时才会使用服务器字体，这样可以减轻服务器的压力，并节省用户的流量。

【说明】在@font-face 规则中，必须首先定义字体的名称，然后指向该字体文件。

定义字体。示例代码如下。

```
@font-face { font-family: myFirstFont; src: url('Sansation_Light.ttf'); }
```

【例 5-12】使用服务器字体的完整示例。代码如下。

```
<!DOCTYPE html>
<html>
    <head>
        <meta charset="utf-8">
        <title></title>
        <style>
            @font-face { font-family: myFirstFont; /*定义字体名*/
                src: url('Sansation_Light.ttf'); }
            div { font-family: myFirstFont; /*使用定义的字体名*/ }
```

```
            </style>
        </head>
        <body>
            <div>CSS3 新增使用服务器字体</div>
        </body>
</html>
```

5.3 CSS 文本属性

文本属性包括文本对齐方式、行高、文本修饰、段落首行缩进、首字下沉、文本截断、文本换行、文本颜色及背景色等。字体属性主要涉及文字本身的效果，而文本属性主要涉及多个文字的排版效果。

5.3.1 文本颜色属性 color

color 属性设置文本的颜色。

语法：**color: color**

参数：color 指定颜色，颜色取值前面已经介绍过，颜色值可以使用多种书写方式，可以用颜色名，也可以用十六进制颜色值，还可以是 rgb 函数值。

【说明】有些颜色名称不被一些浏览器接受。

示例代码如下。

```
div {color: red; }          /*颜色值为颜色名称*/
div {color: #000000; }      /*颜色值为十六进制值*/
div { color: rgb(0,0,255); }    /*颜色值为 rgb 函数值*/
div{ color: rgb(0%,0%,80%);}    /*颜色值为 rgb 百分数*/
```

5.3.2 文本方向属性 direction

direction 属性用于设置文本流的方向。

语法：**direction : ltr | rtl | inherit**

参数：ltr 设置文本流从左到右。rtl 设置文本流从右到左。inherit 设置文本流的值为不可继承。

【说明】若应用 direction 属性于内联文本，必须将 unicode-bidi 属性设定为 embed 或 bidi-override。

示例代码如下。

```
div { direction: rtl; unicode-bidi: bidi-override; }
```

5.3.3 字符间隔属性 letter-spacing

letter-spacing 属性设置对象中的文字间隔。

语法：**letter-spacing : normal | length**

参数：normal 采用默认间隔。length 设置由浮点数字和单位标识符组成的长度值，允许为负值。

【说明】该属性将指定的间隔添加到每个文字之后，但最后一个字将被排除在外。

示例代码如下。

  div {letter-spacing:5px; }
  div {letter-spacing:0.5pt; }

5.3.4 行高属性 line-height

line-height 属性用于设置元素的行高，即字体最底端与字体内部顶端之间的距离，如图 5-14 所示。

语法：**line-height : length | normal | inherit**

参数：length 为百分比数字或由数值和单位标识符组成的长度值，允许使用负值。百分比取值是基于字体的高度尺寸。normal 为默认行高。inherit 从父元素继承 line-height 设置。

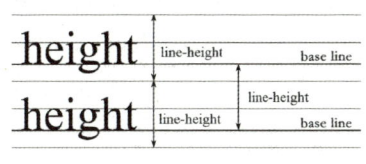

图 5-14 行高示意图

【说明】如果一行内包含多个元素，则应用最大行高。此时行高不可为负值。

示例代码如下。

  div {line-height: 6px;}
  div {line-height: 10.5;}
  p {line-height: 100px;}

5.3.5 文本水平对齐方式属性 text-align

使用 text-align 属性可以设置元素中文本的水平对齐方式。

语法：**text-align: left | right | center | justify**

参数：left 为左对齐，right 为右对齐，center 为居中，justify 为两端对齐。

【说明】用于设置元素中文本的对齐方式。

示例代码如下。

  div {text-align: center;}

5.3.6 为文本添加装饰属性 text-decoration

使用 CSS 样式可以对文本进行简单的修饰，text-decoration 属性提供了一些效果，例如添加下画线、顶线、删除线和文本闪烁等。

语法：**text-decoration: none | underline | blink | overline | line-through**

参数：none 表示无装饰，underline 表示下画线，blink 表示闪烁，overline 表示顶线，line-through 表示删除线。

【说明】text-decoration 属性定义了应用于文本的修饰效果，包括下画线、顶线、删除线等。某些元素默认具有某种修饰，例如 a 元素中的文本默认为 underline，可以使用该属性来改变修饰效果。如果应用该属性的对象不是文本，则该属性不起作用。

示例代码如下。

```
div {text-decoration: underline;}
a {text-decoration: underline overline;}
```

5.3.7 段落首行缩进属性 text-indent

段落首行缩进指的是段落的第一行从左向右缩进一定的距离，而首行以外的其他行保持不变，其目的是便于阅读和区分文章整体结构。text-indent 属性用于设置文本块首行文本的缩进，可以应用于所有块级元素，但不能应用于行级元素。如果想要对行级元素的第一行进行缩进，可以使用左内边距或外边距来实现。

语法：text-indent : length

参数：length 为百分比数字或由浮点数字、单位标识符组成的长度值，允许为负值。它的属性可以是固定的长度值，也可以是相对于父元素宽度的百分比，默认值为 0。

【说明】设置对象中的文本段落的缩进。本属性只应用于整块的内容。

示例代码如下。

```
div { text-indent : -5px; }
div { text-indent : underline 10%; }
```

5.3.8 文本的阴影属性 text-shadow

text-shadow 属性设置对象中文本的文字是否有阴影及模糊效果。普通文本默认是没有阴影的。

语法：text-shadow : x_position_lengthength | y_position_length | blur | color

参数：阴影的属性值有 4 个属性。

x_position_length 表示阴影在 x 轴方向的向右偏移的距离，可为负值，负值表示向左偏移。

y_position_length 表示阴影在 y 轴方向的向下偏移的距离，可为负值，负值表示向上偏移。

blur 指定模糊效果的作用距离，不可为负值。如果仅仅需要模糊效果，将前两个 length 全部设定为 0。模糊的距离越大，模糊的程度也越大。

color 表示阴影的颜色。

以上 4 个参数中，x_position_length 和 y_position_length 是必需的。

【说明】每个阴影由两个或三个长度值和一个可选的颜色值进行规定。省略的长度是 0。可以设定多组阴影效果，这时属性值用逗号分隔每组的阴影列表。

示例代码如下。

```
p { text-shadow: 0px 0px 20px yellow, 0px 0px 10px orange, red 5px -5px; }
p:first-letter { font-size: 36px; color: red; text-shadow: red 0px 0px 5px;}
```

5.3.9 文本的大小写属性 text-transform

text-transform 属性用来设置元素中文本的大小写。这个属性会改变文字的大小写，而不考虑源文件中的大小写。

语法：text-transform: none | capitalize | uppercase | lowercase

参数：默认值是 none，不转换，与源文件保持一致。capitalize 将每个单词的第一个首字母转换成大写，其余不转换。uppercase 将全部字母都转换成大写。lowercase 将全部字母都转换成小写。

示例代码如下。

    div { text-transform: uppercase; }

5.3.10 元素内部的空白属性 white-space

white-space 属性设置元素内空格的处理方式。

语法：**white-space: normal | pre | nowrap**

参数：normal 是默认处理方式。pre 用等宽字体显示预先格式化样式的文本，不合并字间的空白距离和进行两端对齐，空白被浏览器保留，等同 pre 元素。nowrap 强制在同一行内显示所有文本，直到文本结束或者遭遇 br 对象，参阅 td、div 等对象的 nowrap 属性。

示例代码如下。

    p { white-space: nowrap; }

5.3.11 单词之间的间隔属性 word-spacing

word-spacing 属性用来设置元素中的单词之间插入的空格数。

语法：**word-spacing: normal | length**

参数：属性值只能为 normal 或者一个长度值。normal 是默认间距。length 是由浮点数字和单位标识符组成的长度值，允许为负值。

【说明】word-spacing 与 letter-spacing 有相似之处，两者的不同是 word-spacing 通常只对西文有效，而且间隔是单词的间隔；letter-spacing 基本上对所有的语言都有效，它的间隔是每个字符之间的。

示例代码如下。

    div { word-spacing: 10; }
    div { word-spacing: 10px; }

5.3.12 文本的截断效果属性 text-overflow

text-overflow 属性可以实现文本的截断效果。该属性需要配合 overflow:hidden 和 white-space:nowrap 才能生效。

语法：**text-overflow: clip | ellipsis**

参数：clip 定义简单的裁切，不显示省略标记（…）。ellipsis 定义当文本溢出时显示省略标记（…）。

【说明】设置文本的截断。要实现溢出文本显示省略号的效果，除了使用 text-overflow 属性以外，还必须配合 white-space:nowrap（强制文本在一行内显示）和 overflow:hidden（溢出内容隐藏）同时使用才能实现。

示例代码如下。

    div { text-overflow: clip; white-space: nowrap; overflow: hidden; }

5.3.13 文本的换行方式属性 word-break

word-break 属性用于设置元素内文本的自动换行的处理方式，尤其在出现多种语言时。

语法：word-break: normal | break-all | keep-all

参数：normal 依照亚洲语言和非亚洲语言的文本规则，允许在字内换行。break-all 与亚洲语言的 normal 相同，也允许非亚洲语言文本行的任意字内断开。keep-all 与所有非亚洲语言的 normal 相同。

【说明】对于中文、日文、韩文，不允许字断开，应该使用 break-all。

示例代码如下。

```
div { word-break: break-all; }
```

5.3.14 单词断字属性 word-wrap

word-wrap 设置在当前行超过指定容器的边界时是否断开转行，用于设置长单词是否允许换行显示到下一行。

语法：word-wrap: normal | break-word

参数：normal 是默认值，表示允许内容顶开指定的容器边界，只在允许的断字点换行。break-word 将在边界内把长单词或者 URL 换行，如果需要，词内换行（word-break）也会发生。

示例代码如下。

```
div { word-wrap: break-word; }
```

【例 5-13】设置文本样式示例。本例文件 5-13.html 的代码如下，在浏览器中显示的效果如图 5-15 所示。

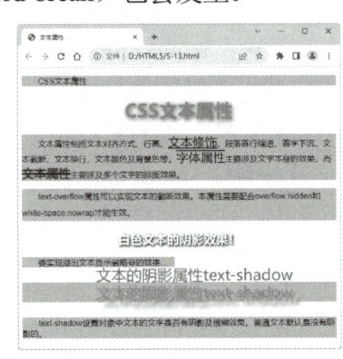

图 5-15 文本样式

```
<!DOCTYPE html>
<html>
    <head>
        <meta charset="utf-8">
        <title>文本属性</title>
        <style type="text/css">
            h1 { font-family: 微软雅黑, 黑体; /*设置字体类型*/
                font-size: 36px; text-align: center; /*文本居中对齐*/
                color: #FF7F50; text-shadow: 2px 2px 8px chocolate; }
            h2 { text-align: center; color: white; text-shadow: 2px 2px 4px #000000; }
            .shadow { font-family: 微软雅黑, 黑体; font-size: 30px; text-align: center; color: coral;
                text-shadow: 5px 5px 3px, 10px 10px 5px yellow, 15px 15px 8px #FF7F50, 0-35px red; }
            p { font-family: Arial, "Times New Roman" ; font-size: 12pt; /*设置字体大小*/
                background-color: #ccc; /*设置背景色为灰色*/
                text-indent: 2em; /*段落首行缩进 2 个父元素的宽度*/ }
            p.indent { text-indent: 2em; line-height: 200%; /*设置行高为字体高度的 2 倍*/ }
            p.ellipsis { width: 300px; /*设置裁切的宽度*/ height: 20px; /*设置裁切的高度*/
                overflow: hidden; /*溢出隐藏*/ white-space: nowrap; /*强制文本在一行内显示*/
                text-overflow: ellipsis; /*当文本溢出时显示省略标记（…）*/ }
            .red { color: rgb(255, 0, 0); /*红色文本*/ }
            .one { font-size: 24px; text-decoration: underline;   /*设置下画线*/ }
```

```
            .two { font-size: 24px; text-decoration: overline;    /*设置顶线*/ }
            .three { font-size: 24px; text-decoration: line-through;   /*设置删除线*/
                text-shadow: 0 0 3px #FF0000; }
        </style>
    </head>
    <body>
        <p id="p1">CSS 文本属性</p>
        <h1>CSS 文本属性</h1>
        <p>文本属性包括文本对齐方式、行高、<span class="one">文本修饰</span>、段落首行缩进、首字下沉、文本截断、文本换行、文本颜色及背景色等。<span class="two">字体属性</span>主要涉及文字本身的效果，而<span class="three">文本属性</span>主要涉及多个文字的排版效果。</p>
        <p class="indent">text-overflow 属性可以实现文本的截断效果。本属性需要配合 overflow: hidden 和 white-space:nowrap 才能生效。</p>
        <h2>白色文本的阴影效果！</h2>
        <p class="ellipsis">要实现溢出文本显示省略号的效果，除了使用 text-overflow 属性以外，还必须配合 white-space:nowrap（强制文本在一行内显示）和 overflow:hidden（溢出内容为隐藏）同时使用才能实现。</p>
        <p class="shadow">文本的阴影属性 text-shadow</p>
        <p>text-shadow 设置对象中文本的文字是否有阴影及模糊效果。普通文本默认是没有阴影的。</p>
    </body>
</html>
```

【说明】text-indent 属性的属性值是长度，为了缩进两个汉字的距离，常用的距离是 2em。1em 等于一个中文字符长度，两个英文字符相当于一个中文字符长度。因此，如果需要英文段落的首行缩进两个英文字符，只需设置 "text-indent:1em;"。

5.4　CSS 尺寸属性

CSS 可以控制每个元素的宽度、最小宽度、最大宽度、高度、最小高度、最大高度。元素的大小通常是自动的，浏览器会根据内容计算出实际的宽度和高度。正常的元素默认值分别是 "width=auto; height=auto"。如果手动设置了宽度和高度，则可以定制元素的大小。宽度和高度都可以设置一个最小值与一个最大值，当测量的长度超过了定义的最小值或者最大值时，则直接转换成最小值或者最大值。取值方式可以是 CSS 允许的长度，如 24px，也可以是基于包含它的块级元素的百分比。

5.4 CSS 尺寸属性

5.4.1　宽度属性 width

width 属性用来设置元素的宽度。
语法：**width : auto | length**
参数：默认值 auto 无特殊定位，是 HTML 定位规则的宽度。Length 是由浮点数字和单位标识符组成的长度值或者百分数。百分数是基于父级对象的宽度，不可为负数。

【说明】对于 img 对象来说，仅指定此属性，其 height 值将根据图片源尺寸等比例缩放。

按照样式表的规则，对象的实际宽度为其下列属性值之和（如图 5-16 所示）：

margin-left + border-left + padding-left + width + padding-right + border-right + margin-right

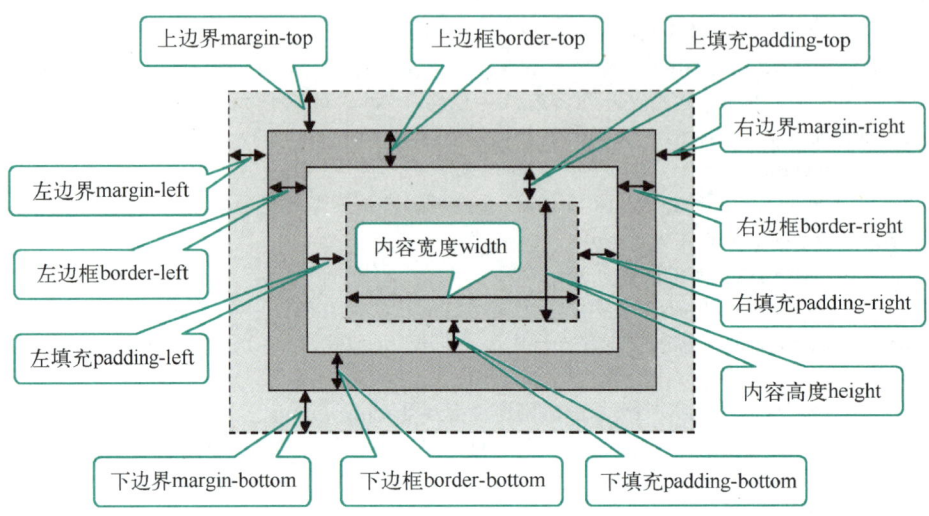

图 5-16　宽度值和高度值示意图

示例代码如下。

div { width: 1.5in; }
div { position:absolute; top:-3px; width:6px; }

5.4.2　高度属性 height

height 属性用来设置对象的高度。

语法：**height : auto | length**

参数：auto 默认无特殊定位，根据 HTML 定位规则确定高度。Length 是由浮点数字和单位标识符组成的长度值或百分数。百分数是基于父级对象的高度。不可为负数。

按照样式表的规则，对象的实际高度为其下列属性值之和（如图 5-16 所示）：

margin_top+border_top+padding_top+height+padding_bottom+border_bottom+margin_bottom

示例代码如下。

div { height: 2in; }
div { position:absolute; top:-2px; height:5px; }

5.4.3　最小宽度属性 min-width

min-width 属性用来设置元素的最小宽度。

语法：**min-width : none | length**

参数：none 默认无最小宽度限制。length 是由浮点数字和单位标识符组成的长度值或者百分数。不可为负数。

【说明】如果 min-width 属性的值大于 max-width 属性的值，将会被自动转设为 max-width 属性的值。

示例代码如下。

p { min-width: 200px; }

5.4.4 最大宽度属性 max-width

max-width 属性用来设置元素的最大宽度。

语法：**max-width: none | length**

参数：none 默认无最大宽度限制。length 是由浮点数字和单位标识符组成的长度值或者百分数。不可为负数。

【说明】如果 max-width 属性的值小于 min-width 属性的值，将会被自动转设为 min-width 属性的值。

示例代码如下。

p { max-width: 200%; }

5.4.5 最小高度属性 min-height

min-height 属性用来设置元素的最小高度。

语法：**min-height : none | length**

参数：none 默认无最小高度限制。length 是由浮点数字和单位标识符组成的长度值或者百分数。不可为负数。

【说明】如果 min-height 属性的值大于 max-height 属性的值，将会被自动转设为 max-height 属性的值。

示例代码如下。

p { min-height: 200px; }

5.4.6 最大高度属性 max-height

max-height 属性用来设置元素的最大高度。

语法：**max-height: none | length**

参数：none 默认无最大高度限制。length 是由浮点数字和单位标识符组成的长度值或者百分数。不可为负数。

【说明】如果 max-height 属性的值小于 min-height 属性的值，将会被自动转设为 min-height 属性的值。

示例代码如下。

```
p { max-height: 200%; }
```

【例 5-14】 设置最大高度属性示例。本例文件 5-14.html 的代码如下，在浏览器中显示的效果如图 5-17 所示。

```
<!DOCTYPE html>
<html>
    <head>
        <meta charset="utf-8">
        <title>尺寸属性</title>
    </head>
    <body>
        <p>图片原始尺寸宽度、高度为 300px、200px<img src="images/sunshine.jpg">---
            设置最大宽度 150px，小于原来的宽度
            <img src="images/sunshine.jpg" style="max-width:150px;"></p>
        <p>设置最小高度 250px，大于原来高度<img src="images/sunshine.jpg" style="min-height:250px;">---
            设置宽度与高度，比例与原始比例不同<img src="images/sunshine.jpg" style="width:50px;height:150px;"></p>
        <div style="width: 200px;height: 200px;">
            <p>用百分比设置宽度和高度</p>
            <img src="images/sunshine.jpg" style="width:50%;height:50%;">
        </div>
    </body>
</html>
```

图 5-17 设置最大高度属性示例

5.5 CSS 列表属性

列表属性用于改变列表项标记。在 CSS 样式中，主要使用 list-style-image、list-style-position 和 list-style-type 这 3 个属性来改变列表项的样式。

5.5.1 图像作为列表项的标记属性 list-style-image

除了传统的项目符号，CSS 还提供了 list-style-image 属性，可以将项目符号显示为任意图像。该属性设置将一个图像作为列表项的标记。

语法：**list-style-image : none | url (url) | inherit**

参数：none 为默认值，不显示图像。url 使用绝对或相对地址指定背景图像。inherit 从父元素继承属性。部分浏览器对此属性不支持。

【说明】如果 list-style-image 属性为 none 或指定的图像不可用时，list-style-type 属性会替代 list-style-image 属性对列表产生作用。图像相对于列表项内容的放置位置通常使用 list-style-position 属性来控制。

示例代码如下。

ul.out { list-style-position: outside; list-style-image: url("images/it.gif"); }

5.5.2 列表项标记的位置属性 list-style-position

list-style-position 属性设置列表项标记的位置，即设置作为对象的列表项标记如何根据文本排列。

语法：**list-style-position: outside | inside**

参数：outside 设置列表项目标记放置在文本以外，且环绕文本不根据标记对齐。inside 设置列表项目标记放置在文本以内，且环绕文本根据标记对齐。

【说明】该属性仅作用于具有 display 值等于 list-item 的对象（如 li 对象）。

注意：ol 对象和 ul 对象的 type 特性为其后的所有列表项目（如 li 对象）指明列表属性。

示例代码如下。

ul.in { display: list-item; list-style-position: inside; }

5.5.3 标记的类型属性 list-style-type

list-style-type 属性设置元素的列表项所使用的预设标记。

语法：**list-style-type : disc | circle | square | decimal | lower-roman | upper-roman | lower-alpha | upper-alpha | none | armenian | cjk-ideographic | georgian | lower-greek | hebrew | hiragana | hiragana-iroha | katakana | katakana-iroha | lower-latin | upper-latin**

参数：通常的项目列表主要采用<ul>或<ol>标签，然后配合<li>标签罗列各个项目。在 CSS 样式中，列表项的标志类型是通过属性 list-style-type 来修改的，无论是<ul>标记还是<ol>标记，都可以使用相同的属性值，而且效果是完全相同的。

list-style-type 属性主要用于修改列表项的标志类型，例如，在一个无序列表中，列表项的标志是出现在各列表项旁边的圆点，而在有序列表中，标志可能是字母、数字或其他某种符号。

当给<ul>或者<ol>标签设置 list-style-type 属性时，它们中间的所有<li>标签都采用该设置，而如果对<li>标签单独设置 list-style-type 属性，则仅仅作用在该项目上。当 list-style-image 属性为 none 或者指定的图像不可用时，list-style-type 属性将发生作用。

list-style-type 属性常用的属性值，见表 5-1。

表 5-1 list-style-type 属性常用的属性值

属性值	描述
disc	默认值，标记是实心圆
circle	标记是空心圆
square	标记是实心正方形
decimal	标记是阿拉伯数字
lower-roman	标记是小写罗马字母，如 i , ii , iii , iv , v , vi , vii , …
upper-roman	标记是大写罗马字母，如 I , II , III , IV , V , VI , VII , …
lower-alpha	标记是小写英文字母，如 a , b , c , d , e , f , …
upper-alpha	标记是大写英文字母，如 A , B , C , D , E , F , …
none	不显示任何符号

【说明】若 list-style-image 属性为 none 或指定图像不可用时，list-style-type 属性将起作用。

仅作用于具有 display 值等于 list-item 的对象（如 li 对象）。

当选用背景图像作为列表修饰时，list-style-type 属性和 list-style-image 属性都要设置为 none。

示例代码如下。

```
li { list-style-type: square }
```

5.5.4 列表简写属性 list-style

list-style 属性是用于设置列表样式的简写属性，也被称为复合属性。它允许将所有与列表相关的属性值写在一个属性中，也可以省略其中的某几项。

语法：**list-style: list-style-type list-style-position list-style-image**

参数：按顺序设置 list-style-type、list-style-position 和 list-style-image 属性值。属性值之间用空格连接。也可以直接设置为 inherit，从父元素继承。

示例代码如下。

```
li { list-style: url(images/sqpurple.gif) inside circle; }
ul { list-style: outside upper-roman; }
ol { list-style: square; }
```

【例 5-15】 设置列表项标记图像。本例文件 5-15.html 的代码如下，在浏览器中显示的效果如图 5-18 所示。

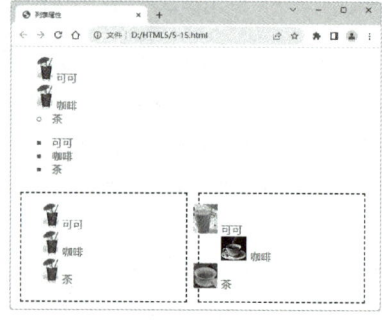

图 5-18 设置列表项标记图像

```
<!DOCTYPE html>
<html>
    <head>
        <meta charset="utf-8">
        <title>列表属性</title>
        <style type="text/css">
            ul { font-size: 1.2em; color: green; list-style-position: inside;
                list-style-image: url(images/drink.gif); /*设置列表项图像*/
                list-style-type: circle; }
            .img_none { list-style-image: none; /*设置列表项图像不显示*/ }
            .img_cocoa { list-style-position: outside; list-style-image: url(images/cocoa.gif);
                list-style-type: none; }
            .img_coffee { list-style-position: inside; list-style-image: url(images/coffee.gif);
                list-style-type: none; }
            .img_tea { list-style-position: outside; list-style-image: url(images/tea.gif);
                list-style-type: none; }
            div { width: 300px; height: 200px; border: 2px dashed; float: left; margin: 10px; }
        </style>
    </head>
    <body>
        <ul>
            <li>可可</li>
            <li>咖啡</li>
            <li class="img_none">茶</li>
        </ul>
```

```html
<ul style="list-style: square inside;">
    <li>可可</li>
    <li>咖啡</li>
    <li>茶</li>
</ul>
<div>
    <ul style="list-style-type: decimal;">
        <li>可可</li>
        <li>咖啡</li>
        <li>茶</li>
    </ul>
</div>
<div>
    <ul>
        <li class="img_cocoa">可可</li>
        <li class="img_coffee">咖啡</li>
        <li class="img_tea">茶</li>
    </ul>
</div>
</body>
</html>
```

【说明】

1）页面预览后可以清楚地看到，当 list-style-image 属性设置为 none 或者设置的图像路径出错时，list-style-type 属性会替代 list-style-image 属性对列表产生作用。

2）虽然使用 list-style-image 便于实现设置列表项图像的目的，但是也失去了一些常用特性。例如，list-style-image 属性不能精确控制图像替换的项目符号距文字的位置，在这个方面不如 background-image 灵活。

【例 5-16】 使用背景图像替代列表项标记。本例文件 5-16.html 的代码如下，在浏览器中显示的效果如图 5-19 所示。

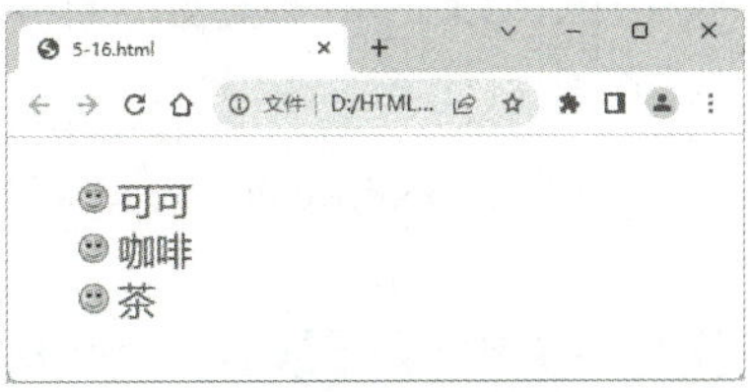

```html
<!DOCTYPE html>
<html>
    <head>
        <meta charset="utf-8">
        <title></title>
        <style type="text/css">
            body { background-color: #fff; }
            ul{font-size:1.6em;color:green;list-style-type:none; /*设置列表类型为不显示任何符号*/}
            li { padding-left: 26px; /*设置左内边距，目的是为背景图像留出位置*/
background: url(images/smilingface.gif) no-repeat left center;/*背景图像无重复，位置左侧居中*/
background-size: 20px; }
        </style>
    </head>
    <body>
        <ul>
            <li>可可</li>
```

图 5-19 使用背景图像替代列表项标记

```
            <li>咖啡</li>
            <li>茶</li>
        </ul>
    </body>
</html>
```

【说明】

1）在设置背景图像替代列表修饰符时，必须确定背景图像的宽度。本例中的背景图像宽度为 20px，因此，CSS 代码中的"padding-left:26px;"设置左内边距为 26px，目的是为背景图像留出位置。

2）如果希望项目符号采用图像的方式，建议将 list-style-type 属性设置为 none，然后修改 <li> 标签的背景属性 background 来实现。

5.6 CSS 表格属性

5.6
CSS 表格属性

CSS 表格属性用于改善表格的外观，使页面更美观。

5.6.1 合并边框属性 border-collapse

border-collapse 属性用于设置表格的行边框和单元格边框是否合并在一起，若分开显示则分别有各自的边框。

语法：**border-collapse: separate | collapse**

参数：separate 是默认值，表示边框分开显示，不合并。collapse 表示边框合并显示，即如果两个边框相邻，则共用同一个边框。

【说明】表格的默认样式虽然有点立体感，但在整体布局中并不太美观。通常情况下，会将表格的 border-collapse 属性设置为 collapse（合并边框），然后设置表格单元格 td 的 border（边框）为 1px，以显示细线表格的样式。

示例代码如下。

```
table { border-collapse: separate; }
```

5.6.2 边框间隔属性 border-spacing

border-spacing 属性用于设置当表格边框分开显示时，行和单元格边框在横向和纵向上的间距，即相邻单元格边框之间的距离。

语法：**border-spacing: length | length**

参数：由浮点数和单位标识符组成的长度值，不能为负值。当只指定一个 length 值时，表示横向和纵向间距都使用该长度；当指定两个 length 值时，第 1 个表示横向间距，第 2 个表示纵向间距。

【说明】该属性用于设置当表格边框分开显示（border-collapse 属性等于 separate）时，单元格边框在横向和纵向上的间距。

示例代码如下。

```
table { border-collapse: separate; border-spacing: 10px; }
```

5.6.3 标题位置属性 caption-side

caption-side 属性用于设置表格标题（caption 元素）在表格的哪一边显示。

语法：**caption-side: bottom | left | right | top**

参数：默认为 top，表示标题在表格的上方显示；bottom 表示标题在表格的下方显示。大多数浏览器不支持 left 和 right，即标题在左侧或右侧显示。

【说明】该属性用于设置表格的 caption 元素在表格的哪一边显示，与 caption 元素一起使用。示例代码如下。

```
table caption { caption-side: top; width: auto; text-align: left; }
```

5.6.4 单元格无内容显示方式属性 empty-cells

empty-cells 属性用于设置当表格的单元格没有内容时，是否显示该单元格的边框。

语法：**empty-cells: hide | show**

参数：show 是默认值，表示当表格的单元格没有内容时显示单元格的边框。hide 表示当表格的单元格没有内容时隐藏单元格的边框。

【说明】只有当表格边框独立显示（例如，当 border-collapse 属性等于 separate 时），该属性才起作用。

【例 5-17】 使用 border-spacing 属性设置相邻单元格边框间的距离。本例文件 5-17.html 的代码如下，在浏览器中显示的效果如图 5-20 所示。

图 5-20 相邻单元格边框间的距离

```
<!DOCTYPE html>
<html>
    <head>
        <meta charset="utf-8">
        <title>CSS 表格属性</title>
        <style type="text/css">
            table.one { border-collapse: separate; /*表格边框独立*/
                border-spacing: 10px; /*单元格水平、垂直距离均为 10px*/ }
            table.two { border-collapse: separate; /*表格边框独立*/
                border-spacing: 10px 20px; /*单元格水平距离为 10px、垂直距离为 20px*/
                empty-cells: hide; /*表格的单元格无内容时隐藏单元格的边框*/ }
        </style>
    </head>
    <body>
        <table border="1" style="caption-side: bottom;">
            <caption>每餐饮料</caption>
            <tr> <th>早餐</th><th>午餐</th><th>晚餐</th> </tr>
            <tr> <td>可可</td><td>咖啡</td><td>茶</td> </tr>
        </table>
        <hr>
```

```
        <table border="1" style="border-collapse: collapse;border-spacing: 10px 20px;">
            <tr> <th>早餐</th><th>午餐</th><th>晚餐</th> </tr>
            <tr> <td>可可</td><td>咖啡</td><td>茶</td> </tr>
        </table>
        <hr>
        <table class="one" border="1">
            <tr> <th>早餐</th><th>午餐</th><th>晚餐</th> </tr>
            <tr> <td>可可</td><td>咖啡</td><td>茶</td> </tr>
        </table>
        <br>
        <table class="two" border="1">
            <tr> <th>早餐</th><th>午餐</th><th></th> </tr>
            <tr> <td>可可</td><td></td><td>茶</td> </tr>
        </table>
    </body>
</html>
```

5.6.5 表格设置方式属性 table-layout

table-layout 属性用于设置表格单元格列宽的设置方式。

语法：table-layout: auto | fixed

参数：auto 是默认值，表示列宽基于各单元格的内容，表格在显示之前要先计算每一个单元格的内容，效率较低。fixed 表示水平布局仅基于表格的宽度、表格边框的宽度、单元格间距和列的宽度，而与表格内容无关，这种方式可能会造成文字重叠的问题，但效率较高。

示例代码如下。

```
table { table-layout: auto; }
```

【例 5-18】 使用 table-layout 属性设置表格单元格列宽。本例文件 5-18.html 的代码如下，在浏览器中显示的效果如图 5-21 所示。

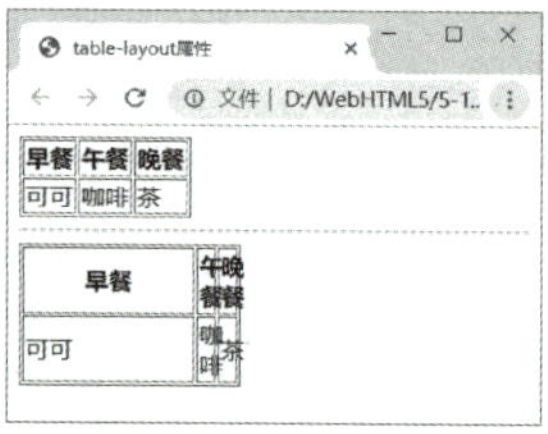

```
<!DOCTYPE html>
<html>
    <head>
        <meta charset="utf-8">
        <title>table-layout 属性</title>
    </head>
    <body>
        <table border="1" style="table-layout: auto;">
            <tr> <th>早餐</th><th>午餐</th><th>晚餐</th> </tr>
            <tr> <td>可可</td><td>咖啡</td><td>茶</td> </tr>
        </table>
        <hr />
        <table border="1" style="table-layout: fixed;width: 150px;">
            <tr>
                <th width="90%">早餐</th>
                <th width="10%">午餐</th>
```

图 5-21 表格单元格列宽

```
                    <th width="10%">晚餐</th>
                </tr>
                <tr>
                    <td width="90%">可可</td>
                    <td width="50%">咖啡</td>
                    <td width="100%">茶</td>
                </tr>
            </table>
        </body>
</html>
```

5.7 CSS 内容属性

5.7 CSS 内容属性

content 属性通常与::after、::before 伪元素选择器配合使用，用于插入显示的内容，默认插入的内容显示为行内元素属性。

语法：**content: attr(attribute) | counter(name) | counter(name, list-style-type) | counters (name, string) | counters(name, string, list-style-type) | no-close-quote | no-open-quote | close-quote | open-quote | string | url(url)**

参数：content 属性值见表 5-2。

表 5-2 content 属性值

属性值	描 述
none	设置 content 的属性值为 none，则不指定插入内容。none 是默认值
normal	设置 content 的属性为 normal，则按正常方式插入内容
counter	设定计数器内容。counter(name)表示使用已命名的计数器。counter(name, list-style-type)表示使用已命名的计数器并遵从指定的 list-style-type 属性
counters	counters(name, string)表示使用所有已命名的计数器。counters(name, string, list-style-type)表示使用所有已命名的计数器并遵从指定的 list-style-type 属性
attr(attribute)	设置 content 作为选择器的属性之一。使用 attribute 特性的文字
string	设置 content 到指定的文本，是用引号括起的字符串
open-quote	设置 content 是开口引号，插入 quotes 属性的前标记
close-quote	设置 content 是闭合引号，插入 quotes 属性的后标记
no-open-quote	如果指定，移除内容的开始引号。并不插入 quotes 属性的前标记，但减少其嵌套级别
no-close-quote	如果指定，移除内容的闭合引号。并不插入 quotes 属性的后标记，但增加其嵌套级别
url(url)	设置某种媒体（图像、声音、视频等内容），使用指定的绝对或相对地址
inherit	指定的 content 属性的值，应该从父元素继承

【说明】与::after、::before 伪元素配合使用，在元素前或元素后显示内容。

示例代码如下。

```
p::after { content: url("http:www.divcss5.com"); text-decoration: none; }
p::before { content: url("beep.wav") }
```

【例 5-19】 content 属性示例。本例文件 5-19.html 的代码如下，在浏览器中显示的效果如

图 5-22 所示。

```
<!DOCTYPE html>
<html>
    <head>
        <meta charset="utf-8">
        <title>content 属性</title>
        <style type="text/css">
            h2::before {content: "Web 前端开发"; /*content 设置的内容插入到前面*/ }
            h3::after { content: url(images/web.jpg);/*content 设置的内容插入到后面*/ }
            a::after { content: attr(href);/*content 设置的内容插入到后面*/ }
        </style>
    </head>
    <body>
        <h2>(HTML5+CSS3+JavaScript)</h2> <!--content 设置的内容插入到之前-->
        <h3>H5+C3+JS</h3> <!--content 设置的内容插入到之后-->
        <a href="https://www.w3.org/">网址：</a>
    </body>
</html>
```

图 5-22 content 属性

【说明】content 属性遵循一个原则：CSS 仅仅改变样式。因此，所加入的内容不会在 HTML 源代码中直接展现。事实上，在浏览器中按<F12>键调试会发现，浏览器把::after、::before 作为一个特殊的节点嵌入到目标元素中。

5.8 CSS 属性的应用

本节介绍 CSS 属性在图像、表单、链接、导航菜单中的应用。

5.8.1 设置图像样式

图像即 img 元素，作为 HTML 的一个独立对象，需要占据一定的空间。因此，img 元素在页面中的风格样式仍然用盒模型来设置。CSS 样式中有关图像控制的常用属性，见表 5-3。

表 5-3 图像控制的常用属性

属 性	描 述
width、height	设置图像的缩放
border	设置图像边框样式
opacity	设置图像的不透明度
background-image	设置背景图像
background-repeat	设置背景图像重复方式
background-position	设置背景图像定位
background-attachment	设置背景图像固定
background-size	设置背景图像大小

虽然图像本身的很多属性可以直接在 HTML 中进行调整，但是通过 CSS 统一管理，不但可以更加精确地调整图像的各种属性，还可以实现很多特殊的效果。

1. 图像缩放

使用 CSS 样式控制图像的大小，可以通过 width 和 height 两个属性来实现。需要注意的是，当 width 和 height 两个属性的取值使用百分比数值时，是相对于父元素而言的。如果将这两个属性设置为相对于 body 的宽度或高度，就可以实现当浏览器窗口改变时，图像大小也发生相应变化的效果。

【例 5-20】 设置图像缩放。本例文件 5-20.html 的代码如下，在浏览器中显示的效果如图 5-23 所示。

```
<!DOCTYPE html>
<html>
    <head>
        <meta charset="utf-8">
        <title>设置图像的缩放</title>
        <style type="text/css">
            #box { padding: 10px; width: 500; height: 200px; border: 2px dashed #FF8C00; }
            img.per { width:30%; /*相对宽度为 30%*/   height: 40%; /*相对高度为 40%*/ }
            img.pixel {width:180px; /*绝对宽度为 180px*/   height: 200px; /*绝对高度为 200px*/ }
        </style>
    </head>
    <body>
        <div id="box">
            <img src="images/sunshine.jpg"> <!--图像的原始大小-->
            <img src="images/sunshine.jpg" class="per"> <!--相对于父元素缩放的大小-->
            <img src="images/sunshine.jpg" class="pixel"> <!--绝对像素缩放的大小-->
        </div>
    </body>
</html>
```

图 5-23　设置图像缩放

【说明】

1）本例中图像的父元素是 id="box"的 div 容器，在 img.per 中定义 width 和 height 两个属性的取值为百分比数值，该数值是相对于 id="box"的 div 容器而言的，而不是相对于图像本身。

2）img.pixel 中定义 width 和 height 两个属性的取值为绝对像素值，图像将按照定义的像素值显示大小。

2. 图像边框

图像的边框就是利用 border 属性作用于图像元素而呈现的效果。在 HTML 中可以直接通过 <img>标记的 border 属性值为图像添加边框，属性值为边框的粗细，以像素为单位，从而控制边框的粗细。当设置 border 属性值为 0 时，则显示为没有边框。例如以下示例代码。

```
<img src="images/sunshine.jpg" border="0"> <!--显示为没有边框-->
<img src="images/sunshine.jpg" border="1"> <!--设置边框的粗细为 1px-->
<img src="images/sunshine.jpg" border="2"> <!--设置边框的粗细为 2px -->
<img src="images/sunshine.jpg" border="3"> <!--设置边框的粗细为 3px -->
```

通过浏览器的解析，图像的边框粗细从左至右依次递增，效果如图 5-24 所示。

图 5-24　在 HTML 中控制图像的边框

然而使用这种方法存在很大的限制，即所有的边框都只能是黑色，而且风格十分单一，都是实线，只是在边框粗细上能够进行调整。

如果希望更换边框的颜色，或者换成虚线边框，仅仅依靠 HTML 是无法实现的。下面的实例讲解了如何用 CSS 样式美化图像的边框。

【例 5-21】 设置图像边框。本例文件 5-21.html 的代码如下，在浏览器中显示的效果如图 5-25 所示。

```
<!DOCTYPE html>
<html>
    <head>
        <meta charset="utf-8">
        <title></title>
        <style type="text/css">
            .test1 {
                border-style: dotted; /*点画线边框*/
                border-color: #fd8e47; /*边框颜色为橘红色*/
                border-width: 4px; /*边框粗细为 4px*/
                margin: 5px;
            }
            .test2 {
                border-style: dashed; /*虚线边框 */
                border-color: blue; /*边框颜色为蓝色*/
                border-width: 2px; /*边框粗细为 2px*/
                margin: 5px;
            }
            .test3 {
                border-style: solid dotted dashed double;/*4 条边的线型依次为实线、点画线、虚线和双线边框*/
                border-color: red green blue purple;/*4 条边的颜色依次为红色、绿色、蓝色和紫色*/
                border-width: 1px 5px 10px 15px;/*4 条边的边框粗细依次为 1px、5px、10px 和 15px*/
                margin: 5px;
            }
        </style>
    </head>
    <body>
        <img src="images/sunshine.jpg" class="test1">
        <img src="images/sunshine.jpg" class="test2">
        <img src="images/sunshine.jpg" class="test3">
    </body>
</html>
```

图 5-25　设置图像边框

【说明】如果希望分别设置 4 条边框的不同样式，在 CSS 中也是可以实现的，只需要分别设定 border-left、border-right、border-top 和 border-bottom 的样式即可，依次对应于左、右、上、下 4 条边框。

3．图像的不透明度

在 CSS3 中，使用 opacity 属性能够使图像呈现出不同的透明效果。

语法：opacity: value | inherit

参数：value 表示不透明度的值，是一个介于 0～1 之间的浮点数值。其中，0 表示完全透明，1 表示完全不透明（默认值），0.5 表示半透明。inherit 表示 opacity 属性的值从父元素继承。

【例 5-22】 设置图像的透明度。本例文件 5-22.html 的代码如下，在浏览器中显示的效果如图 5-26 所示。

图 5-26　设置图像的透明度

```
<!DOCTYPE html>
<html>
    <head>
        <meta charset="utf-8">
        <title>设置图像的透明度</title>
        <style type="text/css">
            #boxwrap { width: 610px;margin: 10px auto;
                border: 2px dashed #fd8e47; }
            img:first-child { opacity: 1; }
            img:nth-child(2) { opacity: 0.8; }
            img:nth-child(3) { opacity: 0.5; }
            img:nth-child(4) { opacity: 0.2; }
        </style>
    </head>
    <body>
        <div id="boxwrap">
            <img src="images/sunshine.jpg">
            <img src="images/sunshine.jpg">
            <img src="images/sunshine.jpg">
            <img src="images/sunshine.jpg">
        </div>
    </body>
</html>
```

5.8.2　设置链接

5.8.2
设置链接

使用 CSS 样式可以实现链接的多样化效果。

1．设置文字链接的外观

在 HTML 语言中，超链接是通过标记<a>来实现的，链接的具体地址则是利用<a>标记的 href 属性。在默认的浏览器方式下，超链接统一为蓝色并且带有下画线，访问过的超链接则为紫色并且也有下画线。这种最基本的超链接样式已经无法满足设计人员的要求，通过 CSS 可以设置超链接的各种属性，而且通过伪类还可以制作出许多动态效果。

伪类中通过:link（未被访问的链接）、:visited（已访问的链接）、:hover（鼠标指针位于链接的上方）和:active（链接被单击的时刻）来控制链接内容访问前、访问后、鼠标指针悬停时以及用户激活时的样式。需要说明的是，这 4 种状态的顺序不能颠倒，否则可能会导致伪类样式不能实现。这 4 种状态并不是每次都要用到，一般情况下只需要定义链接标签的样式以及:hover 伪类样式即可。

【例 5-23】 使用 CSS 伪类设置超链接样式，鼠标指针悬停时有按下去的效果。本例文件 5-23.html 的代码如下，在浏览器中显示的效果如图 5-27 所示。

```
<!DOCTYPE html>
<html>
    <head>
        <meta charset="utf-8">
        <title>超链接样式</title>
        <style type="text/css">
            <style type="text/css">
                body { margin: 20px; }
                a { font-family: Arial; margin: 5px; }
                a:link, a:visited { color: #008000; padding: 4px 10px 4px 10px;
                background-color: #DDDDDD; text-decoration: none;
                border-top: 1px solid #EEEEEE; border-left: 1px solid #EEEEEE;
                border-bottom: 1px solid #717171; border-right: 1px solid #717171; }
                a:hover { color: #821818; padding: 5px 8px 3px 12px; background-color: #CCC;
                border-top: 1px solid #717171; border-left: 1px solid #717171;
                border-bottom: 1px solid #EEEEEE; border-right: 1px solid #EEEEEE; }
        </style>
    </head>
    <body>
        <a href="http://www.hao123.com">首页</a>
        <a href="http://www.hao123.com">HTML</a>
        <a href="http://www.hao123.com">CSS</a>
        <a href="http://www.hao123.com">JavaScript</a>
    </body>
</html>
```

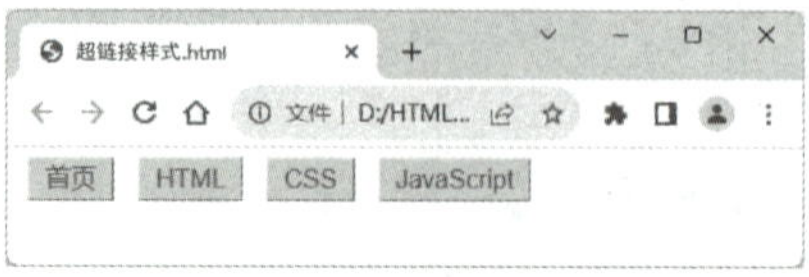

图 5-27 设置超链接样式

本例中对文字超链接的修饰是通过增加边框、背景颜色等方式实现的。

2．图文超链接

对超链接的修饰，还可以利用背景图片将文字超链接进一步美化。

【例 5-24】 图文超链接。本例文件 5-24.html 的代码如下，鼠标指针未悬停时文字超链接的显示效果如图 5-28a 所示；鼠标指针悬停在文字超链接上时的显示效果如图 5-28b 所示。

a) 鼠标指针未悬停时　　　　　　　　b) 鼠标指针悬停时

图 5-28 图文超链接的效果

```
<!DOCTYPE html>
<html>
    <head>
        <meta charset="utf-8">
        <title>图文链接</title>
        <style type="text/css">
            .a { padding-left: 40px; /*设置左内边距用于增加空白显示背景图片*/
                font-size: 24px; text-decoration: none; /*无修饰*/ }
            .a:hover { background: url(images/coffee.gif) no-repeat left center; /*增加背景图*/
                text-decoration: underline; /*下画线*/ }
        </style>
        <a href="#" class="a">  鼠标悬停在超链接上时显示咖啡杯图片</a>
    </head>
    <body>
        <p>网页内容</p>
    </body>
</html>
```

【说明】本例 CSS 代码中的"padding-left:40px;"用于增加容器左侧的空白,为后来显示背景图片做准备。当触发鼠标指针悬停操作时,增加背景图片,位置是容器的左边中间。

5.8.3 创建导航菜单

导航菜单是网站中必不可缺的部分,导航菜单的风格决定了整个网站的风格。在传统方式下,制作导航菜单是很烦琐的工作。设计者不仅要用表格布局,还要使用 JavaScript 实现相应鼠标指针悬停或按下动作。如果使用 CSS 来制作导航菜单,将大大简化设计的流程。导航菜单按照菜单的布局显示可以分为纵向导航菜单和横向导航菜单。

1. 纵向列表模式的导航菜单

应用 Web 标准进行网页制作时,通常使用无序列表<ul>标签构建菜单,其中纵向列表模式的导航菜单又是应用比较广泛的一种。由于纵向导航菜单的内容并没有逻辑上的先后顺序,因此可以使用无序列表来实现。

【例 5-25】 制作纵向列表模式的导航菜单。本例文件 5-25.html,鼠标指针未悬停在菜单项上时的显示效果如图 5-29a 所示;鼠标指针悬停在菜单项上时的显示效果如图 5-29b 所示。

a) 鼠标指针未悬停时

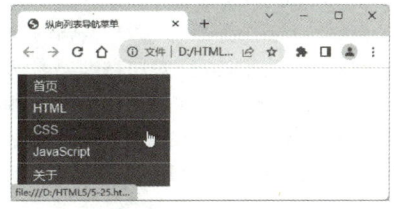

b) 鼠标指针悬停时

图 5-29 纵向列表模式的导航菜单

(1)建立网页结构

首先建立一个包含无序列表的 div 容器,列表包含 5 个项目,每个项目中包含 1 个用于实现导航菜单的文字超链接。代码如下。

```html
<body>
    <div id="nav">
        <ul>
            <li><a href="#">首页</a></li>
            <li><a href="#">HTML</a></li>
            <li><a href="#">CSS</a></li>
            <li><a href="#">JavaScript</a></li>
            <li><a href="#">关于</a></li>
        </ul>
    </div>
</body>
```

在没有 CSS 样式的情况下，显示菜单如图 5-30 所示。

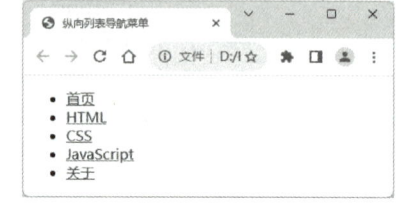

图 5-30　无 CSS 样式的效果

（2）设置容器及列表的 CSS 样式

接着设置菜单 div 容器的整体区域样式，设置菜单的宽度、字体，以及列表和列表选项的类型和边框样式。代码如下。

```html
<style type="text/css">
    #nav { width: 200px; /*设置菜单的宽度*/
        font-family: Arial; }
    #nav ul { list-style-type: none; /*不显示项目符号*/
        margin: 0px; /*外边距为 0px*/
        padding: 0px; /*内边距为 0px*/ }
    #nav li { border-bottom: 1px solid #ed9f9f; /*设置列表选项（菜单项）的下边框线*/ }
</style>
```

图 5-31　修改后的菜单效果

经过以上对容器及列表的 CSS 样式设置，显示菜单如图 5-31 所示。

（3）设置菜单项超链接的 CSS 样式

在设置容器的 CSS 样式之后，菜单项的显示效果并不理想，还需要进一步美化。接下来设置菜单项超链接的区块显示、左边的粗红边框、右侧阴影及内边距。最后，建立未访问过的链接、访问过的链接及鼠标指针悬停于菜单项上时的样式。把下面 CSS 代码添加到上面的 <style></style> 中，代码如下。

```css
#nav li a{ display:block;   /*区块显示*/
    padding:5px 5px 5px 0.5em;
    text-decoration:none;   /*链接无修饰*/
    border-left:12px solid #711515;   /*左边的粗红边框*/
    border-right:1px solid #711515;   /*右侧阴影*/ }
#nav li a:link, #nav li a:visited{   /*未访问过的链接、访问过的链接的样式*/
    background-color:#c11136;   /*改变背景色*/
    color:#fff;   /*改变文字颜色*/ }
#nav li a:hover{   /*鼠标指针悬停于菜单项上时的样式*/
    background-color:#990020;   /*改变背景色*/
    color:#ff0;   /*改变文字颜色*/ }
```

菜单经过进一步美化，显示效果如图 5-29 所示。

2. 横向列表模式的导航菜单

在设计人员制作网页时，经常要求导航菜单能够在水平方向上显示。通过 CSS 属性的控制，可以实现列表模式导航菜单的横竖转换。在保持原有 HTML 结构不变的情况下，将纵向导航转变成横向导航最重要的环节就是设置<li>标签为浮动。

【例 5-26】 制作横向列表模式的导航菜单。本例文件 5-26.html，鼠标指针未悬停在菜单项上时的显示效果如图 5-32a 所示；鼠标指针悬停在菜单项上时的显示效果如图 5-32b 所示。

a）鼠标指针未悬停时　　　　　　　b）鼠标指针悬停时

图 5-32　横向列表模式的导航菜单

（1）建立网页结构

首先建立一个包含无序列表的 div 容器，列表包含 5 个选项，每个选项中包含 1 个用于实现导航菜单的文字超链接。代码如下。

```
<body>
    <div id="nav">
        <ul>
            <li><a href="#">首页</a></li>
            <li><a href="#">HTML</a></li>
            <li><a href="#">CSS</a></li>
            <li><a href="#">JavaScript</a></li>
            <li><a href="#">关于</a></li>
        </ul>
    </div>
</body>
```

在没有 CSS 样式的情况下，菜单的显示效果如图 5-30 所示。

（2）设置容器及列表的 CSS 样式

接着设置菜单 div 容器的整体区域样式，设置菜单的宽度、字体，以及列表和列表选项的类型和边框样式。代码如下。

```
<style type="text/css">
    #nav { width: 360px;   /*设置菜单水平显示的宽度*/ }
    #nav ul {  /*设置列表的类型*/
        list-style-type: none;   /*不显示项目符号*/
        margin: 0px;   /*外边距为 0px*/
        padding: 0px;   /*内边距为 0px*/ }
    #nav li { float: left;   /*使得菜单项都水平显示*/ }
</style>
```

图 5-33　设置容器及列表的 CSS 样式

以上设置中最为关键的代码就是"float:left;"，正是由于设置了<li>标签为浮动，才将纵向导航菜单转变成横向导航菜单。经过以上设置容器及列表的 CSS 样式，显示菜单如图 5-33 所示。

（3）设置菜单项超链接的 CSS 样式

在设置容器的 CSS 样式之后，菜单项的显示横向拥挤在一起，效果非常不理想，还需要进一步美化。接下来设置菜单项超链接的区块显示、四周的边框线及内外边距。最后，建立未访问过的链接、访问过的链接及鼠标指针悬停于菜单项上时的样式。把下面 CSS 代码添加到上面的<style></style>中，代码如下。

```css
#nav li a{    display:block;    /*块级元素*/
        padding:3px 6px 3px 6px;
        text-decoration:none;    /*链接无修饰*/
        border:1px solid #711515;    /*超链接区块四周的边框线效果相同*/
        margin:2px; }
#nav li a:link, #nav li a:visited{    /*未访问过的链接、访问过的链接的样式*/
        background-color:#c11136;    /*改变背景色*/
        color:#fff;  /*改变文字颜色*/ }
#nav li a:hover{  /*鼠标指针悬停于菜单项上时的样式*/
        background-color:#990020;    /*改变背景色*/
        color:#ff0;  /*改变文字颜色*/ }
```

菜单经过进一步美化，显示效果如图 5-32 所示。

5.9 实训——制作社区网页面

本节介绍社区网页面的制作，重点介绍综合使用 CSS 修饰页面外观的相关知识。

5.9.1 制作通知公告目录页面

5.9.1
制作通知公告
目录页面

1. 页面布局规划

页面布局的首要任务是弄清网页的布局方式，分析版式结构，待整体页面搭建有了明确规划后，再根据规划切图。

【实训 5-1】 制作通知公告板块页面，显示效果如图 5-34 所示，页面布局示意图如图 5-35 所示。

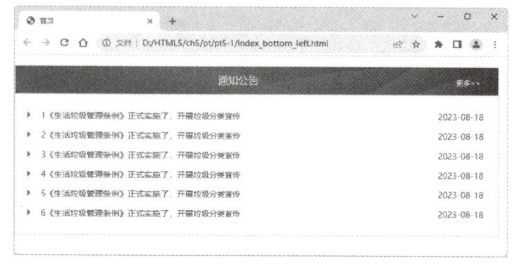

图 5-34　通知公告板块页面

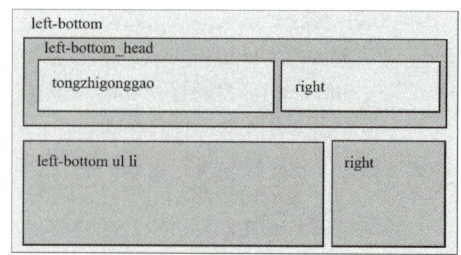

图 5-35　页面布局示意图

2. 前期准备

1）栏目目录结构。在栏目文件夹下创建文件夹 images 和 css，分别存放图像素材和外部样式表文件。

2）页面素材。将本页面需要使用的图像素材存放在文件夹 images 下。

3）外部样式表。在文件夹 css 下新建一个名为 public.css、index.css 的样式表文件。

3．编写代码

（1）页面结构代码

index_bottom_left.html 的结构代码如下。

```
<!DOCTYPE html>
<html>
    <head>
        <meta charset="utf-8">
        <title>首页</title>
        <link rel="stylesheet" href="css/public.css">
        <link rel="stylesheet" href="css/index.css">
    </head>
    <body>
        <div class="left-bottom">
            <div class="left-bottom_head">
                <div class="tongzhigonggao">
                    <p>通知公告</p>
                </div>
                <p class="right more1"><a href="#">更多>></a></p>
            </div>
            <ul>
                <li><a href="#">1《生活垃圾管理条例》正式实施了，开展垃圾分类宣传<span class="right">2023-08-18</span></a></li>
                <li><a href="#">2《生活垃圾管理条例》正式实施了，开展垃圾分类宣传<span class="right">2023-08-18</span></a></li>
                <li><a href="#">3《生活垃圾管理条例》正式实施了，开展垃圾分类宣传<span class="right">2023-08-18</span></a></li>
                <li><a href="#">4《生活垃圾管理条例》正式实施了，开展垃圾分类宣传<span class="right">2023-08-18</span></a></li>
                <li><a href="#">5《生活垃圾管理条例》正式实施了，开展垃圾分类宣传<span class="right">2023-08-18</span></a></li>
                <li><a href="#">6《生活垃圾管理条例》正式实施了，开展垃圾分类宣传<span class="right">2023-08-18</span></a></li>
            </ul>
        </div>
    </body>
</html>
```

（2）public.css 样式文件

本样式文件是社区网所有网页都用到的公用样式，代码如下。

```
* { margin:0; padding:0;font-family: "微软雅黑";}
ul, li { list-style:none;}
a{ text-decoration:none;}
```

```
.right{float: right;}
.left{float: left;}
.clear{clear: both;}
```

（3）index.css 样式文件

本样式文件是 index 左下.html 网页用到的样式，代码如下。

```
.left-bottom{ width: 834px; margin-top: 18px; border: 1px solid rgb(223,220,221); }
.left-bottom_head{ background: url(../images/left-bottom_hbg.jpg); width: 834px; height: 49px; }
.tongzhigonggao{ float: left;  width: 700px; }
.tongzhigonggao p{ text-align: center; margin-left: 70px; padding-top: 10px; font-size: 18px; line-height: 26px; color: #FFFFFF; }
.more1{ padding: 14px 31px 0 0; }
.more1 a{ font-size: 12px; color: #FFFFFF; }
.left-bottom ul li{ list-style: url(../images/list-style.png); padding-left: 10px; }
.left-bottom ul{ margin:20px 0 20px 35px; }
.left-bottom ul li a{ color: #454545;font-size: 14px; line-height: 34px; }
.left-bottom ul li a span{ padding-right: 26px; }
```

5.9.2 制作导航栏

1．页面布局规划

【实训 5-2】制作导航栏页面，显示效果如图 5-36 所示，页面布局示意图如图 5-37 所示。

图 5-36　导航栏页面

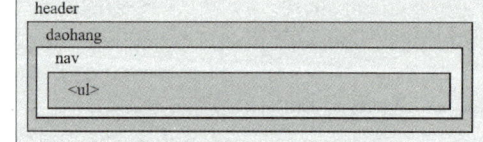

图 5-37　页面布局示意图

2．前期准备

与通知公告板块相同，这里不再重复。

3．编写代码

（1）页面结构代码

nav.html 的结构代码如下。

```
<!DOCTYPE html>
<html>
    <head>
        <meta charset="utf-8">
        <title>首页</title>
        <link rel="stylesheet" href="css/public.css" />
    </head>
    <body>
```

```html
<header>
    <div class="daohang">
        <div class="nav">
            <ul>
                <li><a href="#">网站首页</a></li>
                <li><a href="#">生活指南</a>
                    <ul>
                        <li><a href="#">餐饮旅游</a></li>
                        <li><a href="#">文化娱乐</a></li>
                        <li><a href="#">家政服务</a></li>
                        <li><a href="#">教育培训</a></li>
                    </ul>
                </li>
                <li><a href="#">热点关注</a></li>
                <li><a href="#">政策解读</a></li>
                <li><a href="#">公益捐赠</a></li>
                <li><a href="#">在线调查</a></li>
                <li><a href="#">我要留言</a>
                    <ul>
                        <li><a href="#">突发事件</a></li>
                        <li><a href="#">百姓呼声</a></li>
                        <li><a href="#">建言献策</a></li>
                        <li><a href="#">代表直通车</a></li>
                    </ul>
                </li>
                <li><a href="#">注册加入</a>
                    <ul>
                        <li><a href="#">企业加入</a></li>
                        <li><a href="#">个人加入</a></li>
                    </ul>
                </li>
                <li><a href="#">联系我们</a></li>
            </ul>
        </div>
    </div>
</header>
</body>
</html>
```

（2）public.css 样式文件

本样式文件是社区网所有网页都用到的公用样式，代码如下。

```css
* { margin: 0; padding: 0; font-family: "微软雅黑"; }
.header{width: 1200px;height: 30px;margin: 0 auto;}
ul, li { list-style: none; /*去掉列表前的黑点等样式*/ }
a { text-decoration: none; }
/*添加导航栏的背景图片*/
.daohang{width:100%;min-width:1200px;margin:0 auto;background: url(../images/daohang1.jpg) center;height:
```

57px;}
```
/*设置导航栏*/
.nav {width: 1200px; margin: 0 auto; overflow: hidden; }
.nav ul li {float: left; margin-top: -1px; }
.nav ul li a { width: 130px; height: 52px; text-align: center; line-height: 40px; display: block;
     color: #FFFFFF; font-size: 18px; margin: 0 1.5px; padding-top: 5px; }
.nav ul li:hover { background: rgb(168, 8, 8); }
.nav ul li ul { position: absolute; display: none; }
.nav ul li ul li { float: none; height: 38px; }
.nav ul li ul li a { border-right: none; border-top: 1px dotted #ccc; background: rgb(215, 17, 17);
     font-size: 16px; padding-top: 0px; height: 38px; }
.nav ul li:hover ul { display: block; z-index: 999999999; }
```

习题 5

1. 制作隔行换色表格，显示效果如图 5-38 所示。
2. 使用 CSS 修饰文本域，显示效果如图 5-39 所示。

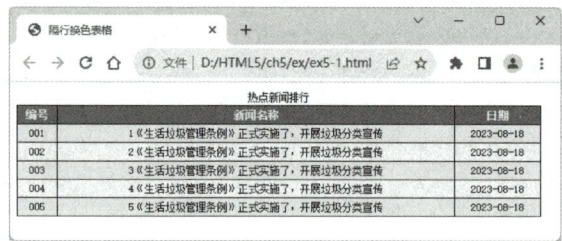

图 5-38　隔行换色表格　　　　　　　　图 5-39　修饰文本域

3. 使用 CSS 修饰常用的表单元素，制作用户调查页面，显示效果如图 5-40 所示。
4. 使用 CSS 制作网页中不同区域的超链接效果，显示效果如图 5-41 所示。

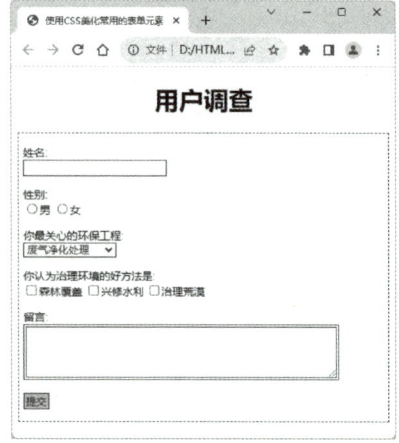

图 5-40　用户调查表单　　　　　　　图 5-41　制作网页中不同区域的超链接风格

5. 制作如图 5-42 所示的导航栏。

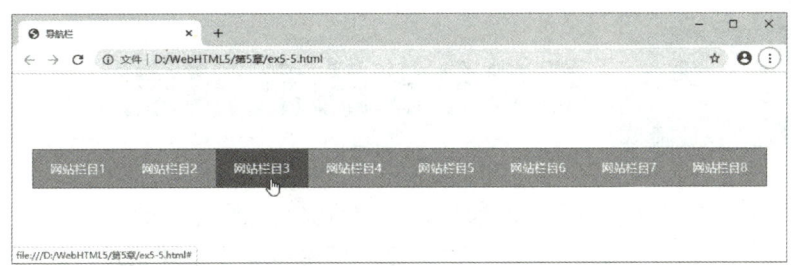

图 5-42　导航栏 1

6．制作如图 5-43 所示的导航栏。

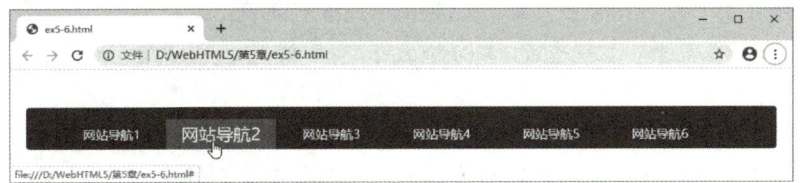

图 5-43　导航栏 2

7．使用 CSS 实现社区网广告板块的设计，如图 5-44 所示。

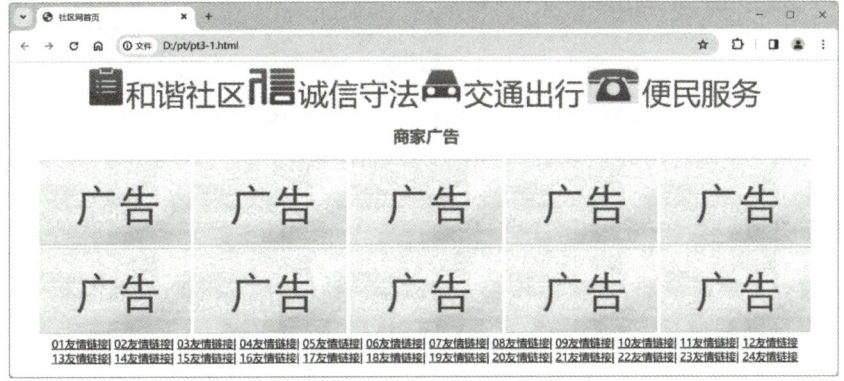

图 5-44　社区网广告板块

第 6 章 CSS3 的盒模型

盒模型是 CSS 中用来控制网页布局的基本概念。网页上的每个元素，如文本、图像、超链接等，都被视为一个个盒子。这些盒子可以被嵌套在其他盒子中，形成一种层次结构。通过 CSS，我们可以控制这些盒子的显示和定位属性。当浏览器渲染一个文档时，它会依据 CSS 基础框盒模型将所有元素解析为矩形的盒子。这些盒子的大小、位置和其他属性（如颜色、背景、边框等）都可以通过 CSS 来定义。

学习目标：理解 CSS 盒模型的结构和大小，掌握盒模型的各种属性，包括布局和定位属性。

重点与难点：重点是 CSS 盒模型的基本属性，难点是布局和定位属性。

素养目标：培育学生的法治观念与公民道德，促进社会的和谐与稳定。

6.1 CSS 盒模型的组成和大小

6.1 CSS 盒模型的组成和大小

在 CSS 中，盒模型是用来描述元素如何处理内容、边距、边框和填充的一种模型。所有 HTML 元素都可以看作是一个矩形盒子，这个模型描述了元素如何在页面上占据空间，CSS 属性可以影响这些矩形盒子的显示方式。

6.1.1 盒子的组成

盒模型由 4 部分组成：内容区域（Content Area）、内边距区域（Padding Area）、边框区域（Border Area）和外边距区域（Margin Area），如图 6-1 所示。

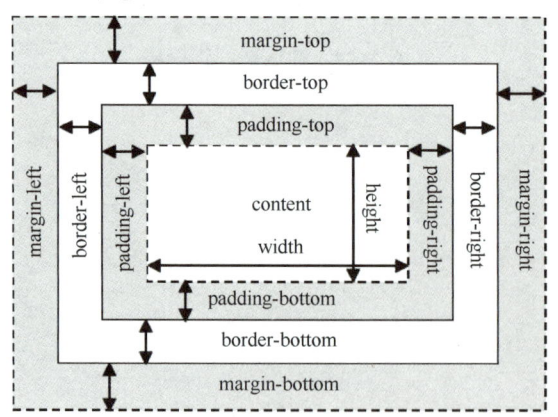

图 6-1 CSS 盒模型

1．内容区域

内容区域是元素的实际内容，如文本和图像。其大小可以通过 width 和 height 属性来定义。

2．内边距区域

内边距区域位于内容区域和边框之间，通常用于扩展元素的背景到其边框。内边距也称内补丁、填充，用 padding 设置。内边距区域分为上、右、下、左四部分（按顺时针排列）。

3．边框区域

边框区域是围绕内容和内边距的区域。元素的边框是围绕元素内容和内边距的一条或多条线，边框用 border 设置，边框有 3 个属性，分别是边框的宽度（粗细）、样式和颜色。

4．外边距区域

元素之间的距离就是外边距，用 margin 属性设置。用空白区域扩展边框区域，以分开相邻的元素，外边距是透明的。它的尺寸为 margin-box 宽度和 margin-box 高度。外边距区域的大小也分为四部分，即上、右、下、左。

6.1.2 盒子的大小

当指定一个 CSS 元素的宽度和高度属性时，只是设置内容区域的宽度和高度。一个完整的元素，还包括填充、边框和边距。盒子的大小（总元素的大小）指的是盒子的宽度和高度，盒子的大小是这几个部分之和。

1．盒子的宽度和高度的计算

盒子的宽度（总元素的宽度）的计算表达式如下。

盒子的宽度=margin-left（左边距）+border-left（左边框）+padding-left（左填充）+width（内容宽度）+padding-right（右填充）+border-right（右边框）+margin-right（右边界）

盒子的高度（总元素的高度）的计算表达式如下。

盒子的高度=margin-top（上边距）+border-top（上边框）+padding-top（上填充）+height（内容宽度）+padding-bottom（下填充）+border-bottom（下边框）+margin-bottom（下边界）

根据 W3C 的规范，默认情况下，元素内容 content 的宽和高分别是由 width 和 height 属性设置的。而内容周围的 margin、border 和 padding 值是另外计算的。在标准模式下的盒模型，盒子实际内容（content）的 width 和 height 等于设置的 width 和 height。

例如，为了更好地理解盒模型的宽度与高度，定义某个元素的 CSS 样式，代码如下。

```
#test{
    margin:10px 20px;    /*定义元素上、下外边距为 10px，左、右外边距为 20px*/
    padding:20px 10px;   /*定义元素上、下内边距为 20px，左、右内边距为 10px*/
    border-width:10px 20px;  *定义元素上、下边框宽度为 10px，左、右边框宽度为 20px*/
    border:solid #f00;       *定义元素边框类型为实线型，颜色为红色*/
    width:100px;   /*定义元素宽度为 100px*/
    height:100px;  /*定义元素高度为 100px*/
}
```

上面#test 样式定义的盒模型大小为：

盒模型的宽度=20px+20px+10px+100px+10px+20px+20px=200px
盒模型的高度=10px+10px+20px+100px+20px+10px+10px=180px

2．盒模型的几点提示

一个页面由许多这样的盒子组成，这些盒子之间会互相影响，因此掌握盒子模型需要从两方面来理解：一是理解一个孤立的盒子的内部结构；二是理解多个盒子之间的相互关系。

网页布局的过程可以看作是在页面中摆放盒子的过程，通过调整盒子的边距、边框、填充和内容等参数，控制各个盒子，实现对整个网页的布局。

盒模型的几点提示如下。

1）padding、border、margin 都是可选的，大部分 html 元素的盒子属性（margin、padding）默认值都为 0；有少数 html 元素的盒子属性（margin、padding）浏览器默认值不为 0，例如：body、p、ul、li、form 元素等，有时有必要先设置它们的这些属性为 0。input 元素的边框属性默认不为 0，可以将其设置为 0 达到美化输入框和按钮的目的。也可以通过在 CSS 样式表中设置来覆盖浏览器样式。例如，可以使用如下代码清除元素的默认内外边距。

```
* { margin:0;    /*清除外边距*/
    padding:0;  /*清除内边距*/
}
```

2）如果给元素设置背景（background-color 或 background-image），并且边框的颜色为透明，背景将应用于内容、内边距和边框组成的外沿（默认为在边框下层延伸，边框会盖在背景上）。此默认表现可通过 CSS 属性 background-clip 来改变。

6.1.3 块级元素与行级元素的宽度和高度

在前面的章节中已经讲到块级元素与行级元素的区别，本节重点讲解两者在宽度、高度属性的区别。默认情况下，块级元素可以设置宽度和高度，但行级元素不能直接设置宽度和高度。

【例 6-1】 块级元素与行级元素的宽度和高度示例。本例文件 6-1.html 的代码如下，在浏览器中显示的效果如图 6-2 所示。

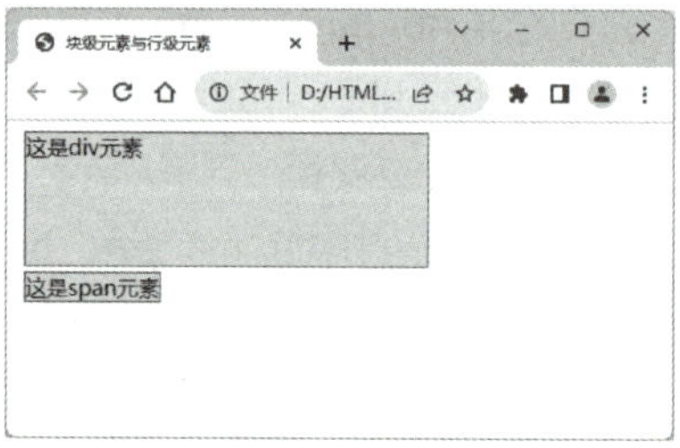

图 6-2　块级元素与行级元素的宽度和高度

```
<!DOCTYPE html>
<html>
    <head>
        <meta charset="utf-8">
        <title>块级元素与行级元素</title>
        <style type="text/css">
            .special {
                border: 1px solid red;   /*元素边框为 1px 红色实线*/
                width: 300px;   /*元素宽度 300px*/
                height: 100px;  /*元素高度 100px*/
                background: yellow;   /*背景色为黄色*/
                margin: 5px;   /*元素外边距 5px*/
            }
        </style>
    </head>
    <body>
        <div class="special">这是 div 元素</div>
        <span class="special">这是 span 元素</span>
    </body>
</html>
```

【说明】在上述代码中，虽然 span 元素应用了.special 样式，但由于 span 是行级元素，行级元素的宽度和高度并不受设置影响。若要使行级元素的宽度和高度也受到定义的影响，需要使用 display:block 将其转化为块级元素显示。加入这个属性后，行级元素也可以设置宽度和高度。在上面的.special 样式的定义中添加一行定义 display 属性的代码，即可实现行级元素的宽度和高度设置，代码如下。

display:block;　/*块级元素显示*/

浏览网页，即可看到 span 元素的宽度和高度设置为定义的宽度和高度，如图 6-3 所示。

图 6-3　设置行级元素为块级元素显示

6.2　CSS 盒模型的属性

padding-border-margin 模型是一种通用的描述盒子布局形式的方法。对于任何一个盒子，都可以分别设定 4 条边各自的 padding、border 和 margin，实现各种各样的排版效果。

6.2.1　CSS 内边距属性 padding

6.2.1
CSS 内边距属性 padding

元素的内边距是边框区域与内容区域之间的距离。CSS 内边距有以下几种属性。

1. 上内边距属性 padding-top

padding-top 属性用于设置元素顶边的内边距。

语法：**padding-top: auto | length | 百分比 | inherit**

参数：属性值可以是 auto（自动，设置为相对于其他边的值）、长度（由浮点数字和单位标识符组成的长度值，默认值为 0，不允许使用负数）、百分比（相对于父元素宽度的比例）、inherit。该属性不能继承。

【说明】行级元素要使用属性值 inherit，必须先设置元素的 height 或 width 属性，或者设定 position 属性为 absolute。

示例代码如下。

　　　h1 { padding-top: 32pt; }

2. 右边的内边距属性 padding-right

padding-right 属性用于设置元素右边的内边距。

语法：**padding-right: auto | length | 百分比 | inherit**
参数：同 padding-top。
【说明】同 padding-top。
示例代码如下。

　　　div { padding-right: 12px; }

3. 底边的内边距属性 padding-bottom

padding-bottom 属性用于设置元素底边的内边距。

语法：**padding-bottom: length | 百分比 | inherit**

参数：同 padding-top。

【说明】同 padding-top。

示例代码如下。

    body { padding-bottom: 15px; }

4. 左边的内边距属性 padding-left

padding-left 属性用于设置元素左边的内边距。

语法：**padding-left: auto | length | 百分比 | inherit**

参数：同 padding-top。

【说明】同 padding-top。

示例代码如下。

    img { padding-left: 32pt; }

5. 四边的内边距属性 padding

padding 属性用于设置元素四边的内边距。

语法：**padding: auto | length | 百分比 | inherit**

参数：本属性是复合属性，如果提供全部 4 个参数值，将按上、右、下、左的顺序作用于四边。如果只提供一个，将用于全部的四条边。如果提供两个，第一个用于上、下，第二个用于左、右。如果提供三个，第一个用于上，第二个用于左、右，第三个用于下。每个参数中间用空格分隔。

【说明】同 padding-top。

示例代码如下。

    h1 { padding: 10px 11px 12px 13px; /* 顺序为上、右、下、左 */ }
    p { padding: 12.5%; }
    div { padding: 10% 10% 10% 10%; }

6. 边距值的复制

在设置边距时，如果提供全部 4 个参数值，按照上、右、下、左的顺时针顺序列出。示例代码如下。

    padding: 10px 10px 10px 10px;

如果按照简写的形式，CSS 将按照一定的规则顺序复制边距值。示例代码如下。

    padding: 10px;

由于 padding: 10px 只定义了上内边距，按顺序右内边距将复制上内边距，变成如下形式。

    padding: 10px 10px;

由于 padding: 10px 10px 只定义了上内边距和右内边距，按顺序下内边距将复制上内边距，变成如下形式。

padding: 10px 10px 10px;

由于 padding: 10px 10px 10px 只定义了上内边距、右内边距和下内边距，按顺序左内边距将复制右内边距，变成如下形式。

padding: 10px 10px 10px 10px;

根据这个规则，可以省略相同的值。例如 padding: 10px 5px 15px 5px 可以简写为 padding: 10px 5px 15px，而 padding: 10px 5px 10px 5px 则可以简写为 padding: 10px 5px。

但是，有时虽然出现了重复却不能简写，例如 padding: 10px 5px 5px 10px 和 padding: 5px 5px 5px 10px。

【例 6-2】 CSS 内边距属性示例。本例文件 6-2.html 的代码如下，在浏览器中显示的效果如图 6-4 所示。

```
<!DOCTYPE html>
<html>
    <head>
        <meta charset="utf-8">
        <title>CSS 内边距</title>
        <style type="text/css">
            h3.title { padding-top: 10px; padding-right: 2em;
                padding-bottom: 20px; padding-left: 10%;
                background-color: coral; }
            .box { width: 200px; height: 80px;
                padding: 20px 30px 10px 20px; background-color: aqua;
            }
        </style>
    </head>
    <body>
        <h3>CSS 内边距属性</h3>
        <hr>
        <h3 class="title">内边距属性 padding</h3>
        <hr>
        <p class="box">内容</p>
    </body>
</html>
```

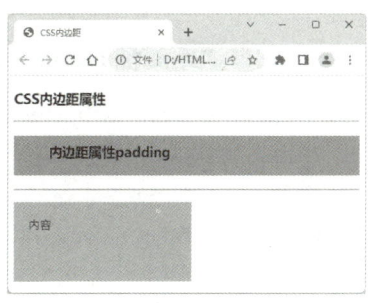

图 6-4 内边距属性

6.2.2 CSS 外边距属性 margin

元素的外边距是元素边框与元素内容之间的距离。设置外边距会在元素外创建额外的空白。外边距设置属性有 margin-top、margin-right、margin-bottom、margin-left、margin。可分别设置某一条边的外边距属性，也可以用 margin 属性一次设置所有边的边距。

1．上外边距属性 margin-top

margin-top 属性用于设置元素顶边的外边距。

语法：**margin-top : auto | length | 百分比 | inherit**

参数：其属性值可以是 auto（自动，设置为相对于其他边的值）、长度（由浮点数字和单位标识符组成的长度值，默认值为 0，不允许使用负数）、百分比（相对于父元素宽度的比例）、inherit。margin-top 属性不能继承。

【说明】行级元素如果要使用属性值 inherit，必须先设定对象的 height 或 width 属性，或者设定 position 属性为 absolute。外边距始终是透明的。

示例代码如下。

```
body { margin-top: 12.5%; }
```

2．右外边距属性 margin-right

margin-right 属性用于设置元素右边的外边距。

语法：**margin-right: auto | length | 百分比 | inherit**

参数：同 margin-top。

【说明】同 margin-top。

示例代码如下。

```
div { margin-right: 10px; }
```

3．下外边距属性 margin-bottom

margin-bottom 属性用于设置元素底边的外边距。

语法：**margin-bottom: auto | length | 百分比 | inherit**

参数：同 margin-top。

【说明】同 margin-top。

示例代码如下。

```
h1 { margin-bottom: auto; }
```

4．左外边距属性 margin-left

margin-left 属性用于设置元素左边的外边距。

语法：**margin-left: auto | length | 百分比 | inherit**

参数：同 margin-top。

【说明】同 margin-top。

示例代码如下。

```
img { margin-left: 10px; }
```

以上 4 项属性可以控制一个元素四周的边距，每一个边距都可以有不同的值。或者设置一个外边距，然后让浏览器用默认设置设定其他几个外边距。也可以将外边距应用于文字和其他元素。

示例代码如下。

  h4 { margin-top: 20px; margin-bottom: 5px; margin-left: 100px; margin-right: 55px }

设定外边距参数值最常用的方法是利用长度单位（px、pt 等），也可以用比例值设置外边距。

将外边距值设为负值，就可以将两个对象叠在一起。例如，把下边距设为–55px，右边距为 60px。

5. 四边的外边距属性 margin

margin 属性用于设置元素四边的外边距，本属性是复合属性。

语法：**margin: auto | length | 百分比 | inherit**

参数：同 margin-top。

【说明】如果提供全部 4 个参数值，将按上、右、下、左的顺序作用于四条边。如果只提供一个，将用于全部的四条边。如果提供两个，第一个用于上、下，第二个用于左、右。如果提供三个，第一个用于上，第二个用于左、右，第三个用于下。每个参数中间用空格分隔。

示例代码如下。

  body { margin: 20px 30px; }
  body { margin: 10.5%; }
  body { margin: 10% 10% 10% 10%; }

例如，要使盒子水平居中，需要满足两个条件：必须是块级元素；必须指定盒子的宽度（width）。然后将左、右外边距都设置为 auto，就可使块级元素水平居中。

  .header {width: 960px; margin: 0 auto; /*margin:0 auto 相当于 left:auto; right:auto*/
    left: auto; right: auto;}

行级元素是只有左、右外边距，没有上、下外边距的，所以尽量不要给行级元素指定上、下内外边距。

【例 6-3】 CSS 外边距属性示例。本例文件 6-3.html 的代码如下，在浏览器中显示的效果如图 6-5 所示。

```
<!DOCTYPE html>
<html>
    <head>
        <meta charset="utf-8">
        <title>CSS 外边距</title>
        <style type="text/css">
            h3.title { margin-top: 20px; margin-right: 30px; margin-bottom: 50px;
                margin-left: 20px; background-color: coral;}
            .box { width: 200px; height: 80px; margin: 0.6cm; background-color: aqua;}
        </style>
    </head>
    <body>
        <h3>CSS 外边距属性</h3>
        <hr>
```

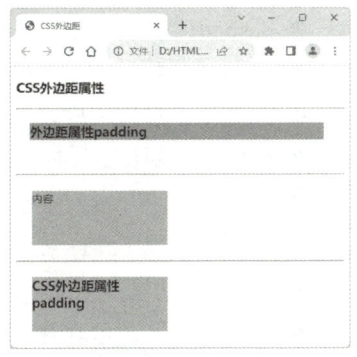

图 6-5　外边距属性

```
            <h3 class="title">外边距属性 padding</h3>
            <hr>
            <p class="box">内容</p>
            <hr>
            <h3 class="box">CSS 外边距属性 padding</h3>
        </body>
    </html>
```

6.2.3 CSS 边框属性 border

CSS 边框可以围绕元素的内容和内边距，设置其样式、宽度（粗细）和颜色。

1．边框的样式属性 border-style

边框的样式属性 border-style 是一个关键属性。若没有样式，则无边框，进而没有其宽度和颜色。它具有以下属性：border-top-style、border-right-style、border-bottom-style、border-left-style。可以分别设置元素的上、右、下、左边框的样式。还可以使用 border-style 属性统一设置四条边的样式。

语法：**border-top-style | border-right-style | border-bottom-style | border-left-style | border-style : none | hidden | dotted | dashed | solid | double | groove | ridge | inset | outset | inherit**

参数：边框样式值可取如下之一。

- none：默认值，无边框。
- hidden：隐藏边框，与 none 相同。在表格中，用于解决边框冲突。
- dotted：点线边框。
- dashed：虚线边框。
- solid：实线边框。
- double：双线边框，双线的间隔宽度等于指定的 border-width 值。
- groove：根据 border-color 值绘制的 3D 凹槽边框。
- ridge：根据 border-color 值绘制的 3D 凸槽边框。
- inset：根据 border-color 值绘制的 3D 凹入边框。
- outset：根据 border-color 值绘制的 3D 凸起边框。
- inherit：从父元素继承边框样式。

【说明】使用 border-style 属性时，若提供 4 个参数值，则它们将按上、右、下、左的顺序作用。只提供一个参数，则应用于所有四条边。提供两个参数值，第一个用于上、下，第二个用于左、右。提供三个参数，第一个用于上，第二个用于左、右，第三个用于下。参数之间用空格分隔。

要使用这些边框样式属性，必须先设定对象的 height 或 width 属性，或者设定 position 属性为 absolute。如果 border-width 不大于 0，本属性将失去作用。

示例代码如下。

```
.box { border-top-style: double; border-bottom-style: groove; border-left-style: dashed; border-right-style: dotted; }
```

2．边框的宽度属性 border-width

可以使用以下属性分别为元素设置各边的宽度：border-top-width、border-right-width、border-bottom-width、border-left-width，或使用 border-width 属性统一设置四条边的宽度。

语法：**border-top-width | border-right-width | border-bottom-width | border-left-width | border-width: medium | thin | thick | length | inherit**

参数：宽度的取值可以是系统定义的 3 种标准宽度，即 thin（小于默认宽度的细的宽度）、medium（默认宽度）、thick（大于默认宽度的粗的宽度）。还可以自定义宽度 length，但不可为负值。inherit 表示从父元素继承边框宽度。

【说明】参数的提供方式和应用逻辑都与 border-style 属性相同。

示例代码如下。

```
p { border-width:2px; } /*定义 4 个边都为 2px*/
p { border-width:2px 3px 4px; } /*定义上边为 2px，左、右边为 3px,下边为 4px*/
p { border-left-width: thin; border-left-style: solid; }
h1 { border-right-width: thin; border-right-style: solid; }
div { border-bottom-width: thin; border-bottom-style: solid; }
blockquote { border-style: solid; border-width: thin; }
.div { border-style: solid; border-width: 1px thin; }
```

3．边框的颜色属性 border-color

边框的颜色属性包括 border-top-color、border-right-color、border-bottom-color 和 border-left-color。可以分别设置元素的上、右、下、左边框的颜色。另外，使用 border-color 属性可以同时设置所有边的颜色。

语法：**border-top-color | border-right-color | border-bottom-color | border-left-color | border-color: color**

参数：color 指定边框的颜色，颜色值可以是颜色名、十六进制颜色值或 RGB 函数值。边框还支持 transparent（透明色），用于预留一个边框，以实现两种效果：一是与其他有边框的元素保持元素位置对齐；二是很容易实现一种焦点提醒的效果，例如鼠标指针移开时显示为普通文本，鼠标指针悬停时会出现红色边框提醒，提高用户体验。

【说明】使用 border-color 属性时，按照上、右、下、左的顺序为四条边提供参数。若提供一个参数，则应用于所有四条边。两个参数，第一个用于上、下，第二个用于左、右。提供三个参数，第一个用于上，第二个用于左、右，第三个用于下。参数之间使用空格分隔。要使用此属性，必须先设置元素的 height 或 width 属性，或将 position 属性设为 absolute。如果 border-width 为 0 或 border-style 设为 none，该属性将不起作用。

示例代码如下。

```
div{border-top-color:red;border-bottom-color:RGB(220,86,73);border-right-color:red;border-left-color:black;}
.box { border-color: #f00;border-style: outset;}
h1 { border-color: silver red RGB(220, 86, 73); }
p { border-color: #666699 #ff0033 #000000 #ffff99; border-width: 3px }
```

【例 6-4】CSS 边框属性示例。本例文件 6-4.html 的代码如下，在浏览器中显示的效果如

图 6-6 所示。

```
<!DOCTYPE html>
<html>
    <head>
        <meta charset="utf-8">
        <title>边框的样式属性</title>
        <style type="text/css">
            p { margin: 20px; /* 外边距为 20px */
                border-width: 5px; /* 边框宽度为 5px */
                border-color: #000000; /* 边框颜色为黑色 */
                padding: 5px; /* 内边距为 5px */
                background-color: #FFFFCC; /* 淡黄色背景 */ }
        </style>
    </head>
    <body>
        <!--下面为各种边框样式的示例-->
        <p style="border-style:none">无边框 none</p>
        <p style="border-style:hidden">隐藏边框，不显示边框 hidden</p>
        <p style="border-style:dotted">点线边框 dotted</p>
        <p style="border-style:dashed">虚线边框 dashed</p>
        <p style="border-style:solid">实线边框 solid</p>
        <p style="border-style:double">双线边框 double</p>
        <p style="border-style:groove">3D 凹槽边框 groove</p>
        <p style="border-style:ridge">3D 凸槽边框 ridge</p>
        <p style="border-style:inset">3D 凹入边框 inset</p>
        <p style="border-style:outset">3D 凸起边框 outset</p>
        <p style="border-style:inherit">从父元素继承边框样式 inherit</p>
    </body>
</html>
```

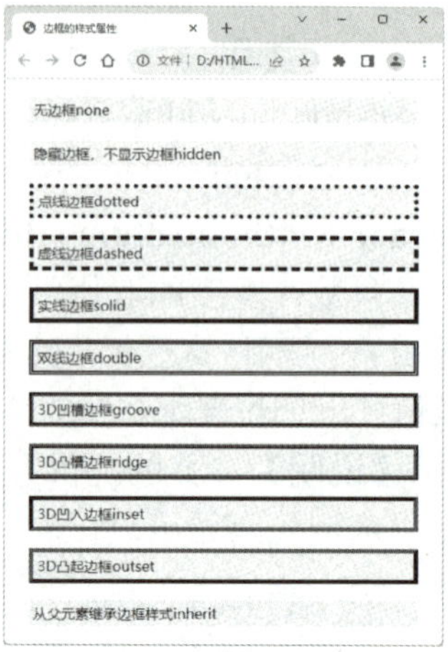

图 6-6　边框属性

4．边框复合属性 border

CSS 提供了一种方便的方式来一次性地为元素的四条边框设置边框宽度、样式和颜色。

语法：**border : border-width | border-style | border-color**

参数：border 是一个复合属性，可以将其 3 个子属性一起写在一个声明中，各个属性值之间用空格分隔，顺序并无特殊要求。可以省略 border-width 和 border-color，它们的默认值分别为 medium 和元素的当前文本颜色。

【说明】如果在 border 属性中只指定了一个或两个参数，那么未指定的参数将会采用其默认值，这可能会覆盖已经单独设置的同名属性的值。使用 border 属性之前，可能需要先为元素设定 height 或 width 属性，或者将 position 属性设为 absolute。

示例代码如下。

```
p { border: thick double yellow; }
blockquote { border: dotted gray; }
p { border: 25px; }
h1 { border: 2px solid red; }
```

div { border-bottom: 25px solid red; border-left: 25px solid yellow; border-right: 25px solid blue; border-top: 25px solid green; }

【例 6-5】 边框复合属性示例。本例文件 6-5.html 的代码如下，在浏览器中显示的效果如图 6-7 所示。

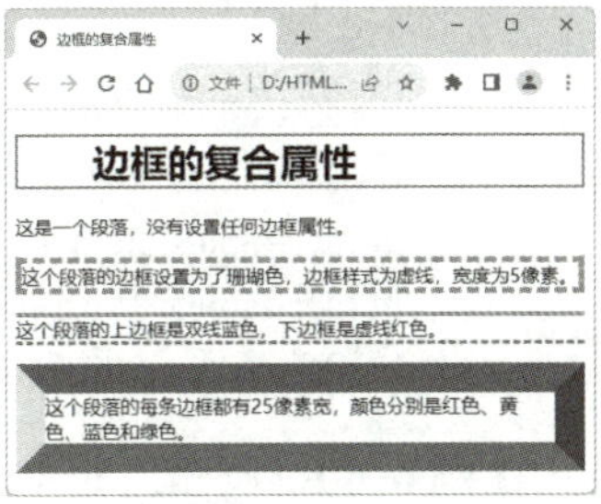

```
<!DOCTYPE html>
<html>
    <head>
        <meta charset="utf-8">
        <title>边框的复合属性</title>
        <style type="text/css">
            h1 { border: 2px solid red; text-indent: 2em;}
            .pa { border-bottom: red dashed 3px; border-top: blue double 3px;}
            .box { border-bottom: 25px solid red; border-left: 25px solid yellow;
                border-right: 25px solid blue; border-top: 25px solid green; }
        </style>
    </head>
    <body>
        <h1>边框的复合属性</h1>
        <p>这是一个段落，没有设置任何边框属性。</p>
        <p style="border: coral dashed 5px">这个段落的边框设置为了珊瑚色，边框样式为虚线，宽度为 5 像素。</p>
        <p class="pa">这个段落的上边框是双线蓝色，下边框是虚线红色。</p>
        <p class="box">这个段落的每条边框都有 25 像素宽，颜色分别是红色、黄色、蓝色和绿色。</p>
    </body>
</html>
```

图 6-7　边框复合属性

6.2.4　圆角边框属性 border-radius

CSS3 添加了圆角边框属性（border-radius）以实现圆角效果。可以为特定元素设置左上（border-top-left-radius）、右上（border-top-right-radius）、右下（border-bottom-right-radius）、左下（border-bottom-left-radius）角的圆角属性，也可以一次性使用 border-radius 设置所有 4 个角的圆角属性。

语法：**border-radius : none | length {1,4} [/ length {1,4}]**

参数：none 是默认值，表示元素没有圆角。length 是由浮点数和单位标识符组成的长度值，也可以是百分比，且不能为负值。{1,4}表示 length 可以是 1～4 的值，用空格隔开。如果在 border-radius 属性中只指定一个值，那么所有的角都将拥有相同的圆角。

此外，圆角边框属性可以包含两个参数值，第一个 length 值表示圆角的水平半径，第二个 length 值表示圆角的垂直半径，两个参数值用"/"隔开。如果只给定一个参数值，第二个值将默认与第一个值相同，这样生成的圆角是 1/4 的完全圆。如果任意一个 length 为 0，这个角就会变为直角。

以下是按照角度指定圆角大小的规则。
- 四个值：第一个值为左上角，第二个值为右上角，第三个值为右下角，第四个值为左下角。
- 三个值：第一个值为左上角，第二个值为右上角和左下角，第三个值为右下角。
- 两个值：第一个值为左上角与右下角，第二个值为右上角与左下角。

- 一个值：所有角的圆角大小相同。

示例代码如下。

```
border-radius: 10px;    /*一个数值表示 4 个角都是相同的 10px 的弧度*/
border-radius: 50%;     /*50%取宽度和高度一半，则会变成一个圆形*/
border-radius: 2em 4em;    /*左上角和右下角是 2em，右上角和左下角是 4em*/
border-radius: 10px 40px 80px;    /*左上角 10px，右上角和左下角 40px，右下角 80px*/
border-radius: 10px 40px 80px 100px;    /*左上角 10px，右上角 40px，右下角 80px，左下角 100px*/
```

【例 6-6】圆角边框属性示例。本例文件 6-6.html 的代码如下，在浏览器中显示的效果如图 6-8 所示。

```
<!DOCTYPE html>
<html>
    <head>
        <meta charset="utf-8">
        <title>圆角边框</title>
        <style type="text/css">
            .corner { background: yellow; border: 2px solid #32CD99;
                padding: 20px; margin: 5px; width: 150px; height: 100px; float: left;
            }
            .corner1 {
                background: #32CD99;
                background-image: url(images/sunshine.jpg);
                background-position: left top; background-repeat: repeat;
                padding: 20px; width: 150px; height: 100px; float: left;
            }
            .rounded-div{
                border:2px solid #a1a1a1; padding:10px 40px; background:#dddddd;
                width:300px; border-radius:25px; float: left;
            }
        </style>
    </head>
    <body>
        <p class="corner" style="border-radius: 25px;">指定相同的 4 个圆角</p>
        <p class="corner" style="border-top-right-radius:30px;border-bottom-left-radius: 50% 20px;">指定右上、左下圆角</p>
        <p class="corner1" style="border-radius: 2em 6em/3em 10em;">指定背景图片的圆角</p>
        <div class="rounded-div"><p>为元素添加圆角边框</p></div>
    </body>
</html>
```

图 6-8 圆角边框属性

6.2.5 盒模型的阴影属性 box-shadow

box-shadow 属性用于设置盒模型的阴影，可以添加一个或多个阴影。

语法：box-shadow: h-shadow v-shadow blur spread color inset

参数：属性值是用空格分隔的阴影列表，每 1 个阴影由 2～4 个长度值、可选的颜色值以及可选的 inset 关键词来规定。省略长度的值是 0。属性值需要设置 6 个属性值，见表 6-1。

表 6-1 box-shadow 属性值

属性值	描 述
h-shadow	必选。定义阴影在水平方向上的偏移距离。允许负值
v-shadow	必选。定义阴影在垂直方向上的偏移距离。允许负值
blur	可选。定义阴影的模糊距离
spread	可选。定义阴影的扩散范围。负值表示阴影的尺寸将缩小
color	可选。定义阴影的颜色
inset	可选。定义内阴影。默认情况下，阴影是向外的

如果需要设置多个阴影，使用逗号","分隔每个阴影值。

【例 6-7】 盒模型的阴影属性示例。本例文件 6-7.html 的代码如下，在浏览器中显示的效果如图 6-9 所示。

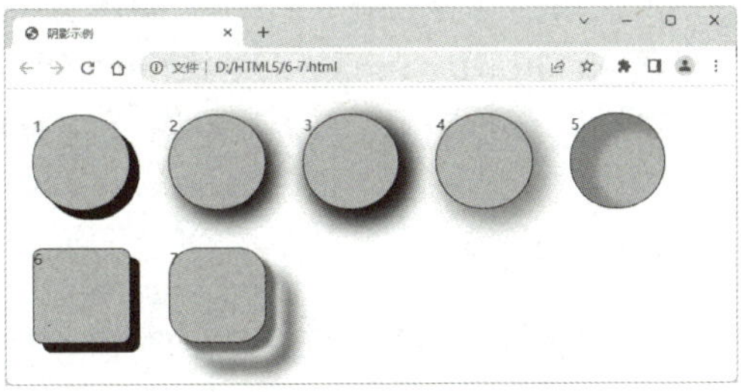

图 6-9 盒模型的阴影属性

```
<!DOCTYPE html>
<html>
    <head>
        <meta charset="utf-8">
        <title>阴影示例</title>
        <style type="text/css">
            div { margin: 20px; border: 1px solid; width: 100px; height: 100px;
                border-radius: 50px 50px/50px 50px;
                background-color: #70f3ff; float: left; }
            .box { border-radius: 30px;    /*1 个圆角边框*/
                box-shadow: 10px 10px 5px red, 20px 20px 10px yellow, 30px 30px 15px green; /*3 个阴影*/ }
        </style>
    </head>
    <body>
        <div style="box-shadow:10px 10px;">1</div>
        <div style="box-shadow:10px 10px 20px;">2</div>
        <div style="box-shadow:10px 10px 20px 5px;">3</div>
        <div style="box-shadow:10px 10px 20px 5px #999;">4</div>
        <div style="box-shadow:20px 10px 10px 10px #999 inset;">5</div>
        <br style="clear: both;">
        <div style="border-radius: 10px 10px/10px 10px; box-shadow: 10px 10px;">6</div>
        <div class="box">7</div>
    </body>
</html>
```

6.2.6 边框图像属性 border-image-*

在 CSS3 中，新增了边框图像属性来设定一个元素的图像边框。这个属性与 background-image 很相似，但 border-image-* 更为灵活，因为它可以通过代码控制边框背景的拉伸和重复。

边框图像属性包括 5 个子属性和 1 个简写属性，见表 6-2。

表 6-2　border-image-* 属性

属性值	描　述
border-image-source	定义用作边框的图像的路径，即图像 URL，采用 url() 作为它的值，本属性是唯一必需的
border-image-slice	定义如何裁切边框图像
border-image-width	定义边框图像的宽度
border-image-outset	定义边框图像区域超出边框盒的量
border-image-repeat	定义边框图像是否应重复（repeat）、拉伸（stretch）或铺满（round）
border-image	用于设置所有 border-image-* 属性的简写属性

（1）border-image-souce 属性

定义用作边框图像的路径，即图像 URL。

语法：border-image-source: url（绝对或相对地址）；

参数：属性值是 URL（绝对或相对地址），本属性指明边框图片的地址，本属性是唯一必需的。

示例代码如下。

　　　　border-image-source: url(images/poker.png);

（2）border-image-slice 属性

border-image -slice 属性指定图像的边界向内偏移量。

语法：border-image-slice: number | % | fill

参数：number 为数字，表示图像的像素（位图图像）或向量的坐标（如果图像是矢量图像）。% 为百分比，表示图像的大小是相对的，分别是水平偏移图像的宽度和垂直偏移图像的高度。fill 表示保留图像的中间部分。

此属性指定裁剪原始图片以获得边框的某部分，即裁剪位置，从顶部、右边、底部、左边缘的图像向内偏移，分为 9 个区域：4 个角、4 条边和中间，如图 6-10 所示。也就是说，想为元素添加心形图标的边框，如果只有一个心形，效果是无法实现的。必须拥有一张图片，其中心形图标的排列效果和预期的边框效果一致，这时才能剪裁图片，如图 6-10 所示。

图 6-10　图片分区

本属性最多接受 4 个不带单位的正数或者百分比，包括一个可选的 fill 关键字。这串数值遵循 CSS 方位规则，从原始图片的上部、右部、下部、左部按顺时针方向裁剪。如果缺少一个值，默认取对边的值。

属性值的初始值为 100%。本属性没有单位，默认单位是像素，可以使用百分比值。百分比值是相对于原始图像而言的。例如，一张大小为 200×100px 的原始图片，当 border-image-slice 属性值为 10% 时，每条边裁剪后的图像是 200px×10%=20px 和 100px×10%=10px，即 20 10 20 10。如果 border-image-slice 属性值是数值，表示按数值大小对原始图片进行裁剪。

默认舍弃原始图片的中心块。一旦使用了 fill 关键字，原始图片的中心块将作为该元素的背景。

当使用 border-image-slice 属性将图像按百分比或者数值裁剪后，就得到一定数量的图像，这些图像将被放置到边框背景上，这时图像很容易发生变形。

示例代码如下。

  border-image-slice: 10; /*距离上、下、左、右均为10px;*/
  border-image-slice: 10 20; /*距离上、下10px，左、右20px;*/
  border-image-slice: 10 30 20; /*距离上10px，下20px，左、右30px;*/
  border-image-slice: 10 30 20 40; /*距离上10px，右30px，下20px，左40px;*/
  border-image-slice: 25 11 fill;
  border-image-slice: 30% 30% 30% 30%;

（3）border-image-width 属性

本属性指定边框图像的宽度，包括上部、右部、下部、左部的边框图片宽度。

语法：**border-image-width: number | %**

参数：number 为数字，不带单位的正数，表示边框图像宽度的像素。%为百分比，表示图像宽度的大小是相对的，百分比数值与边框图片区域的大小有关，而无单位数值将与 border-width 相乘。按上、右、下、左的顺序提供，若缺少一个值，则取对边的值。

本属性的默认值为 1，所以若本属性值未设置，但该元素设置了 border 或 border-width 属性，边框图片会依照这两个属性值进行绘制。

auto 关键字可自动选择 border-image-slice 或 border-width 属性的值。

示例代码如下。

  border-image-width: 10 10 10 10;
  border-image-width: 20;

（4）border-image-outset 属性

border-image-outset 属性用于指定在边框外部绘制 border-image-area 的量。

语法：**border-image-outset: length | number**

参数：本属性值指定边框图像区域从边框盒子向外延伸的距离，默认值为 0。本属性接受最多 4 个为正的长度值或无单位数字。长度值即为向外延伸的确定距离，无单位数字则要与边框宽度相乘得到向外延伸距离。

如果第四个值被省略，它和第二个是相同的。如果也省略了第三个，它和第一个是相同的。如果也省略了第二个，它和第一个是相同的。不允许 border-image-outset 拥有负值。

示例代码如下。

  border-image-outset: 30 30;

（5）border-image-repeat 属性

border-image-repeat 属性用于设置重复图像的方式。

语法：**border-image-repeat: stretch | repeat | round**

参数：本属性指定边界图像中间部分（图像填充边框区域）的图像重复方式。各属性值如下。

stretch：默认值，图像会被拉伸以填充区域。

repeat：图像会被重复以填充区域。

round：图像会被重复，但会进行调整，图像会被重新缩放，然后填充区域。

可以为该属性指定最多两个值。如果只有一个值，在边框的竖直方向和水平方向均应用该值。如果指定了两个值，第一个值应用于边框水平方向，第二个值应用于边框竖直方向。

示例代码如下。

border-image-repeat: round;

（6）border-image 属性

border-image 属性是复合属性。

语法：**border-image: source slice width outset repeat**

参数：source 表示 border-image-souce 属性的值，slice 表示 border-image-slice 属性的值，width 表示 border-image-width 属性的值，outset 表示 border-image-outset 属性的值，repeat 表示 border-image-repeat 属性的值。对于 border-image 而言，border-image-souce 是唯一必需的参数。若无特殊指定，其他属性可为默认值。

可以使用 border-image 简写属性将所有这些值放在一起。示例代码如下。

border-image: url(images/poker.png) 30% 30% 30% 30% / 10px 10px 10px 10px stretch;

【例 6-8】图片边框属性示例。本例文件 6-8.html 的代码如下，在浏览器中显示的效果如图 6-11 所示。

```
<!DOCTYPE html>
<html>
    <head>
        <meta charset="utf-8">
        <title>图像边框</title>
        <style type="text/css">
            div { border: 15px solid transparent;width: 300px; padding: 10px 20px; }
            #round {border-image: url(images/poker.png) 30 30 round; }
            #stretch { border-image: url(images/poker.png) 30 30 stretch; }
        </style>
    </head>
    <body>
        <div id="round">图片铺满整个边框。</div>
        <br>
        <div id="stretch">图片被拉伸以填充该区域。</div>
        <p>使用的原始图片：</p>
        <img src="images/poker.png">
    </body>
</html>
```

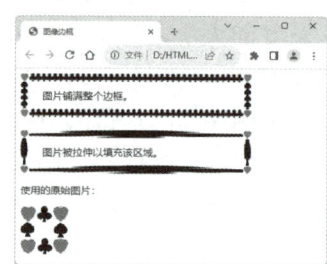

图 6-11　图片边框属性

【说明】本例中包含了两个 div，一个使用 round 重复方式，另一个使用 stretch 拉伸方式，展示了图片边框的效果。

6.2.7　CSS 轮廓属性 outline

轮廓（Outline）是绘制于元素周围的一条线，位于边框（Border）边缘的外围，覆盖在外边距（Margin）之上，如图 6-12 所示。轮廓的主要功能是突出显示元素，outline 属性指定元素轮廓的样式、颜色和宽度。轮廓不会占用页面实际的空间布局，它不像边框那样参与到文档流中，因此轮廓出现或消失时不会影响文档流，即不会导致页面的重新渲染。例如，当某元素（如文本

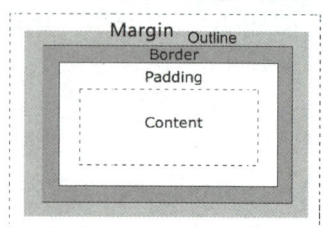

图 6-12　轮廓示意图

框）在浏览器中获得焦点时，会自动出现轮廓效果。

1．轮廓线条的颜色属性 outline-color

outline-color 属性用于设置元素的轮廓线条的颜色。

语法：**outline-color : color | invert | inherit**

参数：color 用于指定颜色。invert 是默认值，表示相对于背景色反转颜色，使得轮廓在不同的背景颜色中都是可见的。inherit 指定从父元素继承 outline-color 属性的设置。

示例代码如下。

```
img { outline-color: red; }
p { outline-color: #E9E9E9; }
```

2．轮廓线条的样式属性 outline-style

outline-style 属性用于设置元素的轮廓线条的样式。

语法：**outline-style : none | dotted | dashed | solid | double | groove | ridge | inset | outset | inherit**

参数：与边框样式属性值基本相同，但轮廓样式的属性值少了 hidden。

【说明】如果没有设置轮廓的样式，那么 outline-color 和 outline-width 属性的设置将没有效果。

示例代码如下。

```
img { outline-color: orange; outline-style: solid ; outline-width: medium ; }
```

3．轮廓线条的宽度属性 outline-width

outline-width 属性用于设置元素的轮廓线条的宽度。

语法：**outline-width : medium | thin | thick | length | inherit**

参数：medium 是默认宽度。thin 小于默认宽度。thick 大于默认宽度。Length 是由浮点数和单位标识符组成的长度值，不可为负值。inherit 从父元素继承 outline-width 属性的设置。

示例代码如下。

```
img { outline-color: orange; outline-style: solid ; outline-width: medium ; }
```

4．轮廓属性 outline

outline 是一个复合属性，用来在一个声明中设置所有的轮廓属性。

语法：**outline : outline-color   outline-style   outline-width   inherit**

参数：outline-color、outline-style、outline-width 这三个属性值用空格分隔。其中 outline-color 和 outline-width 可以省略。

【说明】轮廓绘制在边框的外侧，并且不一定是矩形。

示例代码如下。

```
img { outline: red; }
p { outline: double 5px; }
button { outline: #E9E9E9 double thin; }
a {outline: solid #ff0000; }
```

5．轮廓线条的偏移量属性 outline-offset

outline-offset 是 CSS3 中新增的一个属性，用于设置轮廓的偏移量。

语法：**outline-offset: length | inherit**

参数：length 表示轮廓与边框边缘的距离，即偏移量。inherit 从父元素继承 outline-offset 属性值。

规定边框边缘之外 15px 处的轮廓。示例代码如下。

```
div{ border: 2px solid black; outline: 2px solid red; outline-offset: 15px;}
```

【例 6-9】 轮廓属性示例 1。本例文件 6-9.html 的代码如下，在浏览器中显示的效果如图 6-13 所示。

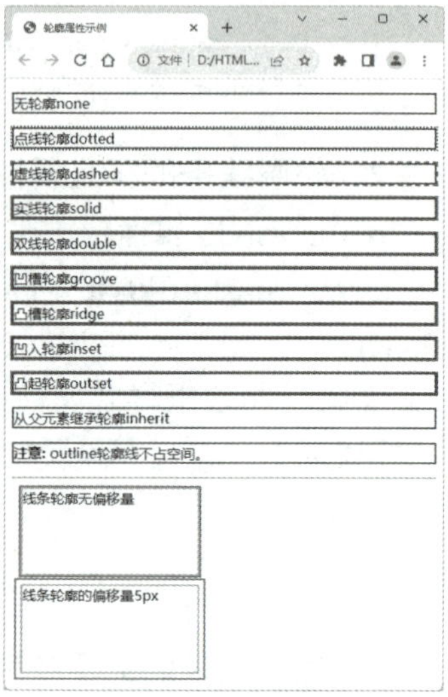

```
<!DOCTYPE html>
<html>
    <head>
        <meta charset="utf-8">
        <title>轮廓属性示例</title>
        <style type="text/css">
            p { border: blue solid 2px;outline-color: #FF0000; outline-width: 2px; }
            p.none {outline-style: none;}
            p.dotted {outline-style: dotted;}
            p.dashed {outline-style: dashed;}
            p.solid {outline-style: solid;}
            p.double {outline-style: double;}
            p.groove {outline-style: groove;}
            p.ridge {outline-style: ridge;}
            p.inset {outline-style: inset;}
            p.outset {outline-style: outset;}
            p.inherit {outline-style: inherit;}
            div.offset { width: 200px; height: 100px; margin: 10px; border: 2px solid cyan;
                outline: 2px solid red; }
        </style>
    </head>
    <body>
        <p class="none">无轮廓 none</p>
        <p class="dotted">点线轮廓 dotted</p>
        <p class="dashed">虚线轮廓 dashed</p>
        <p class="solid">实线轮廓 solid</p>
        <p class="double">双线轮廓 double</p>
        <p class="groove">凹槽轮廓 groove</p>
        <p class="ridge">凸槽轮廓 ridge</p>
        <p class="inset">凹入轮廓 inset</p>
        <p class="outset">凸起轮廓 outset</p>
        <p class="inherit">从父元素继承轮廓 inherit</p>
        <p><b>注意:</b> outline 轮廓线不占空间。</p>
        <hr>
        <div class="offset">线条轮廓无偏移量</div>
        <div class="offset" style="outline-offset: 5px;">线条轮廓的偏移量 5px</div>
    </body>
```

图 6-13　轮廓属性 1

【例 6-10】 轮廓属性示例 2。本例文件 6-10.html 的代码如下，在浏览器中显示的效果如图 6-14 所示。

```
<!DOCTYPE html>
<html>
    <head>
        <meta charset="utf-8">
        <title>轮廓属性</title>
        <style type="text/css">
            div {width: 100px; height: 100px;
                margin: 20px; background: lightgreen; }
            .box-outline { outline: 3px solid red; }
            .box-border { border: 3px solid blue; }
            .box { width: 100px; height: 100px;
                margin: 20px; background: lightgreen;outline: 3px solid red; border: 3px solid blue; }
            input { width: 180px; height: 25px; border-radius: 6px; outline: none;   /*取消焦点的轮廓线*/ }
        </style>
    </head>
    <body>
        <div class="box-outline">outline</div>
        <div class="box-border">border</div>
        <div class="box">border and outline</div>
        用户名：<input type="text" placeholder="请输入你的用户名">
        密码：<input type="password" placeholder="请输入你的密码">
    </body>
</html>
```

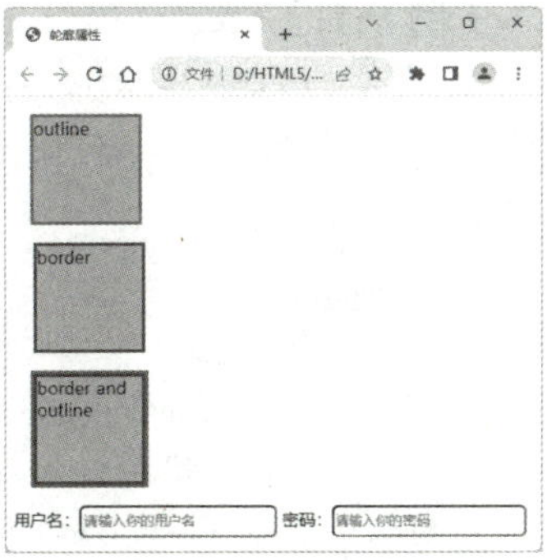

图 6-14　轮廓属性 2

轮廓（Outline）与边框（Border）的区别：

1）边框可应用于几乎所有有形的 HTML 元素，而轮廓是针对链接、表单控件和 ImageMap 等元素设计的。

2）轮廓和边框在视觉效果上一样，但是轮廓不占空间，边框占据空间。轮廓不会像边框那样影响元素的尺寸或者位置，不会增加额外的宽度或者高度，即不会导致浏览器渲染时出现回流（reflow）或是重绘（repaint）。

6.2.8　调整大小属性 resize

CSS3 增加了 resize 属性，用于设置一个元素是否可由浏览者通过拖动的方式调整元素的大小。

语法：resize: none | both | horizontal | vertical

参数：none 是默认值，表示用户无法调整元素的大小。both 允许用户调整元素的宽度和高度。horizontal 只允许用户调整元素的宽度。vertical 只允许用户调整元素的高度。

【说明】如果希望此属性生效，需要设置元素的 overflow 属性，值可以是 auto、hidden 或 scroll。

设置可以由浏览者调整 div 元素的大小的示例代码如下。

```
div{ resize: both; overflow: auto;}
```

【例 6-11】 resize 属性示例。本例文件 6-11.html 的代码如下，在浏览器中显示的效果如图 6-15 所示，用鼠标拖动边框的右下角的拖动柄可以改变大小。

```
<!DOCTYPE html>
<html>
    <head>
        <meta charset="utf-8">
        <title>resize 属性示例</title>
        <style type="text/css">
            div { border: 2px solid; padding: 10px 30px; width: 360px; overflow: auto; }
        </style>
    </head>
    <body>
        <div>resize 属性规定是否可由用户调整元素尺寸。</div>
        <hr>
        <div style="resize: both; cursor: se-resize;">可以调整宽度和高度</div>
        <hr>
        <div style="resize: horizontal; cursor: ew-resize;">可以调整宽度</div>
        <hr>
        <div style="resize: vertical;cursor: ns-resize;">可以调整高度</div>
    </body>
</html>
```

图 6-15 resize 属性

【说明】从图 6-15 可以看到，当运行上述代码后，浏览器将显示多个 div 元素，其中部分元素可以调整大小。可以看到定义了 resize 属性后，元素的右下角会出现拖动柄，用户可以通过拖动该拖动柄来改变元素的尺寸。

此外，在使用 resize 属性调整元素的尺寸时，建议配合 cursor 属性使用，通过相应的光标样式，来增强用户体验。例如，当 resize: both 时，使用 cursor: se-resize；当 resize: horizontal 时，使用 cursor: ew-resize；当 resize: vertical 时，使用 cursor: ns-resize。

6.3 CSS 布局属性

CSS 提供了多种属性，使得元素可以进行定位、浮动以及建立列式布局。

6.3.1 元素的布局方式概述

定位就是允许定义元素相对于其正常位置应该出现的位置，或者相对于父元素、另一个元素，甚至浏览器窗口本身的位置。

1. 一切皆为盒

div、h1 或 p 元素常常被称为块级元素。这意味着这些元素显示为一块内容，即"块盒子"

（或称块框）。与之相反，span、strong 等元素被称为行级元素，这是因为它们的内容显示在行中，即"行级盒子"（或称行级框）。可以使用 display 属性改变生成的盒子的类型。这意味着，通过将 display 属性设置为 block，可以让行级元素（比如 a 元素）表现得像块级元素一样。还可以通过把 display 设置为 none，让生成的元素根本没有盒子。这样的话，该盒子及其所有内容就不再显示，不占用文档中的空间。

在某些情况下，如在块级元素的开头添加文本，即使没有显式的定义，也会自动创建块级元素。例如，把一些文本添加到一个块级元素（比如 div）的开头。即使没有把这些文本定义为段落，它也会被当作段落对待。例如，在下面的代码中，some text 没有被定义成段落，但也会处理成段落。

```
<div>
    some text
    <p>Some more text.</p>
</div>
```

在这种情况下，这个盒子称为无名块盒，因为它不与专门定义的元素相关联。

块级元素的文本行也会发生类似的情况。假设有一个包含三行文本的段落。每行文本形成一个无名盒。无法直接对无名块或行盒应用样式，因为没有可以应用样式的地方（注意，行盒和行级盒是两个概念）。但是，这有助于理解在屏幕上看到的所有内容都形成某种盒。

2. CSS 定位机制

元素的布局方式也称 CSS 定位机制，CSS 有 3 种基本的定位机制：普通文档流、浮动和定位。

（1）普通文档流（简称普通流）

除非专门指定，否则所有盒都在普通流中定位。也就是说，普通流中的元素的位置由元素在 HTML 中的位置决定。文档中的元素按照默认的显示规则排版布局，即从上到下，从左到右。

块级盒独占一行，从上到下一个接一个排列，盒之间的垂直距离是由盒的垂直外边距计算出来的。

行级盒在一行中按照顺序水平布置，直到在当前行遇到了边界，则换到下一行的起点继续布置，行级盒内容之间不能重叠显示。行级盒在一行中水平布置，可以使用水平内边距、边框和外边距调整它们的间距。但是，垂直内边距、边框和外边距不影响行级盒的高度。

由一行形成的水平盒称为行盒（Line Box），行盒的高度总是足以容纳它包含的所有行级盒。不过，设置行高可以增加这个盒的高度。

（2）浮动

浮动（Float）可以使元素脱离普通文档流，CSS 定义的浮动的盒（块级元素）可以向左或向右浮动，直到它的外边缘碰到包含它的元素的边框，或者其他浮动盒的边框为止。

由于浮动盒不在文档的普通流中，所以对于文档的普通流中的块盒，表现得就像浮动盒不存在一样。

例如，如图 6-16a 所示，当把"盒子 1"向右浮动时，它将脱离文档流并且向右移动，直到它的右边缘碰到包含盒的右边缘，如图 6-16b 所示。

如图 6-17a 所示，当"盒子 1"向左浮动时，它将脱离文档流并且向左移动，直到它的左边缘碰到包含盒的左边缘。因为不再处于文档流中，所以它不占据空间，实际上覆盖住了"盒子 2",使"盒子 2"从视图中消失。

如图 6-17b 所示,如果把所有三个盒子都向左移动,那么"盒子 1"向左浮动直到碰到包含的盒子,另外两个盒子向左浮动直到碰到前一个浮动盒子。

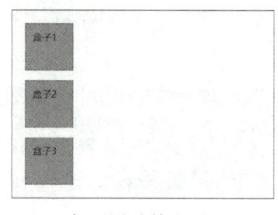

a) 不浮动的盒子　　　b) 盒子1向右移动

图 6-16　浮动 1

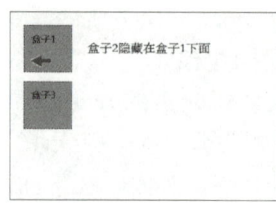

a) 盒子1向左浮动　　　b) 3个盒子都向左浮动

图 6-17　浮动 2

如图 6-18a 所示,如果包含的盒子太窄,无法容纳水平排列的三个浮动元素,那么其他浮动块将向下移动,直到有足够的空间。如果浮动元素的高度不同,那么当它们向下移动时可能被其他浮动元素"卡住",如图 6-18b 所示。

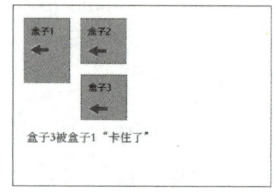

a) 3个盒子向左浮动　　b) 3个盒子都向左浮动被"卡住"

图 6-18　浮动 3

浮动元素会引起下面的问题:

1)父元素的高度无法撑开,影响与父元素的同级元素。

2)与浮动元素同级的非浮动元素(内联元素)会跟随其后。

3)若非第一个元素浮动,则该元素之前的元素也需要跟随其后,否则会影响页面的显示的结构。

(3)定位

直接定位元素在文档或在父元素中的位置,表现为漂浮在指定元素上方,脱离了文档流;元素可以重叠在一块区域内,按照显示的级别以覆盖的方式显示。

定位分为绝对定位、相对定位和固定定位。

3. 布局属性

CSS 布局属性(Layout Properties)是用来控制元素显示位置和文档布局方式的属性。按照功能可以分为如下三类。

- 控制浮动类属性,包括 float、clear 属性。
- 控制溢出类属性 overflow。
- 控制显示类属性,包括 display、visibility 属性。

6.3.2　CSS 浮动属性 float

有时,希望相邻的块级元素盒子能够左右排列(即所有盒子浮动),或希望一个盒子被另一个盒子中的内容所环绕(仅有一个盒子浮动),以达到图文混排的效果。此时,可以运用 float 属性使盒子浮动。

在 CSS 中,元素的浮动可以通过 float 属性实现。此属性定义元素浮动的方向。一旦元素被设置为浮动,无论该元素是行级元素还是块级元素,都会被视为块级盒,即 display 属性被设置为 block。

语法：**float : none | left |right | inherit**

参数：left 设置元素向左浮动。right 设置元素向右浮动。none 是默认值，元素不浮动，并按照文本中的位置显示。inherit 设置从父元素继承 float 属性的值。

【说明】如果一行的空间对于浮动元素来说太小，则该元素会移到下一行。这个过程会持续，直到找到有足够空间的行为止。

示例代码如下。

  img { float: right }

当元素在水平方向浮动时，该元素只能左右移动而不能上下移动。浮动元素会尽量向指定方向移动，直到其外边缘触及容器或另一个浮动元素的边框。其他元素会围绕这个浮动元素排布，而浮动元素前的元素则不受影响。例如，如果图像向右浮动，紧跟其后的文本会围绕其左侧；反之，则围绕在其右侧。

【例 6-12】浮动属性示例。本例文件 6-12.html 的代码如下，在浏览器中显示的效果如图 6-19 所示。

```
<!DOCTYPE html>
<html>
    <head>
        <meta charset="utf-8">
        <title>CSS 浮动</title>
        <style type="text/css">
            img { width: 100px; height: 60px; }
        </style>
    </head>
    <body>
        <p>这里是普通文档流演示文字<img src="images/sunflower.jpg" >这里是普通文档流演示文字…</p>
        <p>这里是浮动框外围的演示文字<img src="images/sunflower.jpg" style="float: left;">这里是浮动框外围的演示文字…</p>
        <p>这里是浮动框外围的演示文字<img src="images/sunflower.jpg" style="float: right;">这里是浮动框外围的演示文字…</p>
    </body>
</html>
```

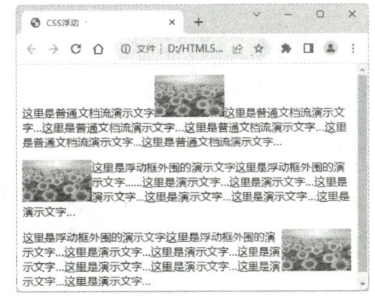

图 6-19　浮动属性

【说明】在第一段中，图片作为普通文档流的元素按顺序排列。而在第二段和第三段中，由于被设置为向左或向右浮动，使得图片脱离文档流并浮动至边界。浮动元素的存在不会影响文档的普通流，就好像浮动元素不存在一样。其他元素则会围绕浮动元素排列。因此，浮动元素可以实现文本环绕的效果，如图 6-20 所示。

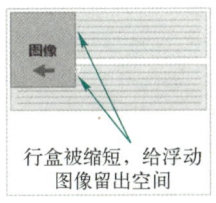

a) 不浮动的图像　　b) 图像向左浮动

图 6-20　浮动示意图

6.3.3　清除浮动属性 clear

在一个元素应用了浮动属性之后，周围的元素会重新排列来适应这个改变。如果希望阻止元素的行盒（line box）围绕浮动元素，就需要对该元素使用清除浮动（clear）属性，实际上这是对浮动属性的一种清除。

语法：**clear : none | left |right | both | inherit**

参数：none 是默认值，允许元素两侧都可以有浮动元素。left 不允许元素左边有浮动元素。right 不允许元素右边有浮动元素。both 两侧都不允许有浮动元素。inherit 规定元素应该从父元素继承 clear 属性的值。

示例代码如下。

    div { clear : left }

当元素应用浮动属性后，它会脱离常规的文档流，这会导致包含浮动元素的 div 盒子不再占据其应有的空间，如图 6-21 左图所示。为了让后续元素不受浮动元素的影响，需要在该元素内部的某个位置应用 clear 属性，以清除由 float 属性引起的浮动影响，如图 6-21 右图所示。

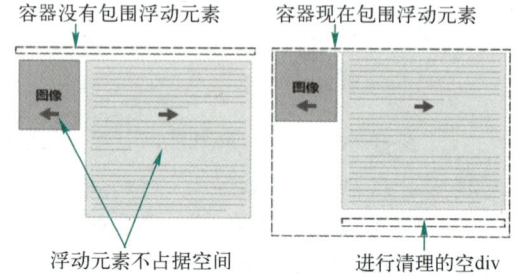

图 6-21　浮动和清除浮动

【例 6-13】　清除浮动属性示例。本例文件 6-13.html 的代码如下，在浏览器中显示的效果如图 6-22a 所示。

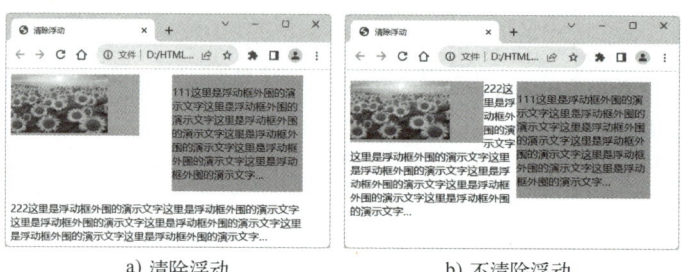

a）清除浮动　　　　　　　　b）不清除浮动

图 6-22　清除浮动属性

```
<!DOCTYPE html>
<html>
    <head>
        <meta charset="utf-8">
        <title>清除浮动</title>
        <style type="text/css">
            .box { width:450px; height: 200px; }
            .box_left { float: left; width: 200px; background: aquamarine; }
            .box_right { float: right; width: 200px; background: burlywood; }
            .clear { clear: both; }
        </style>
    </head>
    <body>
        <div class="box">
            <div class="box_left">
                <img src="images/sunflower.jpg" style="width: 150px;height: 90px;">
            </div>
```

```
            <div class="box_right">
                    <p>111 这里是浮动框外围的演示文字…</p>
            </div>
            <div class="clear"></div> <!--清除 float 产生的浮动-->
            <p>222 这里是浮动框外围的演示文字…</p>
        </div>
    </body>
</html>
```

【说明】如果删除<div class="clear"></div>中的 class="clear",网页的显示效果将如图 6-22b 所示。从这个比较中,可以清楚地看出清除浮动属性的重要性和作用。

6.3.4 裁剪属性 clip-path

clip-path 属性是 CSS3 中一个功能强大的属性,它可以将某个元素的显示区域剪裁成特定的形状。通常情况下,HTML 元素的显示区域是矩形,但使用 clip-path 属性后,可以创建出各种各样的形状,如多边形、圆形、椭圆形,甚至自定义的 SVG 路径等。使用这个属性需要一些图形基础和几何知识,但一旦掌握,就可以用它来创建很多酷炫的效果。

格式:**clip-path: none | <basic-shape> | <geometry-box> | <SVG-clipPath-element>**

参数:none 是默认值,表示没有剪裁。<basic-shape>用于定义一个基本的形状,可以是 circle()圆形、ellipse()椭圆形、inset()内嵌的矩形、polygon()多边形等。<geometry-box>用于定义一个几何盒子,可以是 border-box、padding-box、content-box、margin-box,或者 fill-box、stroke-box、view-box(这三个只能用于 SVG 元素)。<SVG-clipPath-element>是一个 URL,指向一个 SVG 的<clipPath>元素。

【说明】circle()创建一个圆形剪裁区域。ellipse()创建一个椭圆形剪裁区域。inset()创建一个矩形剪裁区域,可以设定上、下、左、右四个方向的偏移。polygon()创建一个多边形剪裁区域,接收一系列的坐标作为参数。url()使用定义在 SVG 中的剪裁路径。

使用 circle(),将元素剪裁成一个圆形,圆心位于元素的中心,半径为元素宽度的 50%。示例代码如下。

```
.clip-path-circle { clip-path: circle(50% at 50% 50%); }
```

使用 ellipse(),将元素剪裁成一个椭圆形,椭圆的中心位于元素的中心,横半径为元素宽度的 50%,纵半径为元素高度的 40%。示例代码如下。

```
.clip-path-ellipse { clip-path: ellipse(50% 40% at 50% 50%); }
```

使用 inset(),将元素剪裁成一个内嵌矩形,上、右、下、左四个方向的偏移量分别为元素高、宽的 10%、20%、30%、40%。示例代码如下。

```
.clip-path-inset { clip-path: inset(10% 20% 30% 40%); }
```

使用 polygon(),将元素剪裁成一个菱形,菱形的四个点分别位于元素的顶点、右中、底点、左中。示例代码如下。

```
.clip-path-polygon { clip-path: polygon(50% 0%, 100% 50%, 50% 100%, 0% 50%); }
```

使用 url()，假设已经在 SVG 中定义了一个剪裁路径：

```
<svg width="0" height="0">
    <clipPath id="svgPath">
        <path d="M0,0 L0,100 L100,100 L100,0 Z M25,25 L75,25 L75,75 L25,75 Z"/>
    </clipPath>
</svg>
```

然后在 CSS 中使用该路径。示例代码如下。

```
.clip-path-url { clip-path: url(#svgPath); }
```

这样就可以按照 SVG 中定义的路径对元素进行剪裁。

【例 6-14】 clip-path 属性在 CSS 中用于裁剪图像或其他 HTML 元素，本例将会创建一个形状为圆形的 HTML 元素。本例文件 6-14.html 的代码如下，在浏览器中显示的效果如图 6-23 所示。

```
<!DOCTYPE html>
<html>
    <head>
        <meta charset="utf-8">
        <title>clip-path 属性示例</title>
        <style>
            div {
                width: 200px;
                height: 200px;
                background-color: lightblue;
                clip-path: circle(50%);
            }
        </style>
    </head>
    <body>
        <div></div>
    </body>
</html>
```

图 6-23　裁剪属性

【说明】在此例中，创建了一个边长为 200px 的正方形 div，并设置 clip-path 裁剪出一个圆形。值 circle(50%)设置该圆的半径是其父元素宽度的 50%。将只能看到一个蓝色的圆形，因为剩余部分被 clip-path 裁剪掉了。

6.3.5　内容溢出时的显示方式属性 overflow

当元素盒子（框）的内容超过其指定的高度和宽度时，overflow 属性可以设置这种溢出的内容应该如何显示。例如，可以选择在元素盒子内添加滚动条或裁剪溢出的内容。

语法：**overflow: visible | auto | hidden | scroll | inherit**

overflow 属性有以下参数值。

visible：默认值。内容不被裁剪，超出的内容会显示在元素盒子之外。

auto：如果内容溢出，则裁剪内容并自动添加滚动条，以便查看完整内容。

hidden：超出的内容会被裁剪，裁剪部分不可见。

scroll：不论内容是否溢出，元素盒子总是显示滚动条。

inherit：从父元素继承 overflow 属性的值。

【说明】overflow 属性主要适用于已指定高度的块级元素。例如，对于 table，如果 table-layout 属性值为 fixed，那么 td 元素默认的 overflow 属性值是 hidden。当设置为 hidden、scroll 或 auto 时，超出 td 尺寸的内容会被裁剪；若设置为 visible，则会根据 direction 属性值，溢出的文本可能隐藏在右侧或左侧的其他单元格中。

示例代码如下。

```
body { overflow: hidden; }
div { overflow: scroll; height: 100px; width: 100px; }
```

【例 6-15】overflow 属性示例。本例文件 6-15.html 的代码如下，在浏览器中显示的效果如图 6-24 所示。

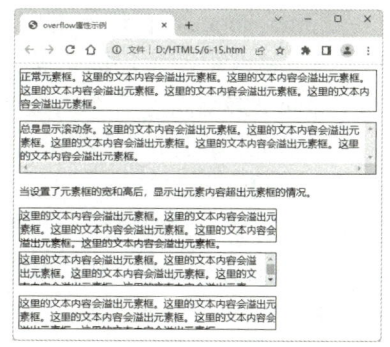

图 6-24 overflow 属性

```
<!DOCTYPE html>
<html>
    <head>
        <meta charset="utf-8">
        <title>overflow 属性示例</title>
        <style type="text/css">
            .div1 { border: 1px solid; }
            .div2 { border: 1px solid; width: 400px; height: 50px }
        </style>
    </head>
    <body>
        <div class="div1">正常元素框。这里的文本内容会溢出元素框。这里的文本内容会溢出元素框。这里的文本内容会溢出元素框。这里的文本内容会溢出元素框。这里的文本内容会溢出元素框。</div>
        <p></p>
        <div class="div1" style="overflow: scroll;">总是显示滚动条。这里的文本内容会溢出元素框。这里的文本内容会溢出元素框。这里的文本内容会溢出元素框。这里的文本内容会溢出元素框。这里的文本内容会溢出元素框。</div>
        <p>当设置了元素框的宽和高后，显示出元素内容超出元素框的情况。</p>
        <div class="div2">这里的文本内容会溢出元素框。这里的文本内容会溢出元素框。这里的文本内容会溢出元素框。这里的文本内容会溢出元素框。这里的文本内容会溢出元素框。</div>
        <p></p>
        <div class="div2" style="overflow: auto;">这里的文本内容会溢出元素框。这里的文本内容会溢出元素框。这里的文本内容会溢出元素框。这里的文本内容会溢出元素框。这里的文本内容会溢出元素框。</div>
        <p></p>
        <div class="div2" style="overflow: hidden;">这里的文本内容会溢出元素框。这里的文本内容会溢出元素框。这里的文本内容会溢出元素框。这里的文本内容会溢出元素框。这里的文本内容会溢出元素框。</div>
    </body>
</html>
```

6.3.6 元素显示方式属性 display

display 属性用于设置元素的显示方式。

语法：**display : none | block | inline | inline-block | table | inherit**

参数：none 设置该元素被隐藏起来，且隐藏的元素不会占用任何空间。这意味着该元素不仅会被隐藏，还会从页面布局中消失，不占用原本的空间。

block 设置该元素显示为块级元素。元素前后会有换行符，并可以设置其宽度、高度及上、右、下、左的内外边距。

inline 设置该元素显示为行级元素。元素前后没有换行符，并且无法设置其宽度、高度和内外边距。

inline-block 设置该元素显示为行级元素，但也具有块级元素的某些特性。允许设置其宽度和高度，同时保留了行级元素的不换行特性。

table 设置该元素作为块级的表格显示。关于表格元素显示方式的属性还有很多。

inherit 继承父元素的 display 设置。

【说明】在 CSS 中，可以摆脱 HTML 标签的分类（块级元素、行级元素），在不同的标签或元素上应用所需的属性。主要使用的 CSS 样式有以下 3 个。

- display: block：显示为块级元素。
- display: inline：显示为行级元素。
- display: inline-block：显示为行级块元素。例如，给 ul 元素应用 display: inline-block 样式，原本垂直排列的列表就可以水平显示。

示例代码如下。

```
img { disply: block; float:right; }
```

【例 6-16】display 属性示例。本例文件 6-16.html 的代码如下，在浏览器中显示的效果如图 6-25 所示。

```
<!DOCTYPE html>
<html>
    <head>
        <meta charset="utf-8">
        <title>display 属性</title>
        <style type="text/css">
            p { display: inline; }
            span { display: block; }
            span.inline_box { border: red solid 1px; display: inline-block; width: 200px; height: 50px;
                text-align: center; }
        </style>
    </head>
    <body>
        <p>display 属性的值为"inline"的结果，</p>元素前后没有换行符，
        <p>两个元素显示在同一水平线上。</p>
        <span>display 属性值为"block"的结果，</span>元素前后会有换行符，
        <span>可以设置它的宽度和上、右、下、左的内外边距。</span>
        <span class="inline_box">display 属性值为"inline-block"的结果，</span>但具有 block 元素的某些特性，
        <span class="inline_box">两个元素显示在同一水平线上。</span>
    </body>
```

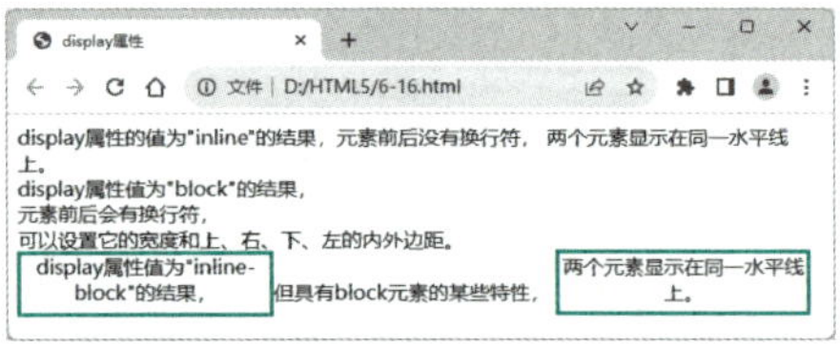

图 6-25　display 属性

```
</html>
```

6.3.7 元素可见性属性 visibility

visibility 属性用于设置一个元素是否显示。此属性与 display:none 属性不同，visibility: hidden 属性设置为隐藏元素后，元素占据的空间仍然保留，但 display:none 不保留占用的空间，就像元素不存在一样。

语法：**visibility : hidden | visible | collapse | inherit**

参数：hidden 设置元素隐藏。visible 设置元素可见。collapse 主要用来隐藏表格的行或列，隐藏的行或列能够被其他内容使用；对于表格外的其他对象，其作用等同于 hidden。inherit 继承上一个父元素的可见性。

【说明】如果希望元素为可见，其父元素也必须是可见的。visibility:hidden 可以隐藏某个元素，但隐藏的元素仍占用与未隐藏之前一样的空间。也就是说，该元素虽然被隐藏了，但仍然会影响布局。visibility 属性通常被设置成 visible 或 hidden。

当设置元素 visibility: collapse 后，一般元素的表现与 visibility: hidden 一样，即会占用空间。但如果该元素是与 table 相关的元素，例如 table row、table column、table column group、table column group 等，其表现却跟 display: none 一样，即其占用的空间会释放。不同浏览器对 visibility: collapse 的处理方式不同。

示例代码如下。

```
img { visibility: hidden; float: right; }
```

【例 6-17】 visibility 属性示例。本例文件 6-17.html 的代码如下，在浏览器中显示的效果如图 6-26 所示。

```
<!DOCTYPE html>
<html>
    <head>
        <meta charset="utf-8">
        <title>visibility 属性示例</title>
        <style type="text/css">
            h1.hidden { visibility: hidden; }
            h2.display { display: none; }
        </style>
    </head>
    <body>
        <h1>这是一个可见标题</h1>
        <h1 class="hidden">这是一个隐藏标题</h1>
        <p>注意，本例中的 visibility: hidden 隐藏标题仍然占用空间。</p>
        <h1 class="display">这个标题不被保留空间</h2>
        <p>注意，本例中的 display: none 不显示标题不占用空间。</p>
    </body>
</html>
```

图 6-26 visibility 属性

6.4 CSS 盒子定位属性

6.4 CSS 盒子定位属性

在前文中，已经介绍了基本的 CSS 盒模型，以及盒子在标准流中的相互关系。然而，如果仅依赖标准流来进行页面排版，那么排版将受到很大的限制。为了解决这个问题，CSS 的制定者提供了多种定位（Positioning）手段。

定位的核心思想其实非常简单，它允许开发者设定元素相对于其正常位置、父元素、其他元素，或是浏览器窗口的位置。通过 CSS 提供的一系列属性，不仅可以建立复杂的列式布局，还能使布局的某些部分与其他部分重叠。

6.4.1 定位位置属性 top、right、bottom、left

这四个属性用于确定元素的定位。

语法：**top:auto | length**
　　　right:auto | length
　　　bottom:auto | length
　　　left:auto | length

top：定义元素顶部与其定位对象顶部的距离。正数表示向下偏移，负数表示向上偏移。
right：定义元素右边与其定位对象右边的距离。正数表示向左偏移，负数表示向右偏移。
bottom：定义元素底部与其定位对象底部的距离。正数表示向上偏移，负数表示向下偏移。
left：定义元素左边与其定位对象左边的距离。正数表示向右偏移，负数表示向左偏移。
参数：auto 没有特殊的定位，元素会根据 HTML 的文档流布局进行位置分配。length 由数字和单位标识符组成的具体长度值或百分数。

【说明】在使用上述属性前，元素的 position 属性需要设为 absolute 或 relative，这样这些定位属性才会生效。同时，CSS 规定在同一元素上同时使用 left 和 right（或 top 和 bottom）时，将优先考虑 left 和 top 的值。

示例代码如下。

　　　　div{left:20px}

6.4.2 定位方式属性 position

position 属性用于设置元素的定位类型。
语法：**position: static | absolute | relative | fixed | sticky**
position 属性的参数值说明如下。
- static：这是默认值，没有定位。元素出现在正常的文档流中，不会应用 top、bottom、left、right 或 z-index 属性。
- absolute：生成绝对定位的元素。元素的位置相对于最近的已定位父元素；如果没有已定位的父元素，则相对于页面。元素的位置由 top、right、bottom、left 确定。该元素不占据空间，但可能与其他元素重叠。
- relative：生成相对定位的元素。元素位置相对于其正常位置进行定位，但仍然在文档流中。移动的距离由 top、right、bottom、left 确定。原本的位置保持不变。

- fixed：元素的位置相对于浏览器窗口是固定的，与文档流无关，不占据空间，可能与其他元素重叠。
- sticky：基于用户滚动位置进行定位。当滚动到特定位置时，它的行为就像 position: fixed，在该位置保持固定。需要指定 top、right、bottom 或 left 之一以使其生效。

注意：IE 和 Edge 15 及之前的版本不支持 sticky 定位。

【说明】这个属性定义了元素布局所采用的定位机制。任何元素都可以定位，但绝对或固定定位的元素会生成一个块级框，不管其原始类型是什么。相对定位元素则是相对于它在文档流中的默认位置进行偏移。

1. 静态定位

静态定位（position:static）是 position 属性的默认值。盒子按照标准流进行布局，即元素出现在文档的常规位置，不会重新定位。

【例 6-18】 静态定位示例。本例文件 6-18.html 的代码如下，在浏览器中显示的效果如图 6-27 所示。

```
<!DOCTYPE html>
<html>
    <head>
        <meta charset="utf-8">
        <title>静态定位</title>
        <style type="text/css">
            body { margin: 20px; }
            #father { background-color: #a0c8ff; border: 1px dashed #000000; padding: 10px; }
            #box1 { background-color: #fff0ac; border: 1px dashed #000000; padding: 20px; }
        </style>
    </head>
    <body>
        <h2>这是一个没有定位的标题</h2>
        <div id="father">
            <div id="box1">盒子 1</div>
        </div>
    </body>
</html>
```

图 6-27　静态定位

【说明】"盒子 1" 没有设置任何 position 属性，相当于使用静态定位方式，页面布局也没有发生任何变化。

2. 相对定位

使用相对定位的盒子会相对于自身原本的位置，通过偏移指定的距离，到达新的位置。要使用相对定位，需要将 position 属性值设置为 relative，并指定一定的偏移量。水平方向的偏移量由 left 和 right 属性指定，竖直方向的偏移量由 top 和 bottom 属性指定。

【例 6-19】 相对定位示例。本例文件 6-19.html 的代码如下，在浏览器中显示的效果如图 6-28 所示。

```
<!DOCTYPE html>
```

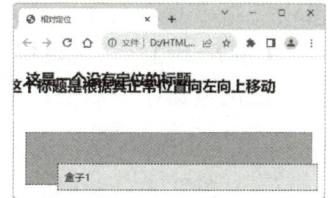

图 6-28　相对定位

```
            <html>
                <head>
                    <meta charset="utf-8">
                    <title>相对定位</title>
                    <style type="text/css">
                        body { margin: 20px; /*页面整体外边距为20px*/ }
                        #father { background-color: #a0c8ff; /*父容器的背景为蓝色*/
                            border: 1px dashed #000000; /*父容器的边框为1px 黑色虚线*/
                            padding: 10px; /*父容器内边距为10px*/ }
                        #box1 { background-color: #fff0ac;/*盒子背景为黄色*/
                            border: 1px dashed #000000; /*边框为1px 黑色虚线*/
                            padding: 10px; /*盒子的内边距为10px*/
                            margin: 10px; /*盒子的外边距为10px*/
                            position: relative; /*relative 相对定位*/
                            left: 30px; /*距离父容器左端30px*/
                            top: 30px; /*距离父容器顶端30px*/ }
                        h2.left_top { position: relative; /*relative 相对定位*/
                            top: -40px; left: -30px; }
                    </style>
                </head>
                <body>
                    <h2>这是一个没有定位的标题</h2>
                    <h2 class="left_top">这个标题是根据其正常位置向左向上移动</h2>
                    <div id="father">
                        <div id="box1">盒子 1</div>
                    </div>
                </body>
            </html>
```

【说明】
1）id="box1"的盒子使用相对定位方式定位，因此向下并且相对于初始位置向右各移动了 30px。
2）使用相对定位的盒子仍在标准流中，它对父容器没有影响。
3）即使相对定位元素的内容移动了，预留空间的元素仍会保留在正常文档流的位置。

3．绝对定位

使用绝对定位的盒子以它的最近的一个已经定位的祖先元素为基准进行偏移。如果没有已经定位的祖先元素，就以浏览器窗口为基准进行定位。

绝对定位的盒子从标准流中脱离，对其后的兄弟盒子的定位没有影响，其他的盒子就好像这个盒子不存在一样。原先在正常文档流中所占的空间会关闭，就好像元素原来不存在一样。元素定位后生成一个块级框，而不论原来它在正常流中生成何种类型的框。

【例 6-20】 绝对定位示例。本例文件 6-20.html 的代码如下，在浏览器中显示的效果如图 6-29 所示。

```
            <!DOCTYPE html>
            <html>
                <head>
```

图 6-29　绝对定位

```html
        <meta charset="utf-8">
        <title>absolute 绝对定位</title>
        <style type="text/css">
            h3 {position: absolute; left: 200px; top: 50px; }
        </style>
    </head>
    <body>
        <h3>这是一个绝对定位了的标题。标题放置距离左边的页面100px 和距离页面的顶部 150px 的元素。</h3>
        <p>用绝对定位,一个元素可以放在页面上的任何位置。</p>
        <p></p>
        <p></p>
        <div style="border: 3px solid blue; width: 100px;height: 100px;">蓝色的div 位于正常文档流中</div>
        <div style="border: 3px dotted red;width: 100px;height: 100px;position: absolute;top:100px; left: 50px;">红色的 div 脱离了文档流</div>
        <hr>
        <span>绿色 div 和粉色 div 都设置成绝对定位 div,但粉色 div 它的父元素是绿色 div,所以粉色 div 计算相对位置是根据绿色 div 的原点计算的</span>
        <div style="width: 200px;height: 200px;border: 3px dashed green;position: absolute;top:200px; left: 200px;">
            <div style="border: 3px double pink;width: 100px;height: 100px;position: absolute;top:30px; left: 30px;"></div>
        </div>
    </body>
</html>
```

4. 固定定位

固定定位其实是绝对定位的子类别,一个设置了 position:fixed 的元素是相对于视窗固定的,就算页面文档发生了滚动,它也会一直待在相同的地方。

【例 6-21】 固定定位示例。为了把固定定位展示得更加清楚,将"盒子 2"固定定位,并且调整页面高度使浏览器显示出滚动条。本例文件 6-21.html 的代码如下,在浏览器中显示的效果如图 6-30 所示。

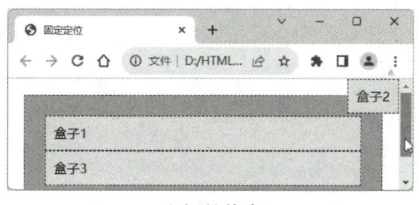

a) 初始状态　　　　　　　　　　　b) 向下拖动滚动条时的状态

图 6-30　固定定位

```html
<!DOCTYPE html>
<html>
<head>
    <meta charset="utf-8">
```

```
<title>固定定位</title>
<style type="text/css">
    body { margin: 20px; /*页面整体外边距为20px*/ }
    #father { background-color: #a0c8ff; /*父容器的背景为蓝色*/
        border: 1px dashed #000000; /*父容器的边框为1px 黑色虚线*/
        padding: 25px; /*父容器内边距为25px*/ }
    #box1 { background-color: #fff0ac; /*盒子的背景为黄色*/
        border: 1px dashed #000000; /*盒子的边框为1px 黑色虚线*/
        padding: 10px; /*盒子的内边距为10px*/
        position: relative; /*relative 相对定位 */ }
    #box2 { background-color: #fff0ac; /*盒子的背景为黄色*/
        border: 1px dashed #000000; /*盒子的边框为1px 黑色虚线*/
        padding: 10px; /*盒子的内边距为10px*/
        position: fixed; /*fixed 固定定位*/
        top: 0; /*向上偏移至浏览器窗口顶端*/
        right: 0; /*向右偏移至浏览器窗口右端 */ }
    #box3 { background-color: #fff0ac; /*盒子的背景为黄色*/
        border: 1px dashed #000000; /*盒子的边框为1px 黑色虚线*/
        padding: 10px; /*盒子的内边距为10px*/
        position: relative; /*relative 相对定位 */ }
</style>
</head>
<body>
    <div id="father">
        <div id="box1">盒子 1</div>
        <div id="box2">盒子 2</div>
        <div id="box3">盒子 3</div>
    </div>
</body>
</html>
```

5．粘性定位

对元素设置 position: sticky 后，浏览者滚动浏览器中的内容时，粘性定位的元素依赖于用户的滚动，在 position:relative 与 position:fixed 定位之间切换。

【例 6-22】粘性定位示例。本例文件 6-22.html 的代码如下，在浏览器中显示的效果如图 6-31 所示。

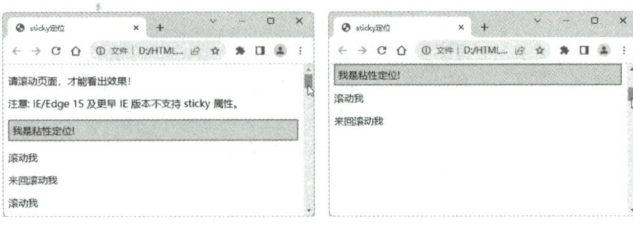

图 6-31　粘性定位

```
<!DOCTYPE html>
<html>
    <head>
        <meta charset="utf-8">
        <title>sticky 定位</title>
        <style type="text/css">
            div.sticky { position: -webkit-sticky; position: sticky; top: 0; padding: 5px;
```

background-color: #cae8ca; border: 2px solid #4CAF50; }
            </style>
        </head>
        <body>
            <p>请滚动页面，才能看出效果！</p>
            <p>注意: IE/Edge 15 及更早 IE 版本不支持 sticky 属性。</p>
            <div class="sticky">我是粘性定位!</div>
            <div style="padding-bottom:2000px">
                <p>滚动我</p>
                <p>来回滚动我</p>
                <p>滚动我</p>
                <p>来回滚动我</p>
                <p>滚动我</p>
                <p>来回滚动我</p>
            </div>
        </body>
</html>

6.4.3 层叠顺序属性 z-index

z-index 属性用于设置对象的层叠顺序。

语法：**z-index : auto | number**

参数：默认值是 auto，表示层叠顺序与其父元素相同。number 为无单位的整数值，可为负数，用于设置目标对象的定位顺序。数值越大，所在的层级越高，覆盖在其他层级之上。该属性仅在 position:absolute 时有效。

【说明】如果两个绝对定位对象的 z-index 属性具有相同的值，那么将依据它们在 HTML 文档中的声明顺序进行层叠。元素的定位与文档流无关，所以它们可以覆盖页面上的其他元素。z-index 属性指定了一个元素的层叠顺序（哪个元素应该放在前面或后面）。

当定位多个元素并将它们重叠时，可以使用 z-index 属性来设定哪一个元素应该出现在最上层。例如，下面的示例中，h2 元素的 z-index 值较高，所以它显示在 h1 元素的上面。

h2{ position: relative; left: 10px; top: 0px; z-index: 10}
h1{ position: relative; left: 33px; top: -35px; z-index: 1}
div { position:absolute; z-index:3; width:6px }

【例 6-23】z-index 属性示例。本例文件 6-23.html 的代码如下，在浏览器中显示的效果如图 6-32 所示。

<!DOCTYPE html>
<html>
    <head>
        <meta charset="utf-8">
        <title>z-index 示例</title>
        <style type="text/css">
            img { position: absolute;left: 0px; top: 0px; z-index: -1;width:150px; height:100px;

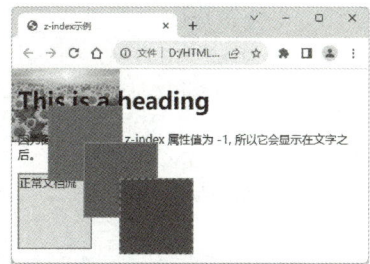

图 6-32 z-index 属性

```
                    div.box{ position: absolute;width: 100px; height: 100px; }
                </style>
            </head>
            <body>
                <h1>This is a heading</h1>
                <img src="images/sunflower.jpg">
                <p>因为图像元素设置了 z-index 属性值为 -1，所以它会显示在文字之后。</p>
                <div style="background-color: yellow; border: 2px solid #4CAF50;width: 100px;height: 100px;">正常文档流</div>
                <div class="box" style="z-index:0;background-color:red; border: 2px dotted #4CAF50; top: 50px;left: 50px;"></div>
                <div class="box" style="z-index:1;background-color:green; border: 2px double #4CAF50; top: 100px;left: 100px;"></div>
                <div class="box" style="z-index:2;background-color: blue; border: 2px dashed #4CAF50; top: 150px;left: 150px;"></div>
            </body>
        </html>
```

6.5 CSS3 多列属性

CSS3 的多列属性可以将文本内容设计成像报纸一样的多列布局。CSS3 的多列属性如下。

6.5.1 列数属性 column-count

column-count 属性用于设置元素被分割的列数。

语法：column-count: <integer> | auto

参数：默认值为 auto，列数会根据 column-width 自动分配宽度。integer 用整数值来定义列数，不允许为负值。

示例代码如下。

```
<style type="text/css">
    .newspaper { column-count:3; }
</style>
<body>
    <div class="newspaper">
        文字…
    </div>
</body>
```

6.5.2 列宽属性 column-width

column-width 属性用于设置元素每列的宽度。

语法：column-width: <length> | auto

参数：默认值是 auto，表示根据 column-count 分配宽度。
示例代码如下。

.newspaper {column-width:100px; column-count: 3; column-gap: 40px; column-rule-style: outset; column-rule-width: 1px; }

6.5.3 列宽属性 column

column 属性用于设置元素的列数和每列的宽度，是复合属性。
语法：**columns: [column-width] | [column-count]**
参数：与每个独立属性的参数相同。column-width 设置元素每列的宽度。column-count 设置元素的列数。
示例代码如下。

.newspaper { columns:100px 3; }

6.5.4 列之间的间隔属性 column-gap

column-gap 属性用于设置元素的列与列之间的间隙。
语法：**column-gap: <length> | normal**
参数：length 用长度值定义列与列之间的间隙，不允许负值。normal 值与 font-size 值相同，假设该对象的 font-size 为 16px，则 normal 值为 16px。
示例代码如下。

.newspaper { column-count:3; column-gap:40px; }

6.5.5 是否横跨所有列属性 column-span

column-span 属性用于设置元素是否横跨所有列。
语法：**column-span: none | all**
参数：none 表示不跨列。all 表示横跨所有列。
示例代码如下。

.newspaper { column-count:3; }
h2 { column-span:all; }

6.5.6 列间隔样式属性 column-rule-style

column-rule-style 属性用于设置元素的列与列之间间隔的样式。
语法：**column-rule-style: none | hidden | dotted | dashed | solid | double | groove | ridge | inset | outset**
参数：none 表示无轮廓，column-rule-color 与 column-rule-width 将被忽略。hidden 表示隐藏边框。dotted 表示点状轮廓。dashed 表示虚线轮廓。solid 表示实线轮廓。double 表示双线轮

廓，两条单线与其间隔的和等于指定的 column-rule-width 值。groove 表示 3D 凹槽轮廓。ridge 表示 3D 凸槽轮廓。inset 表示 3D 凹边轮廓。outset 表示 3D 凸边轮廓。

【说明】如果 column-rule-width 值为 0，本属性将失去作用。

示例代码如下。

.newspaper { column-count:3; column-gap:40px; column-rule-style:dotted; }

6.5.7 列之间间隔颜色属性 column-rule-color

column-rule-color 属性用于设置列与列之间间隔的颜色。

语法：**column-rule-color: <color>**

默认值：采用文本颜色。

【说明】如果 column-rule-width 值为 0 或 column-rule-style 值为 none，本属性将被忽略。

示例代码如下。

.newspaper { column-count:3; column-gap:40px; column-rule-style:outset; column-rule-color:#ff0000; }

6.5.8 列之间宽度属性 column-rule-width

column-rule-width 属性用于设置元素的列与列之间间隔的宽度。

语法：**column-rule-width: <length> | thin | medium | thick**

默认值：<length> 表示用长度值来定义边框的厚度，不允许负值。medium 表示默认厚度的边框。thin 定义比默认厚度细的边框。thick 定义比默认厚度粗的边框。

【说明】如果 column-rule-style 设置为 none，本属性将失去作用。

示例代码如下。

.newspaper { column-count: 3; column-gap: 40px; column-rule-style: outset; column-rule-width: 1px; }

6.5.9 列之间间隔所有属性 column-rule

column-rule 属性用于设置元素的列与列之间间隔宽度、样式、颜色，是复合属性。

语法：**column-rule: [column-rule-width] | [column-rule-style] | [column-rule-color]**

参数：与每个独立属性的参数相同。

column-rule-width 设置元素的列与列之间的间隔的宽度。

column-rule-style 设置元素的列与列之间的间隔的样式。

column-rule-color 设置元素的列与列之间的间隔的颜色。

示例代码如下。

.newspaper { column-count:3; column-gap:40px; column-rule:4px outset #ff00ff; }

【例 6-24】多列属性示例。本例文件 6-24.html 在浏览器中显示的效果如图 6-33 所示。具体代码请扫二维码。

【例 6-24】代码

图 6-33　多列属性示例

6.6　CSS 基本布局样式

在 Web 设计的早期阶段，网站通常采用表格布局，但这种方式现在已不再被推荐。Web 标准提倡将网页的内容与表现分离，同时要求 HTML 文档具有良好的结构，因此现在广泛采用的是符合 Web 标准的 DIV+CSS 布局方式。CSS 布局就是指通过 div 标签和 CSS 样式表代码设计制作的 HTML 网页。使用 DIV+CSS 布局的优点包括易于维护，有利于搜索引擎优化（Search Engine Optimization，简称 SEO），网页打开速度快，以及符合 Web 标准等。

在设计网页时，首先需要考虑的是版面布局，这与传统的报纸、杂志的编辑过程非常相似。可以将网页看作是一张报纸或者一本杂志，进行相应的排版布局。本节将首先介绍 CSS 布局类型，然后介绍常见的 CSS 布局样式。

6.6.1　CSS 布局类型

基本的 CSS 布局类型主要有固定布局和弹性伸缩布局两大类，弹性伸缩布局又分为宽度自适应布局、自适应式布局、响应式布局。

1. 固定布局（Fixed Layout）

固定布局是指页面的宽度固定，宽度使用绝对长度单位（px、pt、mm、cm、in），页面元素的位置不变，所以无论访问者的屏幕分辨率多大、浏览器尺寸是多少，都会和其他访问者看到的页面尺寸相同，网页布局始终按照最初写代码时的布局显示。常规的 PC 端网站都采用固定布局，如果小于这个宽度就会出现滚动条，如果大于这个宽度则内容居中，并在内容外加背景。固定布局也称为静态布局（Static Layout）。固定布局使用固定宽度的包裹层（Wrapper）或称为容器，内部的各个部分可以使用百分比或者固定的宽度来表示。这里最重要的是外面的所谓包裹层的宽度是固定不变的，所以不论访问者的浏览器的分辨率是多少，看到的网页宽度都相同。

2. 宽度自适应布局

宽度自适应布局（也称液态布局）是指在不同分辨率或浏览器宽度下依然保持满屏，不会出现滚动条，就像液体一样充满了屏幕。宽度自适应布局的宽度以百分比形式指定，文字使用 em。如果访问者调整浏览器窗口的宽度，网页的列宽也会跟着调整。

3．自适应式布局

自适应式布局是指使网页自适应地显示在不同大小的终端设备上，自适应需要开发多套界面，通过检测视口分辨率，来判断当前访问的设备是 PC 端、平板或手机，从而请求服务层，返回不同的页面。自适应式布局对页面做的屏幕适配是在一定范围的，比如 PC 端一般要大于 1024 像素，手机端要小于 768 像素。

4．响应式布局（Responsive Layout）

响应式布局是指同一页面在不同屏幕尺寸的终端上（各种尺寸的 PC、手机、平板计算机、智能手表等 Web 浏览器）下有不同的布局。响应式开发一套界面，通过检测视口分辨率，针对不同客户端在客户端做代码处理，来展现不同的布局和内容。响应式几乎已经成为优秀页面布局的标准。

6.6.2 CSS 布局样式

1．一栏（列）布局样式

常见的一栏布局有两种，如图 6-34 所示。

- 一栏等宽布局：header、content 和 footer 等宽的一栏布局。
- 一栏通栏布局：header 与 footer 等宽，content 略窄的一栏布局。

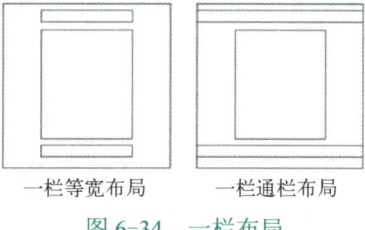

图 6-34　一栏布局

【例 6-25】 一栏等宽布局样式。对于一栏等宽布局，先通过对 header、content、footer 统一设置 width:960px 或者 max-width：960px（两者的区别是当屏幕小于 960px 时，前者会出现滚动条，后者则显示实际宽度），然后设置 margin:auto 实现居中即可得到，如图 6-35 所示。布局元素采用 HTML5 中新增的语义元素，代码请扫二维码。

【例6-25】代码

【例 6-26】 一栏通栏布局样式。对于一栏通栏布局样式，header、footer 的内容宽度不设置，块级元素充满整个屏幕，但 header、content 和 footer 的内容区设置同一个 width，并通过 margin:auto 实现居中，如图 6-36 所示。代码请扫二维码。

【例6-26】代码

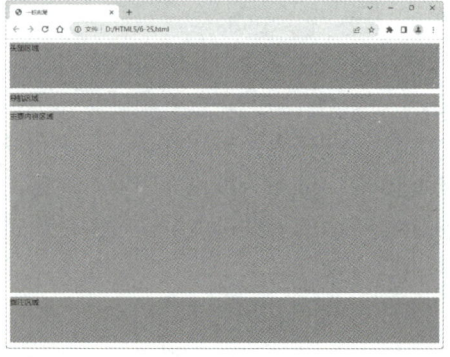

图 6-35　一栏等宽布局

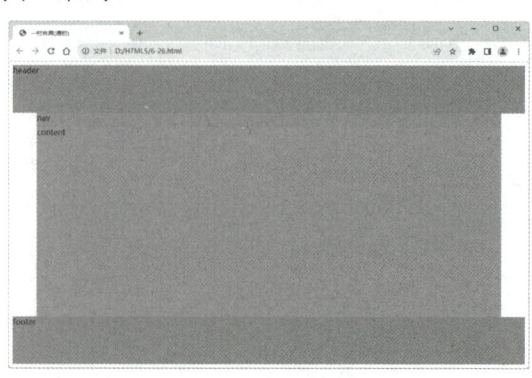

图 6-36　一栏通栏布局

2. 两栏布局样式

两栏布局样式的网页一般一边是主体内容，一边是目录，两栏布局有许多种实现方法。两栏布局通常一栏定宽，另一栏自适应宽度，这种方法称为 float+margin。这样的好处是定宽的一栏可以放置目录或广告，自适应的一栏可以放置主体内容。

【例 6-27】 一栏自适应的两栏布局样式。本例文件 6-27.html 在浏览器中显示的效果如图 6-37 所示。代码请扫二维码。

3. 三栏布局样式

三栏布局样式通常两侧栏固定宽度，中间栏自适应宽度。实现三栏布局有多种方式。三栏布局使用较为广泛，不过也是比较基础的布局方式。对于 PC 端的网页来说，三栏布局样式使用较多，但是移动端由于本身宽度的限制，很难实现三栏布局样式。

【例 6-28】 三栏布局。本例文件 6-28.html 在浏览器中显示的效果如图 6-38 所示。代码请扫二维码。

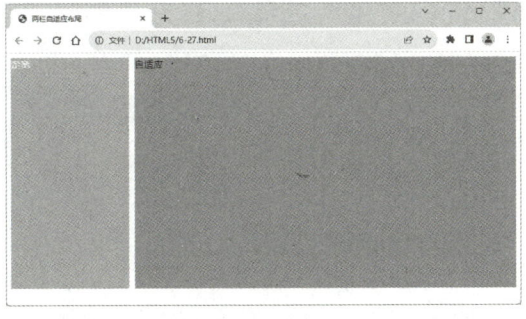

图 6-37　两栏布局

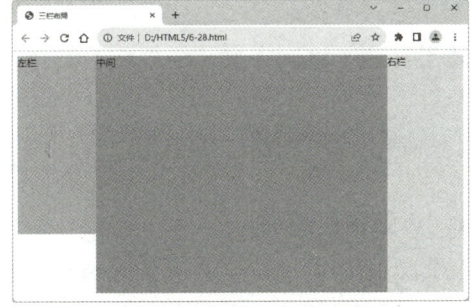

图 6-38　三栏布局

代码 display: flex 为弹性布局，即父容器能够调整子元素的宽度、高度。

4. 粘连布局样式

粘连布局样式的特点是有一个显示主要内容的 main 元素，当 main 元素的高度足够长的时候，footer 元素会跟在 main 元素的后面，如图 6-39 所示。当 main 元素的高度比较短的时候（比如小于屏幕的高度），footer 元素仍在屏幕的底部，好像"粘连"在屏幕的底部似的，如图 6-40 所示。

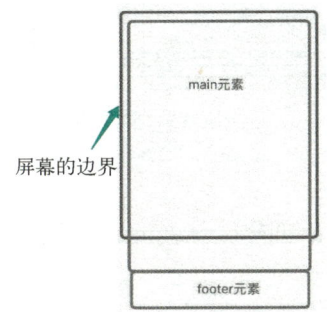

图 6-39　当 main 元素的高度足够长时

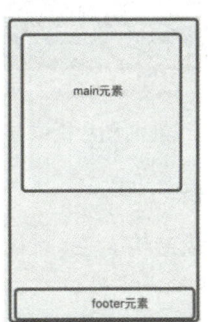

图 6-40　当 main 元素的高度比较短时

实现步骤如下。

1）footer 必须是一个独立的结构，与 wrap 没有任何嵌套关系。

2）通过设置 min-height，将 wrap 区域的高度变为视口高度。

3）footer 元素要使用负的 margin 值来确定自己的位置。

4）在 main 元素区域需要设置 padding-bottom。这也是为了防止 margin 值为负时导致 footer 元素覆盖任何实际内容。

【例 6-29】 粘连布局。本例文件 6-29.html 在浏览器中显示的效果如图 6-41 所示。代码请扫二维码。

【例6-29】代码

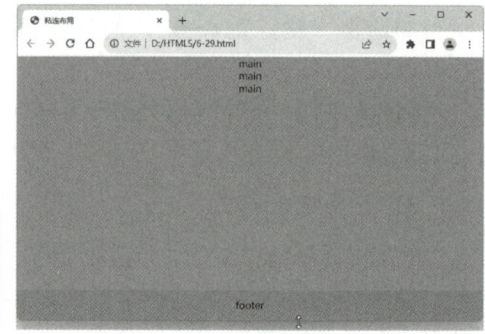

图 6-41 粘连布局

6.7 实训——制作社区网网页

本节介绍社区网主页几个板块的制作，重点练习 Div+CSS 布局页面的相关知识。

6.7.1 制作新闻图片页面

6.7.1 制作新闻图片页面

1. 页面布局规划

页面布局的首要任务是弄清网页的布局方式，分析版式结构，待整体页面搭建有明确规划后，再根据规划切图。本实训新闻图片板块页面显示如图 6-42 所示，页面布局示意图如图 6-43 所示。

图 6-42 新闻图片板块页面

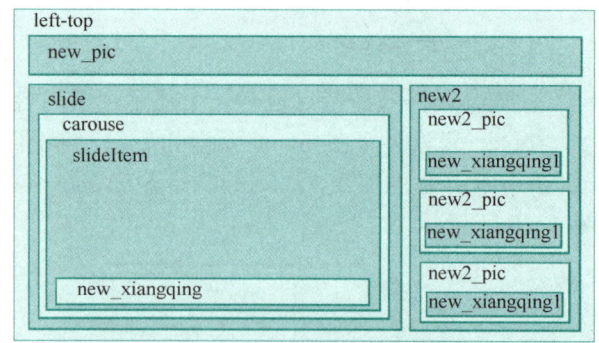

图 6-43 页面布局示意图

2. 前期准备

1）栏目目录结构。在栏目文件夹（D:\sunshine\）下创建文件夹 images 和 css，分别存放图像素材和外部样式表文件。

2）页面素材。将本页面需要使用的图像素材存放在文件夹 images 下。

3）外部样式表。在文件夹 css 下新建一个名为 public.css、index.css 的样式表文件。

3．编写代码

（1）页面结构代码

【实训 6-1】 制作位于网页左上部的新闻图片栏目。index_newspictures.html 的结构代码请扫二维码。

【实训6-1】

（2）public.css 样式文件

本样式文件是社区网所有网页都用到的公用样式，代码请扫二维码。

（3）index.css 样式文件

本样式文件是"index_newspictures.html"网页用到的样式，代码请扫二维码。

6.7.2　制作热点关注页面

6.7.2 制作热点关注页面

1．页面布局规划

热点关注板块页面的显示效果如图 6-44 所示，页面布局示意图如图 6-45 所示。

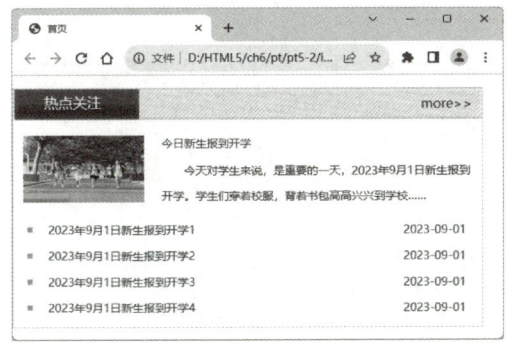

图 6-44　热点关注板块页面的显示效果

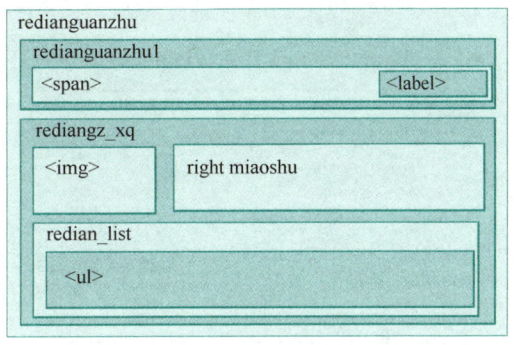

图 6-45　页面布局示意图

2．前期准备

与新闻图片板块相同。

3．编写代码

（1）页面结构代码

【实训6-2】

【实训 6-2】 热点关注板块 index_hotnews.html 的结构代码请扫二维码。

（2）public.css 样式文件

在新闻图片板块的基础上添加项目符号和超链接样式，代码请扫二维码。

（3）index.css 样式文件

本样式文件是 index_hotnews.html 网页用到的样式，代码请扫二维码。

习题 6

1．使用图文混排技术制作如图 6-46 所示的书城页面。

2. 使用盒模型技术制作如图 6-47 所示的抽象艺术页面。

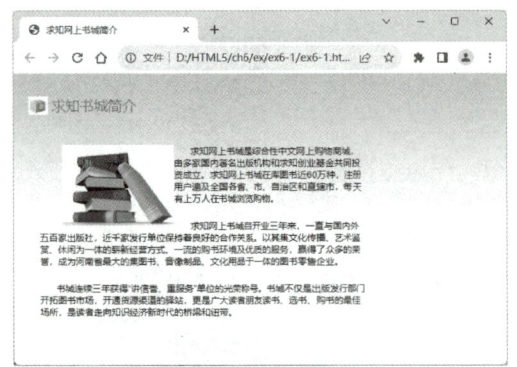

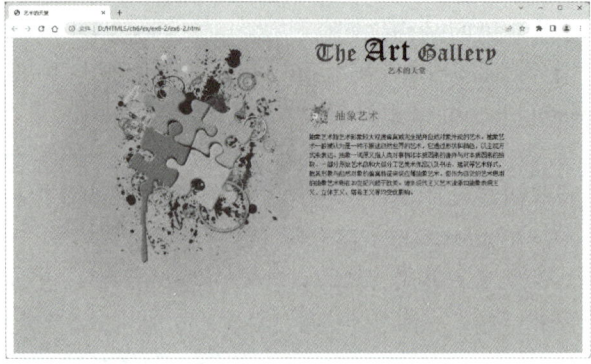

图 6-46　书城页面　　　　　　　　　　图 6-47　抽象艺术页面

3. 制作三行两列宽度固定布局，页面显示效果如图 6-48 所示。
4. 制作三行三列宽度固定布局，页面显示效果如图 6-49 所示。

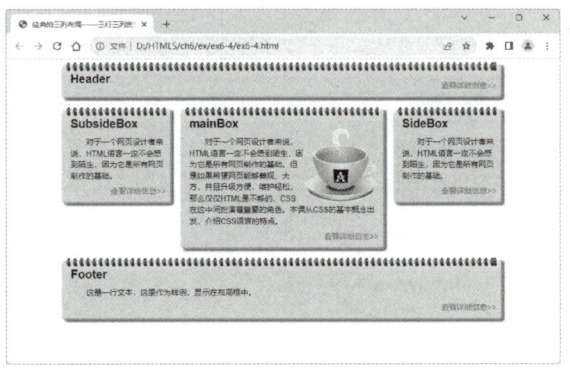

图 6-48　三行两列宽度固定布局的页面显示效果　　图 6-49　三行三列宽度固定布局页面显示效果

5. 使用 DIV+CSS 布局制作"电脑学堂"页面，如图 6-50 所示。
6. 使用 DIV+CSS 布局制作"美食之家"页面，如图 6-51 所示。

图 6-50　"电脑学堂"页面　　　　　　图 6-51　"美食之家"页面

7. 整合社区网中心内容的 4 个板块，如图 6-52 所示。
8. 整合社区网新闻、通告和登录 3 个板块，如图 6-53 所示。

第 6 章　CSS3 的盒模型

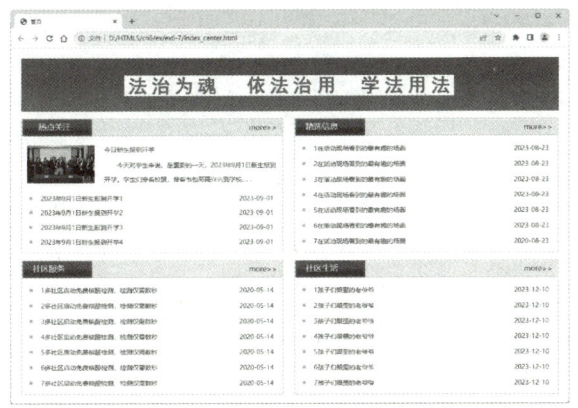

图 6-52　中心内容板块

图 6-53　新闻、通告、登录内容板块

第 7 章　JavaScript 语法基础

HTML 用于构建网页结构，CSS 用于控制和美化网页外观，而 JavaScript 则用于处理网页的交互行为和特效。JavaScript 是 Web 开发中不可或缺的一部分，所有的 HTML 网页都可以使用 JavaScript 来增强其交互性。

学习目标：理解 JavaScript 的数据类型，掌握流程控制、函数、对象和正则表达式，熟练使用浏览器的开发者工具调试 JavaScript 程序。

重点与难点：重点在于理解如何在 HTML 文档中使用 JavaScript、函数和对象，难点在于理解函数和对象的使用和设计。

素养目标：体会编程规范的重要性，培养责任感和自律性。

7.1　JavaScript 概述

脚本语言（Script Language）是一种解释型的计算机编程语言，它不具备开发操作系统的能力，主要用来编写控制其他大型应用程序的脚本（Script）。根据运行环境的不同，脚本语言可以分为服务器端脚本语言和客户端脚本语言。

客户端脚本语言主要用于响应用户操作、验证表单数据以及展示各种自定义内容，例如对话框、动画等。使用客户端脚本时，由于脚本程序会和网页一起下载到客户端，所以在处理用户操作或验证网页时，无须与服务器进行网络通信，降低了网络传输量和服务器负载，从而提高了系统性能。JavaScript（简称 JS）就是一种基于对象和事件驱动，可嵌入 HTML 文件，且具备良好安全性能的客户端脚本语言。以下是 JavaScript 脚本语言的主要特点。

1. 解释性

JavaScript 是一种解释语言，其源代码无须经过编译，直接在浏览器上运行时被解释执行。

2. 基于对象

JavaScript 是基于对象的语言，可以使用和创建各种对象，而许多功能则依赖于对象的方法和脚本的互动。

3. 事件驱动

JavaScript 与 HTML 之间的交互是通过事件来实现的。事件可以视为在 HTML 文档或浏览器窗口中发生的一些特定的交互瞬间，例如单击鼠标、移动窗口、选择菜单等。当一个事件发生时，它可以触发相应的事件处理程序并执行相关的脚本，这种机制被称为事件驱动。

4. 跨平台

JavaScript 依赖于浏览器，而不依赖于特定的操作系统或硬件环境。只要计算机上的浏览器支持 JavaScript，就可以正确执行 JavaScript 代码。

5. 安全性

JavaScript 是一种安全性较高的语言。它不允许访问本地的磁盘，不能将数据存入服务器上，不允许修改或删除网络文本，只能通过浏览器实现信息浏览或动态交互，以防止数据丢失或非法访问系统。

6．嵌入式

JavaScript 是一种嵌入式（Embedded）语言。它的核心语法相对较少，主要用于执行数学和逻辑运算。JavaScript 本身并不提供任何与 I/O（输入/输出）相关的 API，这些功能都需要依赖宿主环境（Host）提供。因此，JavaScript 适合嵌入更大型的应用程序环境，通过调用宿主环境提供的底层 API 来实现更多功能。目前，常见的嵌入 JavaScript 的宿主环境包括浏览器和 Node.js 等服务器环境。

一个完整的 JavaScript 实现包括三个部分：核心（ECMAScript）、文档对象模型（DOM）和浏览器对象模型（BOM）。

7.2 在 HTML 文档中使用 JavaScript

在 HTML 文档中使用 JavaScript 代码有 3 种方法：在 HTML 文档中嵌入脚本程序、链接脚本文件和在 HTML 标签内添加脚本。

可以使用任何可以编辑 HTML 文档的软件来编辑 JavaScript，本章和后续各章仍然使用 HBuilder X 编辑器。所有流行的浏览器都可以运行 JavaScript，本书使用 Google Chrome 浏览器。

7.2.1 在 HTML 文档中嵌入脚本程序

JavaScript 的脚本程序可以被包括在 HTML 中，使之成为 HTML 文档的一部分。其格式为：

```
<script type="text/javascript">
    JavaScript 语言代码;
    JavaScript 语言代码;
    ...
</script>
```

【说明】script 是脚本元素。它必须以<script type="text/javascript">标签开头，以</script>结束，界定程序开始的位置和结束的位置。

script 元素在页面中的位置决定了什么时候装载脚本，如果希望在其他所有内容之前装载脚本，就要确保脚本在页面的<head>...</head>标签之间。

JavaScript 脚本本身不能独立存在，它是依附于某个 HTML 页面，在浏览器端运行的。在编写 JavaScript 脚本时，可以像编辑 HTML 文档一样，在文本编辑器中输入脚本的代码。

注意：在<script language ="JavaScript">...</script>标签中的程序代码有大小写之分，例如将 document.write()写成 Document.write()，程序将无法正确执行。

【例 7-1】 在 HTML 文档中嵌入 JavaScript 的脚本。本例文件 7-1.html 的代码如下。

```
<!DOCTYPE html>
```

```
<html>
    <head>
        <meta charset="utf-8">
        <title>JavaScript 示例</title>
        <script type="text/javascript">
            document.write("Hello World!");
        </script>
    </head>
    <body>
    </body>
</html>
```

本例文件 7-1.html 在 HBuilder X编辑器中编辑，如图 7-1 所示。运行 7-1.html，在浏览器中显示的效果如图 7-2 所示。

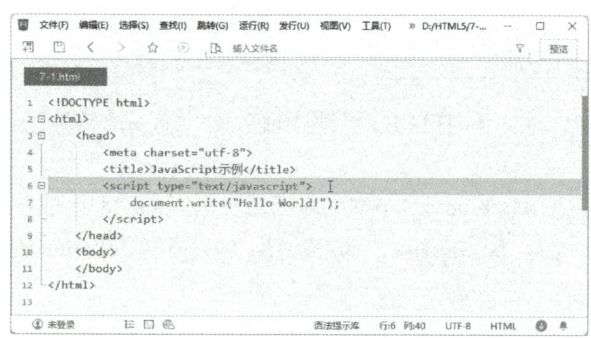

图 7-1　在 HBuilder X编辑器中编辑脚本程序

图 7-2　执行 JavaScript 的脚本

【说明】document.write()是文档对象的输出函数，其功能是将括号中的字符或变量值输出到窗口，如图 7-2 所示为浏览器加载时的显示结果。从本例可以看出，在用浏览器加载 HTML 文件时，是从文件头向后解释并处理 HTML 文档的。

7.2.2　链接脚本文件

如果已经存在一个脚本文件（以.js 为扩展名），则可以使用<script>标签的 src 属性引用外部脚本文件的 URL。采用引用脚本文件的方式，可以提高程序代码的利用率。其格式为：

```
<head>
    <script type="text/javascript" src="路径/脚本文件名.js"></script>
    ...
</head>
```

type="text/javascript"属性定义文件的类型是 javascript。src 属性定义.js 文件的 URL。如果使用 src 属性，则浏览器只使用外部文件中的脚本，并忽略任何位于<script>...</script>标签之间的脚本。

脚本文件可以用任何文本编辑器（如记事本、HBuilder X）打开并编辑，一般脚本文件的扩展名为.js，内容是脚本，不包含 HTML 标记。其格式为：

```
JavaScript 语言代码；   //注释
JavaScript 语言代码；
   ...
```

【例 7-2】 将例 7-1 改为链接脚本文件。本例文件 7-2.html 的代码如下。

```
<!DOCTYPE html>
<html>
    <head>
        <meta charset="utf-8">
        <title>JavaScript 示例</title>
        <script type="text/javascript" src="hello.js"></script>   <!--URL 为 hello.js-->
    </head>
    <body>
    </body>
</html>
```

脚本文件 hello.js 的内容为：

```
document.write("Hello World!");
```

本例文件 7-2.html 和 hello.js 都可以在 HBuilder X编辑器中编辑，如图 7-3 和图 7-4 所示。注意，在 HBuilder X 的"文件"菜单中"新建"js 文件后，不会自动保存，所以在运行前一定要手动保存该 js 文件，然后切换到 7-2.html 文件，执行"运行"。如果没有保存 js 文件，将无法显示 js 的运行结果。

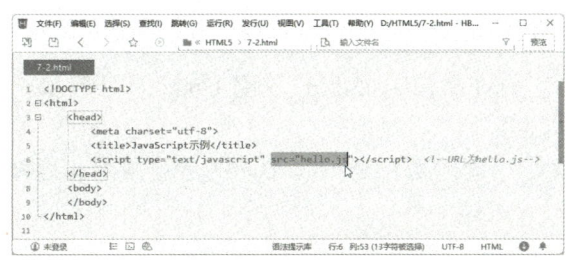

图 7-3　在 HBuilder X编辑器中编辑 html 文件

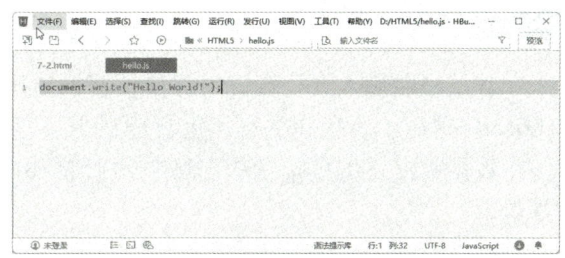

图 7-4　在 HBuilder X编辑器中编辑 js 文件

运行 7-2.html，在浏览器中显示运行结果与例 7-1 相同，显示的效果如图 7-2 所示。

7.2.3　在 HTML 标签内添加脚本

可以在 HTML 的标签内添加脚本，以响应产生的事件。其格式为：

```
<标签　属性="属性值"…　事件="JavaScript 语言代码;"></标签>
```

例如，a 元素的单击事件 onClick 执行 JavaScript 语言代码，其代码形式为：

```
<a href="#" onClick="JavaScript 语言代码;"> 热点文本 </a>
```

【例 7-3】 在标签内添加 JavaScript 的脚本。本例文件 7-3.html 的代码如下，在浏览器中显示的效果如图 7-5 和图 7-6 所示。

图 7-5　初始显示

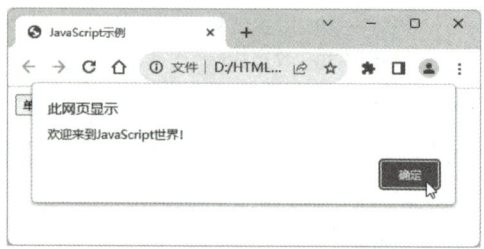

图 7-6　单击按钮后的运行结果

```
<!DOCTYPE html>
<html>
    <head>
        <meta charset="utf-8">
        <title>JavaScript 示例</title>
    </head>
    <body>
        <form>
            <input type="button" onClick="alert('欢迎来到JavaScript 世界！');" value="单击此按钮">
        </form>
        <p style="font:12pt; font-family:'黑体'; color:red; text-align:center">JavaScript 例子</p>
    </body>
</html>
```

7.3　数据类型

数据是能输入到计算机中并被计算机处理和加工的对象。JavaScript 使用 Unicode 字符集，Unicode 覆盖了所有的字符，包含标点符号等。

数据类型是编程语言中对数据进行描述的定义，不同的数据类型有不同的运算规则和处理方式。

7.3.1　数据类型的分类

JavaScript 语言中的每一个值都属于某一种数据类型。JavaScript 的数据主要分为以下两类。

1．基本数据类型

基本数据类型也称值类型、简单数据类型、原始类型，JavaScript 有 6 种基本数据类型，分别为 string（字符串）、number（数值）、boolean（布尔）、undefined（未定义）、null（空）以及 symbol（ES6 引入的一种新的基本数据类型，表示独一无二的值）。

2．引用数据类型

引用数据类型包括：object（对象）、array（数组）、function（函数）。

7.3.2　基本数据类型

1．string 类型

string（字符串）类型由 0 个或多个字符组成的一串序列，被双引号（"）或者单引号（'）

括起来。字符串可以包括 0 个或多个 Unicode 字符，用 16 位整数表示。string 类型是唯一没有固定大小的基本数据类型。

字符串中每个字符都有特定的位置，首字符的位置是 0，第二个字符的位置是 1，以此类推。字符串中最后一个字符的位置是字符串的长度减 1。使用内置属性 length 计算字符串的长度。

通过转义字符"\"可以在字符串中添加不可显示的特殊字符，例如\n（换行）、\f（换页）、\t（Tab 符）、\'（单引号）、\"（双引号）、\\（反斜线）等。

2. number 类型

与其他编程语言不同，在 JavaScript 中，number（数值）类型并不是分为整数类型和浮点型类型，所有的数值类型都是用 64 位浮点格式表示。无论什么样的数值类型，统一用 number 表示。

数值可以使用也可以不使用小数点来表示，例如 32、23.16。对于较大或较小的数值可用科学（指数）计数法表示，例如 132e5 表示 13200000，132e-5 表示 0.00132。对于精度，整数最多为 15 位，小数的最大位数是 17 位。

默认情况下，数值用十进制显示，可以使用 toString()方法显示为十六进制、八进制或二进制。toString()方法的语法格式为：

> **number.toString(radix)**

参数 radix 可选，表示数字的基数，是 2～36 之间的整数。若省略该参数，则使用基数 10。但是要注意，如果该参数是 10 以外的其他值，则 ECMAScript 标准允许实现返回任意值。

NaN（Not a Number）是代表非数值的特殊值，用于指示某个值不是数值。一般来说，这种情况发生在类型（string、boolean 等）转换失败时。例如，将字符串转换成数值就会失败，因为没有与之等价的数值。NaN 也不能用于算术计算。可以把 number 对象设置为该值，来指示其不是数值。使用 isNaN()全局函数来判断一个值是否是 NaN 值。

【例 7-4】string、number 类型示例，本例文件 7-4.html 的代码如下，在浏览器中显示的效果如图 7-7 所示。

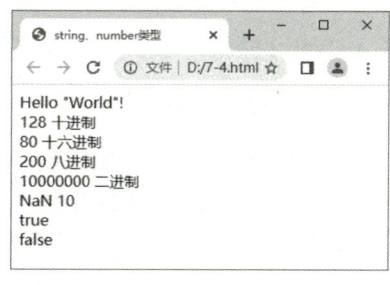

图 7-7　string、number 类型示例

```
<script type="text/javascript">
    var myString="Hello \"World\"! <br>"; //转义
    document.write(myString); //Hello "World"!
    var myNumber = 128; //128 十进制
    document.write(myNumber.toString() + ' 十进制<br>'); //128 十进制
    document.write(myNumber.toString(16) + ' 十六进制<br>'); //80 十六进制
    document.write(myNumber.toString(8) + ' 八进制<br>'); //200 八进制
    document.write(myNumber.toString(2) + ' 二进制<br>'); //10000000 二进制
    var x = 100 / "Abc";
    var y = 100 / "10";
    document.write(x,' ', y, '<br>'); //NaN 10
    document.write(isNaN(x) + "<br>" + isNaN(y));
</script>
```

3. boolean 类型

boolean（布尔、逻辑）类型只能有两个值：true 或 false。也可以用 0 表示 false，非 0 表示 true。该类型常用在条件测试中。例如，定义一个值为 true 的 boolean 类型的变量。

```
var bFlag = true;
if (bFlag)
    fFlag = false;
```

4. undefined 类型

undefined 类型只有一个值，即 undefined，表示没有定义。以下几种情况下会返回 undefined：

- 在引用一个定义过但没有赋值的变量时，返回 undefined。
- 在引用一个不存在的数组元素时，返回 undefined。
- 在引用一个不存在的对象属性时，返回 undefined。

由于 undefined 是一个返回值，所以可以对该值进行操作，例如输出该值或将其与其他值比较。

5. null 类型

null 类型只有一个值，即 null，表示没有任何值。可以通过将变量的值赋值为 null 来清空变量。

7.3.3 数据类型的判断

在 JavaScript 中，判断一个数据的类型主要有两种方式。

1. typeof 操作符

typeof 操作符是一个一元运算符，用于检测操作数的数据类型，其语法格式为：

    typeof operand

其中 operand 表示操作数，可以是任何有效的 JavaScript 值或变量或表达式。它返回一个字符串，表示 operand 的数据类型，字符串有："undefined"（值未定义）、"null"（值是 null）、"boolean"（值是布尔型）、"number"（值是数值型）、"string"（值是字符串型）、"object"（值是对象或 null，包括函数、数组和正则表达式）、"symbol"（值是 symbol 型）。

【例 7-5】 typeof 操作符示例，本例文件 7-5.html 在浏览器中显示的效果如图 7-8 所示。

```
<script type="text/javascript">
    document.write(typeof "Hello World!" + "<br>"); //string
    document.write(typeof 3 + "<br>"); //number
    document.write(typeof (3 * 2) + "<br>"); //number
    document.write(typeof false + "<br>"); //boolean
    document.write(typeof varX + "<br>"); //undefined
    document.write(typeof [1, 2, 3] + "<br>"); //object
    document.write(typeof {name: 'Tom',age: 18} + "<br>"); //object
    document.write(typeof null + "<br>"); //object
```

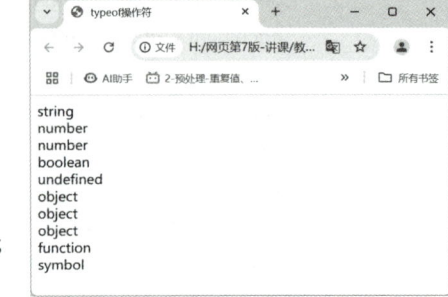

图 7-8 typeof 操作符示例

```
document.write(typeof function(){} + "<br>"); //function
document.write(typeof Symbol('symbol') + "<br>"); //symbol
</script>
```

2．instanceof 操作符

instanceof 操作符用于判断一个引用类型（值类型不能用）属于哪种类型。语法格式为：

引用类型的值或变量 instanceof 引用类型的名称

它有两个参数，即要检查的引用类型的值或变量和判断的引用类型的名称。该操作符的返回值是 boolean 类型（true 或 false）。

【例 7-6】 instanceof 操作符示例，判断 a 是否为数组类型的变量，本例文件 7-6.html 的代码如下，在浏览器中显示的效果如图 7-9 所示。

```
<script type="text/javascript">
    var a = new Array();
    if (a instanceof Array) {
        document.write("a 是一个数组类型");
    } else {
        document.write("a 不是一个数组类型");
    }
</script>
```

图 7-9　instanceof 操作符

7.3.4　数据类型的转换

在 JavaScript 中，数据可以从一种类型转换为另一种类型。常见的转换方法有两种：
- 使用 JavaScript 内置的函数进行显式类型转换。
- 让 JavaScript 自动进行隐式类型转换。

1．将数值类型转换为字符串类型

（1）使用全局函数 String()

String()函数可以将数值类型转换为字符串类型。其语法格式为：

String(表达式)

可以用于任何类型的数值、字符串、变量、表达式。

【例 7-7】 使用 String()函数的示例。本例文件 7-7.html 的代码如下，在浏览器中显示的效果如图 7-10 所示。

```
<script type="text/javascript">
    var x = 123;
    var s = String(x) + "<br>" +
        String(123) + "<br>" +
        String(100 + 200 * 3) + "<br>" +
        String("Hello " + 'World!') + "<br>";
    document.write(s);  // 输出：123  123  700  Hello World!
    document.write(typeof s);  // 输出：string
</script>
```

图 7-10　String()函数

（2）使用数值对象的 toString()方法

数值对象的 toString()方法也可以将数值类型转换为字符串。其语法格式为：

表达式.toString()

【例 7-8】 使用 toString()方法的示例。本例文件 7-8.html 的代码如下，显示结果与例 7-7 相同。

```
<script type="text/javascript">
    var x = 123;
    var s = x.toString() + "<br>" +
        (123).toString() + "<br>" +
        (100 + 200 * 3).toString() + "<br>" +
        ("Hello " + 'World!').toString() + "<br>";
    document.write(s);  // 输出：123   123   700   Hello World!
    document.write(typeof s);  // 输出：string
</script>
```

在 Number 对象中，也有多种将数值转换为字符串的方法。

2．将布尔值转换为字符串类型

全局函数 String()和 Boolean 对象的 toString()方法都可以将布尔值转换为字符串。例如：

```
String(true)          // 返回"true"
false.toString()      // 返回"false"
```

3．将字符串类型转换为数值类型

全局函数 Number()可以将字符串转换为数值。其语法格式为：

Number(字符串)

如果字符串代表的是数值，则转换结果为该数值，空字符串转换为 0，其他的字符串转换为 NaN。例如：

```
Number("12.35")       // 返回 12.35
Number(" ")           // 返回 0
Number("")            // 返回 0
Number("10 20")       // 返回 NaN
Number("12.35a")      // 返回 NaN
```

在 Number 对象中，还有其他将字符串转为数值类型的方法。

4．使用一元运算符+

一元运算符"+"可以将变量的值转换为数值类型。例如：

```
var x = "3";          // x 是一个字符串
var y = + x;          // y 是一个数值类型
```

如果变量不能转换为数值，结果将是 NaN（表示"非数字"），例如：

```
var x = "abc";        // x 是一个字符串
```

```
var y = + x;        // y 是一个数值类型（NaN）
```

5．将布尔值转换为数值类型

全局函数 Number()可以将布尔值转换为数值类型。例如：

```
Number(false)       // 返回 0
Number(true)        // 返回 1
```

6．自动转换类型

当 JavaScript 尝试操作一个"错误"的数据类型时，会自动转换为"正确"的数据类型，但输出的结果可能不是所期望的。例如：

```
3 + null            // 返回 3，null 转换为 0
"3" + null          // 返回"3null"，null 转换为字符串"null"
"3" + 1             // 返回"31"，1 转换为字符串"1"
"3" – 1             // 返回 2，字符串"3"转换为 3
```

7．自动转换为字符串

当尝试输出一个对象或一个变量时，JavaScript 会自动调用该对象的 toString()方法。

```
document.write(123);    // toString()被调用，输出："123"
```

7.4 标识符、变量和常量

7.4.1 标识符

程序由规定的标识符（Identifier）组成，这些标识符按照业务逻辑排列成字符序列。标识符是程序中使用的各种名称，如变量名、类名、方法名、文件名及其他具有特定含义的字符序列。标识符分为两大类：关键字标识符和用户标识符。

1．关键字标识符

关键字是 JavaScript 语言定义的，具有特殊功能和意义的词汇。因为这些关键字在 JavaScript 中有特定的作用，所以它们是被保留的，不能被用作其他标识符的名字。例如，var、break、if、else 等都是关键字。如果尝试使用这些关键字作为变量名或函数名，将会导致错误，例如"Identifier Expected"。

JavaScript 中的关键字，请扫二维码。

2．用户标识符

用户标识符是由程序员自定义的，可以用来为变量、函数等元素命名。标识符的命名需要遵循以下规则。

（1）标识符的命名规则

1）标识符由字母、数字、下画线组成。

2）标识符可以包括英文字母、数字及下画线"_"，但不能以数字开头。

3）以下画线开头的标识符可能有特殊含义。

4）标识符对大小写敏感，例如，MyName 与 myName 是两个不同的标识符。

5）关键字不能作为标识符。

6）应避免使用 JavaScript 的内置函数和对象名称作为用户标识符。

例如，userName、user_name、_sys_val 是合法的标识符，而 2mail、room#、$Name 和 class 是非法的标识符。

（2）标识符的命名规范

1）标识符应该是有意义的，可以通过名字直接知道其用途。使用英文缩写或汉语拼音是很好的选择。

2）推荐的命名方法有：

① Pascal 命名法（Pascal Case），也称大驼峰命名法（Upper Camel Case）：每一个单字的首字母都采用大写字母。例如 UserFirstName。

② Camel 命名法（Camel Case），也称小驼峰命名法（Lower Camel Case）：第一个单词的首字母小写，后续每个单词的首字母大写。例如 userFirstName。

③ 下画线命名法（Under Score Case）：用下画线"_"连接所有的单词。例如 user_first_name。

对于 JavaScript，建议变量采用 Camel 命名法并以名词结构命名，例如 userPassword；函数也可以采用 Camel 命名法，但以动宾结构命名，例如 getName()；常量使用全大写字母，并使用下画线连接，例如 MAX_COUNT=10。

7.4.2 字面常量

字面常量是一个值，如 3.14、100、"Hello"等。

1. 字符串（string）常量

使用单引号"'"或双引号""""括起来的 0 个或几个字符，如""、"123"、'abcABC123'、"This is a book of JavaScript"等。

2. 数值（number）常量

可以是整数或者是小数，或者是科学计数（e）。整型常量可以使用十进制、十六进制、八进制表示其值。实型常量由整数部分加小数部分表示。如 10、12.32、2.6e5 等。

3. 布尔（boolean）常量

布尔常量只有两个值：true 或 false。它主要用来说明或代表一种状态或标志，以说明操作流程。JavaScript 只能用 true 或 false 表示其状态，不能用 1 或 0 表示。

7.4.3 定义变量

程序运行过程中，其值可以改变的量叫变量。变量是一个名称，变量用来存放程序运行过程中的临时值，变量的值随时可以改变，变量可以通过变量名访问。程序中使用的变量，属于用户自定义标识符。任何一个变量必须先命名其名字，然后再赋值和引用。

1. 变量的声明

在 JavaScript 中创建变量通常称为"声明"变量。由于 JavaScript 采用弱类型的形式，因而变量不必首先声明，而是在使用或赋值时自动确定其数据的类型。但是，建议在使用变量之前先声明。可以通过 var 或 let 关键字对变量进行声明。对变量作声明的最大好处就是能及时发现代码中的错误。

变量的声明和赋值语句 var 或 let 的语法格式为：

[var | let]　变量名 1 [=值 1], 变量名 2 [=值 2] … ;

变量名就是变量的标识符。可以在声明变量时同时赋值，一个 var 或 let 可以声明多个变量，其间用"，"分隔变量。var 或 let 关键字可以省略。例如：

```
var username = "Bill", age = 18, gender = "male";
```

或者

```
let username = "Bill", age = 18;
let gender = "male";
```

如果在 var 或 let 语句中声明了某变量，但没有给该变量赋值，则其值默认为 undefined。

```
var x, y, z = 1; // x 和 y 的值是 undefined，z 的值为 1
```

如果重新声明某个变量，该变量的值不会丢失。例如：

```
var x=10; // 声明并给变量 x 赋值 10
var x; //声明变量 x，该值仍然是 10
```

2. 赋值运算符

变量可以在声明的同时赋值，也可在声明后赋值或者用新值替换原来的值，还可以不用 var 或 let 声明直接赋值（不推荐）。赋值运算符为"="，其语法格式为：

变量名 1=值 1, 变量名 2=值 2 … ;

例如，下面赋值语句。

```
var username , age; //声明变量，但没有为其赋值
username="Bill"; //给已经声明的变量赋值
age=18; //给已经声明的变量赋值
gender = "male"; //声明变量并赋值，省略了 var 或 let
```

变量的类型是在赋值时根据数据的类型来确定的，变量的类型有字符串型、数值型、布尔型等。赋值运算符还有+=、-=、*=、/=、%=。

【例 7-9】　声明变量、常量，并赋值的示例。本例文件 7-9.html 的代码如下，在浏览器中显示的效果如图 7-11 所示。

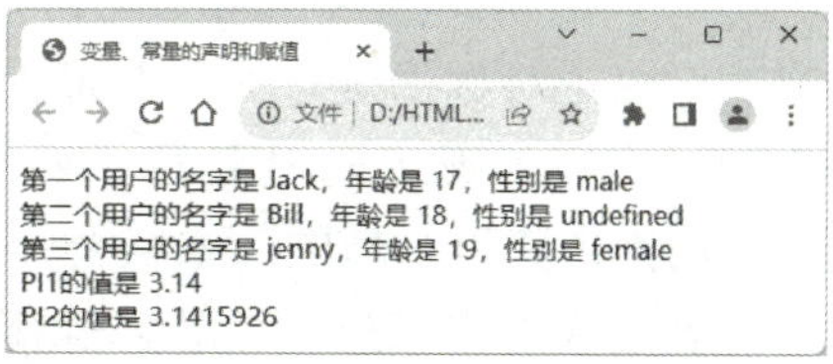

```
<script type="text/javascript">
    var　username1 = "Jack", age1 = 17, gender1 = "male";
```

图 7-11　变量、常量的声明和赋值

```
// 声明第一个用户并赋值
        let    username2 = "Bill", age2 = 18, gender2;  // 其中 gender2 只声明而没有赋值
        let    username3 = "jenny";
        var    age3 = 19;
        var    age3; //重新声明该变量
        gender3 = "female";
        const    PI1 = 3.14, PI2=3.1415926;  //声明常量并赋值
        // PI1 = 3.14159; // 这将会导致错误，因为 PI1 是一个常量，其值不能被改变
        // PI2 = 3.14;  // 这同样会导致错误，因为 PI2 是一个常量，其值不能被改变
        document.write("第一个用户的名字是  "+username1+"，年龄是  "+age1+"，性别是  "+gender1+"<br>");
        document.write("第二个用户的名字是  "+username2+"，年龄是  "+age2+"，性别是  "+gender2+"<br>");
        document.write("第三个用户的名字是  "+username3+"，年龄是  "+age3+"，性别是  "+gender3+"<br>");
        document.write("PI1 的值是  " + PI1 + "<br>");
        document.write("PI2 的值是  " + PI2 + "<br>");
    </script>
```

7.4.4 定义常量

常量是指一旦被赋值后就不能再次修改的固定值。在 JavaScript 中，定义常量的语法格式为：

const 变量名 1 =值 1 或表达式 1, 变量名 2=值 2 或表达式 2 … ;

当使用 const 关键字定义一个变量时，该变量的值就不能被重新赋值，该变量称为常量。不过，需要注意的是，如果该常量是一个对象或数组，其内部的属性或元素是可以被修改的。

例如：

```
const PI = 3.14;
PI = 3.14159; // 报错
```

但是，对于对象或数组：

```
const person = { name: 'John' };
person.name = 'Doe'; // 这是允许的
```

7.5 运算符和表达式

7.5 运算符和表达式

运算是对数据进行加工的过程，描述各种不同运算的符号称为运算符，而参与运算的数据称为操作数。表达式用来表示某个求值规则，它由运算符和配对的圆括号将变量、函数等对象，用操作数以合理的形式组合而成。

表达式可用来执行运算、操作字符串或测试数据，每个表达式都将产生唯一的值。表达式的类型由运算符的类型决定。

7.5.1 运算符和表达式的分类

1．算术运算符和算术表达式

JavaScript中的算术运算符有一元运算符和二元运算符。

二元运算符有：+（两值相加）、-（两值相减）、*（两值相乘）、/（两值相除）、%（两值取余数）。

一元运算符有：++（递加1）、--（递减1）。

算术表达式是由算术运算符和操作数组成的表达式，算术表达式的结合性为自左向右。例如，2+3，2-3，2*3-5，2/3，3%2，i++，++i，--i。

2．字符串运算符和字符串表达式

字符串运算符是"+"，用于连接两个字符串，形成字符串表达式。例如，"abc" + "123"。

3．比较运算符和比较表达式

比较（关系）运算符首先对操作数进行比较，然后再返回一个true或false值。有8个比较运算符，见表7-1。

表7-1 比较（关系）运算符

运算符	描述	运算符	描述
<	小于	==	等于
<=	小于或等于	===	绝对等于，值和类型均相等
>	大于	!=	不等于
>=	大于或等于	!==	不绝对等于，值和类型有一个不相等，或两个都不相等

关系表达式是由关系运算符和操作数构成的表达式。关系表达式中的操作数可以是数值型、布尔型、枚举型、字符型、引用型等。对于数值类型和字符类型，上述八种比较运算符都可以适用；对于布尔类型和字符串的比较运算符实际上只能使用==和!=。例如，2>3，2==3，2!=3，2+3<=2-3。

两个字符串值只有都为null，或者两个字符串长度相同且对应的字符序列也相同的非空字符串比较的结果才为true。

4．布尔运算符和布尔表达式

布尔运算符有：&&（与）、||（或）、!（非、取反）。

布尔表达式是由布尔运算符组成的表达式。布尔表达式的结果只能是布尔值，即true或false。布尔运算符通常和关系运算符配合使用，以实现判断语句。例如，2>3 && 2==3。

5．位运算符和位表达式

位运算符分为位逻辑运算符和位移动运算符。

位逻辑运算符有：&（位与）、|（位或）、^（位异或）、-（位取反）、~（位取补）。

位移动运算符有：<<（左移）、>>（右移）、>>>（右移，零填充）。

位运算表达式是由位运算符和操作数构成的表达式。在位运算表达式中，首先将操作数转换为二进制数，然后再进行位运算，计算完毕后，再将其转换为十进制整数。

6．条件运算符和条件表达式

条件运算符是三元运算符，其格式如下。

条件表达式？表达式 1：表达式 2

由条件运算符组成条件表达式。其功能是先计算条件表达式，如果条件表达式的结果为 true，则计算表达式 1 的值，表达式 1 为整个条件表达式的值；否则，计算表达式 2，表达式 2 为整个条件表达式的值。

条件表达式必须是一个可以隐式转换成 boolean 型的常量、变量或表达式，如果不是，则运行时发生错误。

表达式 1、表达式 2 就是条件表达式的类型，可以是任意数据类型的表达式。例如，求 a 和 b 中最大数的表达式 a>b？a：b。

7．运算符的优先顺序

通常不同的运算符构成了不同的表达式，甚至一个表达中包含有多种运算符，JavaScript 语言规定了各类运算符的运算顺序及结合性等，表达式的运算是按运算符的优先级进行的。下列运算符按其优先顺序由高到低排列如下。

1）小括号，从左到右。
2）自加、自减运算符：++、--，从右到左。
3）乘法运算符、除法运算符、取余数运算符：*、/、%，从左到右。
4）加法运算符、减法运算符：+、-，从左到右。
5）字符串运算符：+，从左到右。
6）位移动运算符：<<、>>、>>>，从左到右。
7）位逻辑运算符有：&、|、^、-、~，从左到右。
8）比较运算符，小于、小于或等于、大于、大于或等于：<、<=、>、>=，从左到右。
9）比较运算符，等于、不等于：==、===、!=、!==，从左到右。
10）布尔运算符，非、与、条件、或：!、&&、?:、||，从左到右。
11）赋值运算符：=、+=、*=、/=、%=、-=，从右到左。

可以用括号改变优先顺序，强令表达式的某些部分优先运行。括号内的运算总是优先于括号外的运算，在括号之内，运算符的优先顺序不变。

7.5.2 语句的书写规则

程序都是用语句来实现的，JavaScript 中的语句是指执行具体操作的指令，在输入时，每个语句行都以按〈Enter〉键结束。JavaScript 是一个轻量级，但功能强大的编程语言。其语法规则定义了语言结构。

1．语句

JavaScript 语句是发给浏览器的命令，语句的作用是告诉浏览器要做的事情。

分号用于分隔 JavaScript 语句，通常在每条可执行的语句结尾添加分号。使用分号的另一用处是在一行中编写多条语句。在 JavaScript 中，用分号来结束语句是可选的。

JavaScript 程序代码是 JavaScript 语句的序列。浏览器按照编写顺序依次执行每条语句。

简单的语句只有一行代码，在输入语句行时以〈Enter〉键结束。例如下面的语句：

    x = 3;

复杂的语句需要多行代码，在输入语句时每行仍然以〈Enter〉键结束。例如下面条件语句：

    if (x >= 0) {
        y = 1 + x;
    }else {
        y = 1 - 2 * x;
    }

代码块表示一系列按顺序执行的语句，代码块以左花括号（{）开始，以右花括号（}）结束。代码块的作用是一并执行语句序列。

JavaScript 语句通常以一个语句标识符为开始，并执行该语句。语句标识符是保留关键字不能作为变量名使用。

建立程序语句时必须遵从的构造规则称为语法。编写正确程序语句的前提，就是学习语言元素的语法，并在程序中使用这些元素正确地处理数据。

提示：JavaScript 是脚本语言。浏览器会在读取代码时，逐行地执行脚本代码。

2．语句的书写规则

在编写程序代码时要遵循一定的规则，这样写出的程序既能正确地运行，又能增加程序的可读性。

1）区分大小写。关键字、变量名、函数名等所有的程序代码都是区分大小写的。

2）使用分号（;）结束代码语句。虽然每个语句行结尾的分号（;）可有可无，建议语句都以分号作为代码语句的结束。

3）花括号表示代码块。代码块表示一系列按顺序执行的语句，这些语句被封装在左花括号（{）和右花括号（}）之间。结束的花括号应该独占一行。

4）空格。JavaScript 会忽略多余的空格。可以向脚本添加空格，来提高其可读性。例如，在运算符前后添加空格。

5）每行代码的长度不超过 120 字符，含空格字符，一行代码过长将会影响可读性。

6）对代码行进行折行。可以在文本字符串中使用反斜杠对代码行进行换行。例如，下面的例子会正确地显示：

    document.write("你好 \
    世界!");

不过，不能像这样折行：

    document.write \
    ("你好世界!");

7）同一行方法调用或者表达式换行时，一定要在一个运算符或标点后进行换行。

8）同一行方法调用或者表达式，换行后的另一行缩进 8 个空格。

9）表达式赋值语句换行，第二行要与等号后面的第一个变量对齐。

10）圆括号内挨着圆括号的地方不添加空格。

11）建议字符串统一使用双引号，如果字符串长度过长，则换行并使用"+"号进行字符串连接。

12）不要在同一行声明多个变量。

13）变量定义在变量声明时进行初始化，未初始化的变量放在声明语句的最后。例如：

　　var value = 10,
　　result = value + 10,
　　i, len;

14）比较运算使用===和!==，不要使用==和!=，避免类型转换时产生的错误。例如：

　　if(a === b)

15）三元运算符用来进行条件性的赋值，不要当作简写的 if 语句使用。示例如下。

　　var value = condition ? value1 : value2;

16）格式化处理。许多编辑器（HBuilder X、Visual Studio、Visual Studio Code 等）会按约定对语句进行简单的格式化处理，例如，自动缩进，在运算符前后加空格等。为了提高程序的可读性，可在代码中加上适当的空格，同时应按惯例处理字母的大小写。

7.6　流程控制

7.6 流程控制

JavaScript 脚本程序语言的基本程序结构也是顺序结构、条件选择结构和循环结构。

7.6.1　顺序结构

顺序结构一般由定义变量、常量的语句、赋值语句、输入输出语句和注释语句等构成。

1. 注释语句

注释用来解释程序代码的功能，可用于提高代码的可读性。注释不会被执行。注释语句有单行注释和多行注释之分。

单行注释语句的格式为：

　　// 注释内容

多行注释语句的格式为：

　　/* 注释内容
　　　 注释内容 */

2. 输出字符串

输出字符串的方法是利用 document 对象的 write()方法、window 对象的 alert()方法。

（1）用 document 对象的 write()方法输出字符串

document 对象的 write()方法的功能是输出内容到 HTML 文档中，字符串中可以包含

HTML 标签，输出标签的效果。其格式为：

document.write(字符串 1，字符串 2，…)；

注意：使用 document.write()时需谨慎，因为它会重写整个文档，可能导致已有的 JavaScript 失效。

（2）用 window 对象的 alert()方法输出字符串

window 对象的 alert()方法的功能是弹出一个提示对话框，并显示输出的字符串，该对话框包含一个"确定"按钮，单击"确定"按钮后浏览器才会继续解析执行。其格式为：

window.alert(字符串)；

可省略 window，直接使用 alert()。

【例 7-10】 alert()方法示例。本例文件 7-10.html 的代码如下，在浏览器中顺序运行显示的效果如图 7-12 所示。

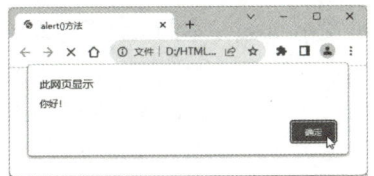 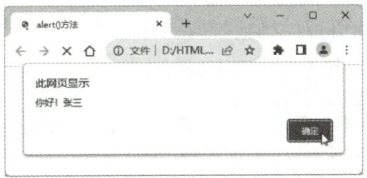 

图 7-12　alert()方法

```
<script type="text/javascript">
    alert("你好！"); //输出指定内容
    var msg = "你好！张三";
    alert(msg); //输出变量中的内容
    document.write("<strong>你好！<br>李四</strong>");
</script>
```

（3）使用 innerHTML 写入到 HTML 元素

使用 document 对象的 getElementById('id').innerHTML 向页面上有 id 的元素插入内容。格式为：

document.getElementById('id').innerHTML="被插入到页面元素的内容"；

【例 7-11】 使用 innerHTML 写入到 HTML 元素示例。本例文件 7-11.html 的代码如下，在浏览器中显示的效果如图 7-13 所示。

```
<!DOCTYPE html>
<html>
    <head>
        <meta charset="utf-8">
        <title>innerHTML 示例</title>
    </head>
    <body>
        <p>aaaaaaaaaa</p>
        <p id="p1"></p>
        <p>bbbbbbbbb</p>
        <script type="text/javascript">
```

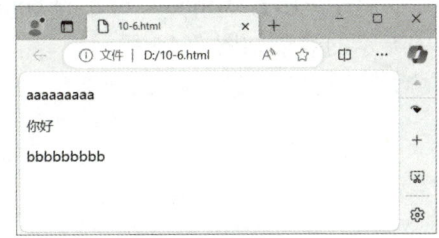

图 7-13　用 innerHTML 写入

```
                document.getElementById("p1").innerHTML = "你好";
            </script>
        </body>
</html>
```

3. 输入字符串

输入字符串的方法是利用 window 对象的 prompt()方法以及表单的文本框。

（1）用 window 对象的 prompt()方法输入字符串

prompt()方法的功能是弹出一个允许输入值的对话框，对话框提供了"确定"和"取消"两个按钮，还能显示预期输入值。单击"确定"或"取消"按钮后浏览器才会继续解析执行。其格式为：

prompt(提示字符串，默认值字符串)；

prompt()方法返回一个字符串。

【例 7-12】 下面代码用 prompt()方法输入字符串，然后赋值给变量 msg。本例文件 7-12.html 的代码如下，在浏览器中显示的效果如图 7-14 所示。

图 7-14 用 prompt()方法输入字符串

```
<script type="text/javascript">
    var msg = prompt("请输入值", "预期输入");
    alert("你输入的值：" + msg);
</script>
```

（2）用 window 对象的 confirm()方法

confirm()方法弹出一个确认消息对话框，它有"确定"和"取消"两个按钮，单击"确定"按钮就返回 true，单击"取消"按钮就返回 false。此方法的显示内容是预期指定好的，这个方法常用作简单判断，但每次总是要弹框。其格式为：

confirm(提示字符串);

【例 7-13】 window 对象的 confirm()方法示例。本例文件 7-13.html 的代码如下，在浏览器中显示的效果如图 7-15 所示。

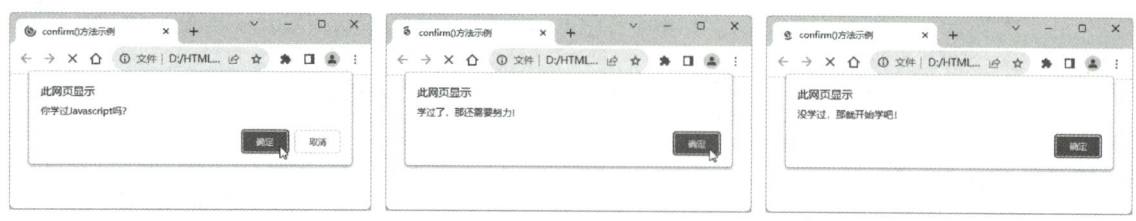

图 7-15 confirm()方法

```
<script type="text/javascript">
    var msg = confirm("你学过 Javascript 吗？");
```

```
            if (msg) {
                window.alert("学过了，那还需要努力!");
            } else {
                alert("没学过，那就开始学吧！");
            }
        </script>
```

（3）用 getElementById('id').value 获取 HTML 元素的值

使用 document 对象的 getElementById('id').value 获取页面上有 id 的元素的 value 属性中的值，并赋值给变量 x。格式为：

var x=document.getElementById('id1').value;

【例 7-14】 使用 getElementById().value 获取 input 元素的 value，如图 7-16 所示；单击"连接字符串"按钮后把 value 赋值给 p 元素，并显示在网页中，如图 7-17 所示。本例文件 7-14.html 代码如下。。

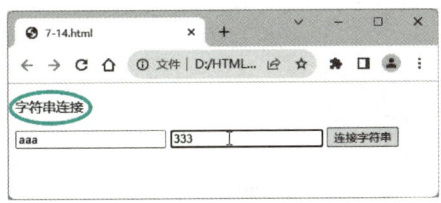

图 7-16　在文本框中输入字符串

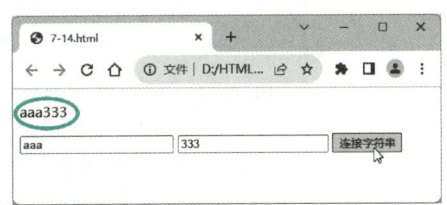

图 7-17　单击"连接字符串"按钮后的显示

```html
<!DOCTYPE html>
<html>
    <head>
        <meta charset="utf-8">
        <title></title>
    </head>
    <body>
        <p id="demo">字符串连接</p>
        <input id="i1" type="text">
        <input id="i2" type="text">
        <script type="text/javascript">
            function mm() {
                var x = document.getElementById("i1").value;
                var y = document.getElementById("i2").value;
                x = x + y;
                document.getElementById('demo').innerHTML = x;
            }
        </script>
        <button onclick="mm()">连接字符串</button>
    </body>
</html>
```

（4）用文本框输入字符串

使用 onclick 事件处理程序，得到在文本框中输入的字符串。onclick 事件将在后续章节介绍。

【例 7-15】下面代码执行时，在文本框中输入字符串并转换成整数，计算结果也在文本框中输出。本例文件 7-15.html 的代码如下，在浏览器中显示的效果如图 7-18 所示。

```html
<!DOCTYPE html>
<html>
    <head>
        <meta charset="utf-8">
        <title>加法计算器</title>
        <script type="text/javascript">
            function add() {
                var n1 = parseInt(form1.n1.value);
                var n2 = parseInt(form1.n2.value);
                var n3 = n1 + n2;
                form1.n3.value = n3;
            }
        </script>
    </head>
    <body>
        <form name="form1" method="get">
            <p>第 1 个数:<input type="text" id="n1"></p>
            <p>第 2 个数:<input type="text" id="n2"></p>
            <p><input type="button" id="plus" value="加法" onclick="add()"> </p>
            <p>计算结果<input type="text" id="n3" readonly="readonly"></p>
        </form>
    </body>
</html>
```

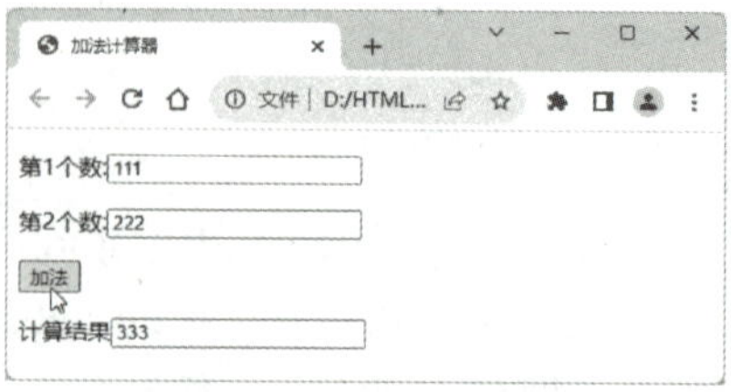

图 7-18　加法计算器

7.6.2　条件选择结构

JavaScript 中提供了多种条件语句，用于构建条件选择结构。JavaScript 提供了 if、if...else、if...else if....else 和 switch 4 种条件语句。这些条件语句可以嵌套使用，以实现复杂的逻辑判断。条件语句用于根据不同的条件执行不同的操作。

1．if 语句

if 语句在指定条件为 true 时，才会执行相应的代码块。其格式为：

```
if (条件) {
    // 当条件为 true 时执行的代码块
}
```

条件可以是关系表达式或逻辑表达式，用来实现判断。判断条件需要用括号()括起来。当条件的值为 true 时，执行对应的代码块；否则，跳过 if 语句，执行后面的代码。如果代码块只有一句，花括号{}可以省略。例如：

```
if (x >= 0) y = 6 * x;
```

2．if...else 语句

If...else 语句的格式为：

```
if (条件) {
    // 当条件为 true 时执行的语句块;
} else {
    // 当条件不为 true 时执行的语句块;
}
```

当条件为 true 时，执行 if 代码块，然后执行整个 if...else 结构后面的代码。如果条件为 false，则执行 else 部分的代码块，然后执行整个 if...else 结构后面的代码。

代码块就是把一个语句或多个语句用一对花括号组成的一个语句序列。

【例 7-16】 计算分段函数的值，用户在文本框中输入 x 的值，然后单击"计算"按钮，程序将其转换为浮点数，然后依据输入的 x 值执行不同的函数，结果 y 会在另一个文本框中显示。本例文件 7-16.html 的代码如下，在浏览器中显示的效果如图 7-19 所示。

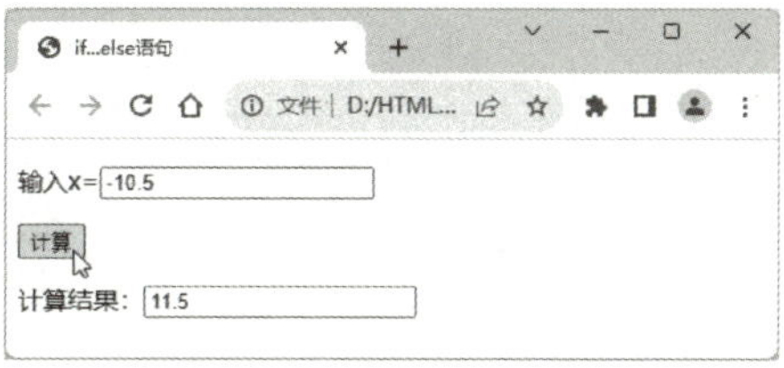

```
<!DOCTYPE html>
<html>
    <head>
        <meta charset="utf-8">
        <title>if...else 语句</title>
        <script type="text/javascript">
            function calculate() {
                var x = parseFloat(document.getElementById('xText').value);
                var y;
                if (x >= 0) {
                    y = 6 * x;
                } else {
                    y = 1 - x;
                }
                document.getElementById('yText').value = y;
            }
        </script>
    </head>
    <body>
        <form>
            <p>输入 x=<input type="text" id="xText"></p>
            <p><input type="button" value="计算" onclick="calculate()"> </p>
            <p>计算结果：<input type="text" id="yText" readonly></p>
        </form>
    </body>
</html>
```

图 7-19　计算分段函数的值

3．if...else if...else 语句

if...else if...else 语句可用于根据不同的条件选择执行不同的语句块。其格式如下：

```
if (条件 1) {
    // 当条件 1 为 true 时执行的语句块
} else if (条件 2) {
    // 当条件 2 为 true 时执行的语句块
```

```
} else {
    // 当条件 1 和条件 2 都不为 true 时执行的语句块
}
```

如果条件 1 为 true，则执行与之关联的语句块，并跳过整个 if...else if...else 结构的剩余部分。如果条件 1 的值为 false，则测试条件 2。如果条件 2 为 true，则执行与之关联的语句块，然后跳过剩下的结构。如果所有条件都为 false，并且存在 else 子句，则执行与 else 关联的语句块。无论条件分支有多少个，只会执行其中一个。

【例 7-17】 在弹出的输入值对话框中输入重量数值，单击"确定"按钮计算运费，结果将在对话框中输出。本例文件 7-17.html 的代码如下，在浏览器中显示的效果如图 7-20 所示。

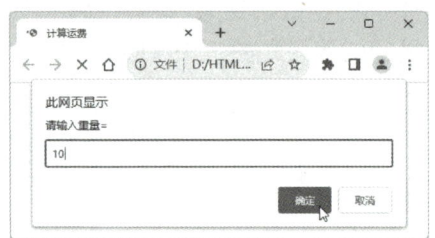 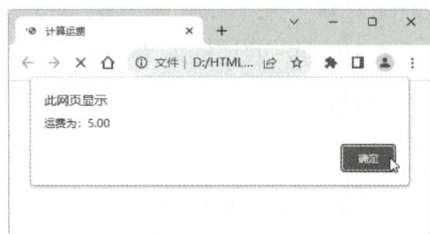

图 7-20 计算运费

```
<script type="text/javascript">
    var w=parseFloat(prompt("请输入重量=", ""));  //使用 parseFloat 将输入的字符串转换为浮点数
    var x;
    if (w <= 10) {
        x = 0.5 * w;
    } else if (w <= 100) {
        x = 0.5 * 10 + 0.35 * (w − 10);
    } else {
        x = 0.5 * 10 + 0.35 * (100−10) + 0.25 * (w − 100);
    }
    alert("运费为："+ x.toFixed(2));  // 使用 toFixed(2)将结果保留两位小数
</script>
```

4．switch 语句

switch 语句可以根据变量的取值来选择执行对应的语句块。其格式如下。

```
switch (变量) {
    case 特定数值 1 :
        // 语句段 1;
        break;
    case 特定数值 2 :
        // 语句段 2;
        break;
    ...
    default :
        // 语句段 3;
}
```

在这个结构中，"变量"被放在圆括号()中。每个 case 都是与 switch 语句的值进行比较的一种可能性，case 和其后的语句都被包含在花括号{}中。当"变量"的值等于某个 case 后的特定数值时，就会执行该 case 后的语句，直到遇到 break 语句为止，然后跳过整个 switch 结构。如果"变量"的值与任何一个 case 后的特定数值都不匹配，且存在 default 子句，则执行 default 子句后的语句。break 语句通常是必需的，否则程序会继续执行下一个 case 的语句。switch 语句适合处理枚举值，而不适合处理范围值。

【例 7-18】 输入成绩、输出成绩等级示例。本例文件 7-18.html 的代码如下，在浏览器中显示的效果如图 7-21 所示。

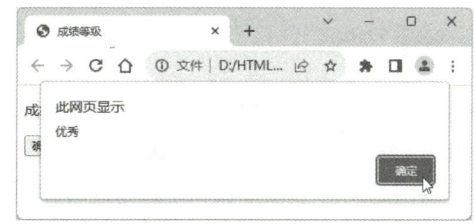

图 7-21　成绩等级

```
<!DOCTYPE html>
<html>
    <head>
        <meta charset="utf-8">
        <title>成绩等级</title>
        <script type="text/javascript">
            function grade() {
                var score = parseInt(document.myForm.txtScore.value / 10);  // 把输入的成绩除 10 取整，
                                                                             // 以判断一个分数范围
                var scoreGrade;
                switch (score) {
                    case 10:
                    case 9:
                        scoreGrade = "优秀";
                        break;
                    case 8:
                        scoreGrade = "良好";
                        break;
                    case 7:
                        scoreGrade = "中等";
                        break;
                    case 6:
                        scoreGrade = "及格";
                        break;
                    default:
                        scoreGrade = "不及格";
                        break;
                }
                alert(scoreGrade);
```

```
            }
        </script>
    </head>
    <body>
        <form name="myForm" method="get">
            <p>成绩:<input type="text" name="txtScore"></p>
            <p><input type="button" value="确定" onclick="grade()"> </p>
        </form>
    </body>
</html>
```

7.6.3 循环结构

JavaScript 提供了多种循环语句，用于创建循环结构。这些循环语句包括 for、while、do while 和 for in 语句。此外，JavaScript 也提供了用于跳出循环的 break 语句，用于跳过当前循环的迭代并开始下一轮迭代的 continue 语句，以及用于标记语句的 label。

1．for 循环语句

for 循环语句的格式为：

```
for (初始化; 条件; 增量) {
    // 被执行的语句块;
}
```

for 循环语句实现条件循环，当条件满足时，执行语句块，否则跳出循环体。for 循环语句的执行步骤为：

1）执行"初始化"部分，给计数器变量赋初值。
2）判断"条件"是否为真，如果为真则执行循环体，否则就退出循环体。
3）执行循环体语句之后，执行"增量"部分。
4）重复步骤 2）和 3），直到跳出循环。

JavaScript 也允许循环的嵌套，从而实现更加复杂的应用。

2．for in 循环语句

for in 语句用于循环遍历对象的属性，将在 JavaScript 对象的章节详细介绍 for in 循环的应用。其格式为：

```
for (键 in 对象) {
    // 被执行的语句块;
}
```

3．while 循环语句

while 循环语句的格式为：

```
while (条件) {
    // 被执行的语句块;
}
```

当条件表达式为真时，执行循环体中的语句。"条件"需用( )括起来。while 语句的执行步骤为：
1）计算"条件"表达式的值。
2）如果"条件"表达式的值为真，则执行循环体，否则跳出循环。
3）重复步骤1）和2），直到跳出循环。
while 循环语句适合条件复杂的循环，for 语句适合已知循环次数的循环。

4．do while 循环语句

do while 语句是 while 的变体，其格式为：

> **do {**
>   // 被执行的语句块；
> **} while (条件)**

do while 的执行步骤如下：
1）执行循环体中的语句。
2）计算条件表达式的值。
3）如果条件表达式的值为真，则继续执行循环体中的语句，否则退出循环。
4）重复步骤1）和2），直到跳出循环。
do while 语句的循环体至少要执行一次，而 while 语句的循环体可能一次也不执行。
无论使用哪一种循环语句，都要注意控制循环的结束条件，避免出现无限循环（死循环）。

5．break 语句

break 语句的功能是无条件跳出循环结构或 switch 语句。break 语句通常是单独使用的，有时也可在其后面加一个语句标号，以表明跳出该标号所指定的循环体，然后执行循环体后面的代码。

6．continue 语句

continue 语句的功能是结束本轮循环，跳转到循环的开始处，从而开始下一轮循环；而 break 语句则是结束整个循环。continue 语句可以单独使用，也可以与语句标号一起使用。

【例 7-19】 本例为了说明循环语句的使用，给出了 3 段代码。本例文件 7-19.html 的代码如下，在浏览器中显示的效果如图 7-22 所示。

```
<script type="text/javascript">
    var i = 1, sum = 0;   // 用 while 语句计算 1+2+...+100 的值
    while (i < 101) {
        sum += i;
        i++;
    }
    document.write(sum); //输出：5050
    document.write("<hr>"); // continue 和 break 语句的应用
    var x = "";
    for (var i = 0; i < 5; i++) {
        x = "该数字为 " + i + "<br>";
        document.write(x);
```

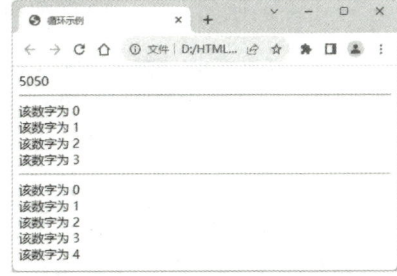

图 7-22　循环输出

```
            if (i == 2) {
                continue;
            }
            if (i == 3) {
                break;
            } //输出：该数字为 0，该数字为 1，该数字为 2，该数字为 3
        }
        document.write("<hr>"); // do while 语句的应用
        var x = "", i = 0;
        do {
            x = x + "该数字为  " + i + "<br>";
            i++;
        }
        while (i < 5)
        document.write(x);
    </script>
```

7.7 函数

7.7
函数

函数（function）是实现特定功能的可重复使用的代码段。JavaScript 提供了众多内置函数，同时也允许开发者创建自己的函数，这被称为自定义函数。函数可以被事件触发，或者在其他脚本中被调用。函数是事件驱动的、可重复使用的代码块，用于封装和调用代码。

7.7.1 函数的声明

要使用函数，首先需要声明（或定义）它。在 JavaScript 中，可以使用 function 关键字来声明函数。常用的声明函数的方法有下面两种。

1．声明函数（Function Declaration）

函数应该先定义再被调用，使用 function 关键字后接函数名进行声明。这种声明方法定义了一个命名函数，它不会立即执行，只有在调用时才会执行。其语法格式为：

```
function 函数名(参数 1，参数 2，… ) {
    // 函数体语句块;
    return 返回值;
}
```

函数由函数名、参数、函数体和返回值 4 部分组成。函数名是调用函数时引用的名称。函数参数位于括号内，参数是调用函数时接收传入数据的变量名，可以是常量、变量或表达式，也可以不需要参数。函数体放在花括号 { } 内，{}中的语句是函数被调用时执行的语句。函数执行完后可以有返回值，也可以没有返回值；可以返回一个值，也可以返回一个数组、一个对象等；如果返回一个值给调用函数的语句，要在代码块中使用 return 语句；无返回值则省略 return 语句或者返回没有参数的 return 语句，这时返回值是 undefined。

尽管函数可以定义在 HTML 文档的任何位置，但推荐将其放在文档头部，以确保其在使用之前被定义。

【例 7-20】 声明两个数的乘法函数 multiple。本例文件 7-20.html 的代码如下。

```
<script type="text/javascript">
    function multiple(number1, number2) {
        var result = number1 * number2;
        return result; //函数有返回值
    }
    var result = multiple(20, 30); //调用有返回值的函数
    document.write(result); //显示：600
    document.write("<br>");
    document.write(multiple(2, 3)); //调用函数，显示：6
</script>
```

这种声明函数方式的特点是可定义命名的函数，这是一种独立的结构。当解析器读取 js 代码时，会先读取函数的声明，在执行任何代码之前都可以访问（调用）。

2．声明函数表达式（Function Expression）

函数也可以被定义为一个表达式的一部分。这种函数，可以是命名的，也可以是匿名的，通常是没有名称的函数，被称为匿名函数。

匿名函数的声明非常简单，使用关键字 function，括号里是函数的可选参数，后面跟一对花括号，函数的语句块放在花括号内。匿名函数需要将函数表达式赋值到变量或者对象属性中。

（1）把函数表达式直接赋值给变量

把函数表达式赋值给一个变量，格式如下：

```
var 变量名 = function(参数 1, 参数 2, … ) {
    // 函数体语句块;
    return 返回值;
}
```

变量名将作为函数名，这种方法的本质是把函数当作数据赋值给变量。

【例 7-21】 声明函数表达式示例。本例文件 7-21.html 的代码如下。

```
<script type="text/javascript">
    var multiple = function(number1, number2) {
        var result = number1 * number2;
        return result; //函数有返回值
    }
    var result = multiple(20, 30); //调用有返回值的函数
    document.write(result); //显示：600
    document.write("<br>"); //换行
    document.write(multiple(2, 3)); //调用函数，显示：6
</script>
```

函数提升就是指允许先调用函数，再进行声明，因为声明会自动提升至调用前执行。函数声明会将整个函数进行提升；而函数表达式则不会提升，它是在引擎运行时进行赋值，且要等到表达式赋值完成后才能调用。

（2）网页事件直接调用函数表达式

把函数表达式赋值给一个网页事件，格式为：

  window.onload = function(参数 1，参数 2，…**)** {
    // 函数体语句块；
    return 返回值；
  }

其中 window.onload 是指网页加载时触发的事件，即加载网页时将执行后面函数中的代码，但这种方法的明显不足是函数不能重复调用。

使用函数表达式的地方包括为网页事件赋值函数和自执行函数。

（3）自执行函数

函数表达式可以"自执行或自调用"，即表达式会自动执行。如果表达式后面紧跟()，则会自动调用执行。通过添加括号，来说明它是一个函数表达式。

【例 7-22】 自执行函数示例。本例文件 7-22.html 的代码如下，在浏览器中显示的效果如图 7-23 所示。

```
<script type="text/javascript">
    (function () {
        var x = "Hello!!";
        document.write(x+"<br>");
    })();   //自调用无参函数，将调用自己，自动执行
    (function(x,y){
        document.write(x+y+"<br>");
    })(2, 3);   //自调用有参函数
    var sum=(function(x,y){
        return x+y;
    })(5, 6);   //自调用有参函数带返回值
    document.write(sum);
</script>
```

图 7-23 自执行函数

需要注意，不能自调用使用声明方式定义的函数。

函数声明与函数表达式的主要区别在于：函数声明在任何代码执行前都可被访问，而函数表达式只在其所在的代码行被解释执行时才有效。自执行函数实质上是一个函数表达式，其主要作用是创建一个新的作用域，避免变量冲突或混淆，大多是以匿名函数方式存在，且立即自动执行。

7.7.2 函数的调用

声明的函数不会自己执行，而是需要在程序中调用才能执行。调用函数也就是执行函数。由于函数可以返回一个值，因此可以在调用时将其视为表达式的一部分。具体来说，函数的调用方法主要有：直接调用、在表达式中调用和在事件中调用。

1. 直接调用函数

直接调用函数的方式主要适合没有返回值的函数，此时相当于执行函数中的语句块。如果函数没有返回值或者调用程序不关心函数的返回值，可以用下面的格式调用定义的函数：

函数名(传递给函数的参数 1，传递给函数的参数 2，…);

调用函数时的参数取决于声明该函数时的参数，如果定义时有参数，就需要增加实参。

【例 7-23】 直接调用函数示例。本例文件 7-23.html 在浏览器中显示的效果如图 7-24 所示。

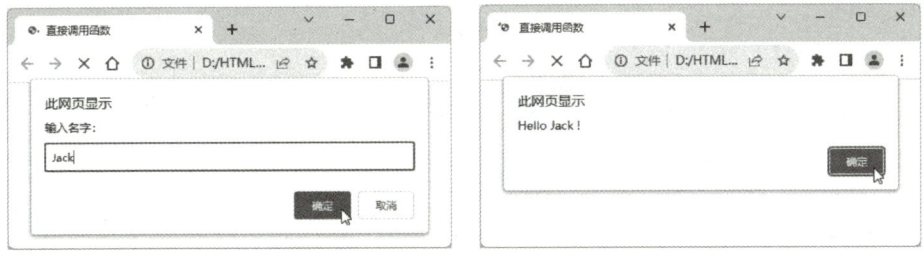

图 7-24　直接调用函数

```
<script type="text/javascript">
    function hello(name) {
        alert("Hello " + name + " !");
    }
    var hi = prompt("输入名字：")
    hello(hi); //调用函数
</script>
```

2．在表达式中调用函数

在表达式中调用函数的方式适合函数有返回值，且函数的返回值参与表达式的计算。如果调用程序需要函数的返回结果，则可用下面的格式调用声明的函数：

变量名=函数名(传递给函数的参数 1，传递给函数的参数 2，…);

例如：

result = multiple(10,20);

对于有返回值的函数调用，也可以将其写在表达式中，直接利用其返回的值。例如：

document.write(multiple(10,20));

3．在事件中调用函数

JavaScript 是基于事件模型的程序语言，页面加载、用户单击、移动鼠标等行为都会产生事件。当事件产生时就可以调用某个函数来响应这个事件。在事件中调用函数的方法为：

<标签　属性="属性值"…　事件="函数名(参数表)"></标签>

例如，使用<a>标记的单击事件 onClick 调用函数，其代码形式为：

<a href="#" onClick="函数名(参数表)"> 热点文本 </a>

【例 7-24】 本例中的 hello()函数显示一个对话框，当网页加载完成后就调用一次 hello()函数，使用<body>标记的 onLoad 属性。本例文件 7-24.html 的代码如下，在浏览器中的显示效果

是先显示对话框，如图 7-25 左图所示；单击"确定"按钮后，才显示网页内容，如图 7-25 右图所示。

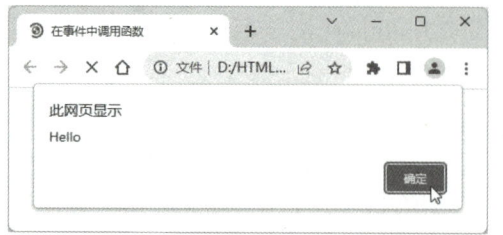 

图 7-25　网页显示

```
<!DOCTYPE html>
<html>
    <head>
        <meta charset="utf-8">
        <title>在事件中调用函数</title>
        <script type="text/javascript">
            function hello() { // 定义函数
                window.alert("Hello");
            }
        </script>
    </head>
    <body onLoad="hello();"> <!-- 使用 onLoad 调用函数 -->
        <p>网页内容</p>
    </body>
</html>
```

4．函数的嵌套调用

（1）嵌套调用函数

函数的嵌套调用指的是在一个函数的定义体中调用另一个函数。当一个函数调用另一个函数时，应该在定义调用函数之前先定义被调用的函数。

【例 7-25】　编程序求 1+(1+2)+(1+2+3)+…+(1+2+3+…+n)的和。本例文件 7-25.html 在浏览器中的显示结果为 220。

1）首先定义一个求 1+2+3+…+n 和的函数 fnSum(num)。

```
function fnSum(num) {
    var sum = 0, i;
    for (i = 1; i <= num; i++) {
        sum += i;
    }
    return sum;
}
```

2）然后定义求整个和的函数 fnAllSum(iNum)，在函数 fnAllSum(num)中调用函数 fnSum(num)。

```
function fnAllSum(num) {
    var sum = 0, i;
```

```
        for (i = 1; i <= num; i++) {
            sum += fnSum(i);
        }
        return sum;
    }
```

3）在主程序中调用函数 fnAllSum(num)。

```
document.write(fnAllSum(10));  //输出: 220
```

4）完整程序如下。

```
<script type="text/javascript">
    function fnSum(num) {
        var sum = 0, i;
        for (i = 1; i <= num; i++) {
            sum += i;
        }
        return sum;
    }
    function fnAllSum(num) {
        var sum = 0, i;
        for (i = 1; i <= num; i++) {
            sum += fnSum(i);
        }
        return sum;
    }
    document.write(fnAllSum(10));  //输出: 220
</script>
```

（2）递归调用函数

如果在一个函数的定义体中出现对自身的直接或间接调用，这种调用方式称为**递归调用**。

在实现递归调用时，需要满足两个条件：一是有明确的递归结束条件，保证递归能够停止执行；二是在函数体中有递归调用的语句，保证递归必须被执行。

【例 7-26】 用递归求阶乘 n!。在下面程序中，阶乘函数 fnFactorial(num) 自己调用自己，满足了以上两点条件，实现了递归。本例文件 7-26.html 的代码如下，在浏览器中的显示结果为 3628800。

```
<script type="text/javascript">
    function fnFactorial(num) {
        var result;
        if (num <= 1)
            result = 1;  //递归结束的条件，不再递归
        else
            result = num * fnFactorial(num - 1);  //递归调用
        return result;
    }
```

```
document.write(fnFactorial(10)); //输出: 3628800
</script>
```

7.7.3 变量的作用域和生命周期

1. 变量的作用域

变量的作用域是指可以访问该变量的代码区域。在 JavaScript 中，根据变量的作用范围，可以分为全局变量和局部变量。

全局变量是在整个 HTML 文档范围内都可以使用的变量，通常是在函数体外定义的变量。在函数外部使用 var、let 或不使用 var、let 定义的变量都是全局变量。在函数内部不使用 var、let 定义的变量也是全局变量。

局部变量是只能在局部范围内使用的变量，通常是在函数体内定义的变量，因此只在该函数体内有效，其他函数无法访问。只有在函数内使用 var、let 定义的变量才是局部变量。

【例 7-27】 观察下面代码中变量 a、b、c、d 值的变化。本例文件 7-27.html 的代码如下，在浏览器中显示的结果如图 7-26 所示。

```
<script type="text/javascript">
    var a = 1; // a 是全局变量
    b = 2; // b 是全局变量
    function test() {
        c = 3; // c 是全局变量
        var b = 5, d = 6; // b、d 是局部变量
        document.write("test:", a, "<br>"); // test:1
        document.write("test:", b, "<br>"); // test:5
        document.write("test:", c, "<br>"); // test:3
        document.write("test:", d, "<br>"); // test:6
        a = 11; // 全局变量 a 被赋值
        b = 55; // 局部变量 b 被赋值
    }
    test();
    document.write(a, "<br>"); // 显示全局变量 a 的值 11
    document.write(b, "<br>"); // 显示全局变量 b 的值 2
    document.write(c, "<br>"); // 显示全局变量 c 的值 3
    document.write(d, "<br>"); // 出错，不显示
</script>
```

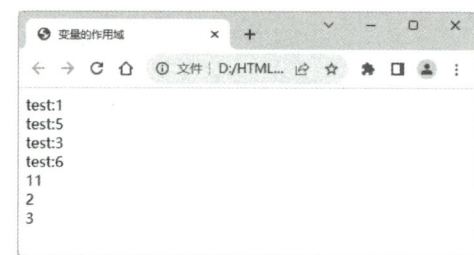

图 7-26 观察变量的作用域

在函数内部定义的全局变量只要调用一次，就会定义这个变量（c 变量），并且调用后在函数外也可以直接访问；而函数内定义的局部变量（b、d 变量）在调用之后就会被销毁，在函数外部无法访问。不同作用域中的同名变量（b 变量）可以同时存在，虽然变量名都是 b，但 b 各自独立存在于自己的作用域中。

不建议在局部作用域中定义全局变量，因为这样的全局变量很难维护。有需求的话可以定义局部变量，然后将这个局部变量返回（return）或使用闭包。

全局变量属于 window 对象，可以应用于页面上的所有脚本（除了被同名局部变量覆盖的区域）。局部变量只用于定义函数内部（除了被内部嵌套函数中同名函数作用域变量覆盖的区域），对于其他函数或脚本代码是不可用的。

即使全局和局部变量具有相同的名称，它们也是两个不同的变量。修改其中一个变量的值不会影响另一个变量的值。一般来说，在函数内部尽量使用局部变量，避免使用全局变量。为了避免混淆，最好不要将全局变量和局部变量命名为相同的名称。

2．变量的生命周期

变量的生命周期（也称为变量的生存期）是对于在函数内部使用 var、let 关键字声明的变量来说的，当退出函数时，这些局部变量会随着函数调用的结束而被销毁。

7.7.4 内嵌函数

在 JavaScript 中，所有函数都可以访问全局变量，并且它们可以访问它们上一层函数的作用域。内嵌函数是指在声明函数的函数体中，又声明了另外一个函数的定义。内嵌函数可以访问上一层函数的变量和参数。

【例 7-28】 内嵌函数示例，在定义函数 add()的内部又定义了一个函数 plus()。本例文件 7-28.html 的代码如下，在浏览器中的显示结果为 3。

```
<script type="text/javascript">
    function add() { //定义函数 add()
        var counter = 2; //定义 add()函数内部的局部变量 counter
        function plus() { //在函数 add()内部定义函数 plus()，内嵌函数
            counter += 1; //在内嵌函数 plus()内部访问父函数的局部变量 counter
        }
        plus(); //在函数 add()内调用内嵌的函数 plus()，counter 变为 3
        return counter; //返回 counter 的值
    }
    document.write(add()); //调用 add()函数，显示：3
</script>
```

在上述代码中，函数 plus()被包括在函数 add()内部，这时 add()内部的所有局部变量对 plus()都是可见的。但是反过来则不行，plus()内部的局部变量对 add()函数是不可见的。这是 JavaScript 语言中特有的"词法作用域（Lexical Scope）"结构，子函数会一级一级地向上寻找所有父函数的变量。因此，父函数的所有变量对子函数都是可见的，反之则不成立。

7.7.5 闭包函数

1．闭包的概念

闭包（Closure）是 Javascript 语言的一个核心概念，很多高级应用都要依靠闭包实现。在 JavaScript 中，变量的作用域分为全局变量和局部变量。在函数内部可以直接访问全局变量。但是反过来则不行，在函数外部无法访问函数内的局部变量。对于在函数内部用 var 关键字声明的变量，当函数执行完毕时，这些局部变量就会被销毁。

闭包可以被定义为一个函数和其相关引用环境的组合。也就是说，闭包函数能够"记住"并访问其创建时的上下文环境，即使它已经在其创建环境之外执行。在 Javascript 语言中，只有在函数内部声明的内嵌函数才能读取外层的局部变量，因此可以把闭包简单理解成"声明在一

个函数内部的函数"。

【例 7-29】 闭包函数示例。本例文件 7-29.html 的代码如下，在浏览器中的显示结果为 50。

```javascript
<script type="text/javascript">
    function Add(num1, num2) { //外层函数
        var sum = 0; //sum 是外层函数定义的局部变量
        function DoAdd() { //内嵌函数，在函数 add()内部定义函数 DoAdd()
            sum = num1 + num2; //在内嵌函数内部访问外层函数的局部变量 num1、num2、sum
            return sum; //返回计算结果
        }
        var resultAdd = DoAdd(); //在外层函数中调用内嵌函数 DoAdd()得到的结果，保存到变量中
        return resultAdd; //返回 DoAdd()函数的结果
    }
    document.write(Add(20, 30)); //显示: 50
</script>
```

在函数 Add()内部定义的内嵌函数 DoAdd()是一个闭包，因为它需要获取外部函数的变量 num1、num2 的值。闭包最重要的特点是 DoAdd()函数没有通过传递参数的方式接收参数，而是通过使用外层函数的变量来获取需要的值。

2．闭包的原理

当在一个函数中定义另一个函数时，外部函数称为封闭函数，内部函数称为闭包。当闭包被创建时，会将封闭函数的活动对象添加到其作用域链的顶端。此后，闭包可以直接访问封闭函数中的所有变量。另外，由于闭包包含封闭函数的作用域，因此即使封闭函数执行完毕，它的变量也依然存在，所以闭包可以继续引用这些变量。

3．闭包的用途

闭包可以用在许多地方。从编程角度来看，闭包主要有两个用途：第一，闭包可以访问外层作用域函数内部的所有变量和函数；第二，让这些变量和函数的值始终保持在内存中，不会在封闭函数执行完毕后被销毁。

【例 7-30】 函数 Add()内部声明的函数 DoAdd()是一个闭包，实现函数累加器功能。本例文件 7-30.html 的代码如下，在浏览器中显示的效果如图 7-27 所示。

图 7-27　闭包示例

```javascript
<script type="text/javascript">
    function Add(start) { //声明外层函数
        var counter = start; //外层函数定义的局部变量 counter，从 start 开始计数
        function DoAdd() { //声明内嵌函数，无参数传递
            counter = counter + 1; //内嵌函数直接使用外层函数的局部变量 counter
            alert(counter); //用于调试时显示变量的变化
```

```
            }
            return DoAdd;  //外层函数返回内嵌函数名
        }
        var fn = Add(10);  //fn 就是 DoAdd 函数
        fn(1);  //第 1 次调用 fn 函数，输出：11
        fn(1);  //第 2 次调用 fn 函数，输出：12
        fn(1);  //第 3 次调用 fn 函数，输出：13
    </script>
```

在外部函数 Add() 执行后，其返回值就是内部的函数 DoAdd()，把返回值赋值给变量 fn，然后调用 fn，fn 就是 DoAdd()函数。

在上面代码中，fn 实际上就是闭包 DoAdd()函数。它一共运行了 3 次，第 1 次的值是 11，第 2 次的值是 12，第 3 次的值是 13。这证明了函数 Add()中的局部变量 counter 一直保存在内存中，并没有在 Add()调用后被自动清除。原因就在于 Add()是 DoAdd()的外层函数，而 DoAdd()被赋给了一个全局变量 fn，这导致 DoAdd()始终在内存中，而 DoAdd()的存在依赖于 Add()，因此 Add()也始终在内存中，不会在调用结束后，被垃圾回收机制（Garbage Collection）回收。

4．使用闭包时的注意事项

由于闭包会使得函数中的变量都被保存在内存中，造成内存消耗很大，所以不能滥用闭包，否则可能会导致网页的性能问题。解决方法是，在退出函数之前，将不再使用的局部变量设置为 null，以便垃圾回收机制可以回收它们。

另外，闭包会在封闭函数外部改变封闭函数内部变量的值。所以，如果把封闭函数当作一个对象，把闭包当作它的公用方法，把内部变量当作它的私有属性时，一定要小心，不要随便改变封闭函数内部变量的值。

7.7.6 箭头函数

在 JavaScript 中，"=>"用于定义箭头函数（Arrow Function）。箭头函数是 ES6（ECMAScript 2015）引入的新特性，这种函数主要有两个优点：一是箭头函数提供了一种更简洁的方式来写函数；二是箭头函数自动绑定了 this。

1．箭头函数的格式

箭头函数的基本语法格式为：

  (parameters) => { statements }

如果函数只接受一个参数，那么可以省略圆括号：

  parameter => { statements }

如果函数体只有一条语句，那么可以省略花括号，并且该语句的结果将会被自动返回：

  parameters => expression

以下是一些使用箭头函数的示例。

1）不带参数的箭头函数。

  let greet = () => { document.write("Hello, World!"); };

greet(); // 输出: "Hello, World!"

2）带一个参数的箭头函数。

```
let double = num => num * 2;
document.write(double(5)); // 输出: 10
```

3）带多个参数的箭头函数。

```
let add = (num1, num2) => num1 + num2;
document.write(add(1, 2)); // 输出: 3
```

4）函数体包含多条语句的箭头函数。

```
let multiply = (num1, num2) => {
    let result = num1 * num2;
    return result;
};
document.write(multiply(2, 3)); // 输出: 6
```

2. this 关键字的处理

传统函数和箭头函数在处理 this 关键字时有一些区别。传统函数中，this 的值在函数被调用时决定，而在箭头函数中，this 的值在函数被定义时就已经确定了。

【例 7-31】 传统函数与箭头函数在处理 this 关键字上的对比示例。本例文件 7-31.html 的代码如下。

```
<script type="text/javascript">
    // 传统函数示例
    let obj1 = {
        value: "Hello, obj1",
        print: function() {
            document.write(this.value);
            document.write("<br>");
        }
    };
    obj1.print(); // 输出: "Hello, obj1"
    // 箭头函数示例
    let obj2 = {
        value: "Hello, obj2",
        print: () => {
            document.write(this.value);
        }
    };
    obj2.print(); // 输出: undefined
</script>
```

在上述例子中，箭头函数内的 this 不是 obj2，而是定义箭头函数时的外围上下文（这里是全局对象）。

7.7.7 常用系统函数

JavaScript 内置了很多常用的系统函数，这些函数可以直接调用。常用的系统函数（全局函数）请扫二维码。

常用系统函数

7.8 正则表达式

7.8 正则表达式

正则表达式是由普通字符（例如字符 a～z）以及特殊字符（称为元字符）组成的文字模式。该模式描述了在查找文字主体时待匹配的一个或多个字符串。正则表达式可以作为一个模板，将某个字符模式与所搜索的字符串进行匹配。正则表达式的主要用途有：

1）测试字符串的某个模式。例如，对一个输入字符串进行测试，看该字符串是否存在一个手机号码模式，用于数据有效性验证。

2）替换文本。例如，在文档中使用一个正则表达式来标识特定文字，然后将其全部删除，或者替换为其他文字。

3）根据模式匹配从字符串中提取一个子字符串。

7.8.1 创建正则表达式

JavaScript 中的正则表达式用 RegExp 对象表示，有两种创建正则表达式的方式。

1. 用直接量语法创建

直接量的正则表达式定义为包含在一对斜杠（/）之间的字符。格式为：

　　var reg = /pattern/[modifiers];

其中，pattern 为规则，可以使用各种元字符、量词、字符集和断言等。modifiers 为标识符，用于指定匹配模式的属性，如全局匹配（g）、忽略大小写（i）、换行匹配（m）、起始位置（^）和结束位置（$）等。例如，var reg = /box/gi;

2. 用构造函数创建

通过 RegExp()构造函数实现动态创建正则表达式，可以采用下面两种格式之一：

　　var reg = new RegExp(pattern [, modifiers]);

或

　　RegExp(pattern [, modifiers]);

其中，pattern 为正则表达式主体，是一个字符串，是模式模板要匹配的内容。modifiers 为修饰符，是一个可选的字符串，包含属性"g"、"i"和"m"，分别用于指定全局查找、忽略大小写的匹配和多行匹配；如果 pattern 是正则表达式，而不是字符串，则必须省略该参数。当 pattern 是字符串时，需要常规的字符转义规则，必须将\替换成\\，比如/\w+/等价于 new RegExp ("\\w+")。

例如：

```
var reg = new RegExp("box","gi");
```

7.8.2 正则表达式的组成

正则表达式的组成如下：

正则表达式 = 普通字符 + 特殊字符（元字符）

正则表达式包含匹配符、限定符、定位符、转义符等。

1. 匹配符

字符匹配符用于匹配某个或者某些字符。在正则表达式中，通过一对方括号括起来的内容，可称为字符簇，表示的是一个范围，但实际匹配时，只能匹配固定的某个字符。

匹配符的示例请扫二维码。

> 匹配符、限定符和定位符

2. 限定符

限定符可以指定正则表达式的一个给定组件必须要出现多少次才能满足匹配。

限定符的示例请扫二维码。

3. 定位符

定位符可以将一个正则表达式固定在一行的开始或结束，也可以创建只在单词内或单词的开始或结尾处出现的正则表达式。

定位符的示例请扫二维码。

4. 转义符

在正则表达式中，如果遇到特殊符号，则必须使用转义符（反斜杠）进行转义，如( )、[ ]、*、+、?、.（点号）、/、\、^、$等都是特殊符号。

例如，校验含有+、*号。

```
var str = '123+45*290abc';          // 定义一个字符串
var reg = /[\+]|[\*]/;              // 校验含有+、*号
document.write(reg.test(str));      // 显示 true
```

5. 表达式 g、i、m

g 表示全局（Global）模式，即模式将被应用于所有字符串，而非在发现第一个匹配项时立即停止。

i 表示不区分大小写（Case-insensitive）模式，即在确定匹配项时忽略模式与字符串的大小写。

m 表示多行（Multiline）模式，即在到达一行文本末尾时还会继续查找下一行中是否存在与模式匹配的项。

例如，定义一个/[0-9]+/g 的正则，在字符串 str 中匹配结果。

```
var str = '012abc3de45fg6';                // 定义一个字符串
var reg = /[0-9]+/g;                       // 校验所有数字，g 表示通配整个字符串，无 g 会在找到第一个匹配的字符后停止
document.write(str.match(reg));            // 将所有符合正则的字符放进一个数组，显示["012","3","45","6"]
```

7.8.3 正则表达式使用的方法

正则表达式有两种使用方法，即字符串方法和正则对象方法。通常使用字符串方法就能实现。

1．字符串方法

字符串方法包括下面方法。

search()：检索与正则表达式相匹配的值。
match()：找到一个或多个正则表达式的匹配。
replace()：替换与正则表达式匹配的字符串。
split()：将字符串分割为字符串数组。

例如，字符范围可以组合使用，以便设计更灵活的匹配模式。

```
var str = "abc2 ert4 abe3 abf1 abg7";    // 字符串直接量
var reg = /ab[c-g][1-7]/g;   // 前两个字符为ab，第三个字符为从c～g，第四个字符为1～7的任意数字
document.write(str.match(reg));    // 返回数组["abc2","abe3","abf1","abg7"]
```

2．正则对象（regExp）方法

正则对象方法包括 test()和 exec()。

test()：用于检测一个字符串中是否匹配某个模式，如果字符串中含有匹配的文本，则返回 true，否则返回 false。

exec()：用于检索字符串中的正则表达式的匹配，该函数返回一个数组，其中存放匹配的结果。如果未找到匹配，则返回值为 null。

例如，下面检测固话号码是否匹配。

```
var reg = /^(\d{4})-(\d{4,9})$/;
document.write(reg.test('010-12345678'));    // true
document.write(reg.test('010-123456ab'));    // false
document.write(reg.test('010 12345678'));    // false
```

拓展阅读 使用开发者工具调试 JavaScript 程序

习题 7

1. 已知圆的半径是 100，计算圆的周长和面积，页面显示的结果如图 7-28 所示。
2. 使用多重循环在网页中输出乘法口诀表，页面显示的结果如图 7-29 所示。

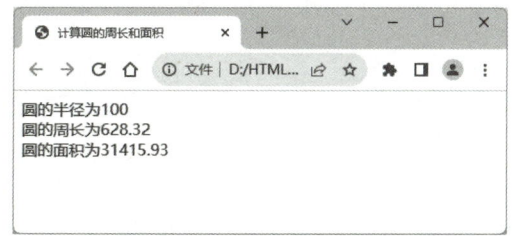

图 7-28　题 1 图

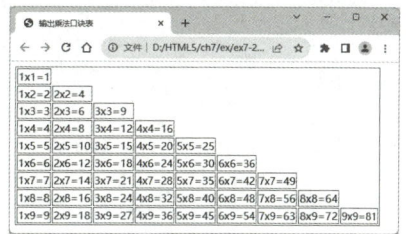

图 7-29　题 2 图

3．编写一个 JavaScript 函数，输入参数为年份，判断这个年份是否为闰年。如果是闰年返回 true，否则返回 false。

4．编写一个 JavaScript 函数，输入参数为一个整数 n，显示 1～n 中的所有奇数。

5．创建一个函数 getFactorial(num)，它接受一个数字作为参数，并返回该数字的阶乘。

6．编写一个闭包函数。写一个函数 createMultiplier()，它接受一个参数 multiplier，并返回一个新的函数，这个新的函数接受一个参数 x，并返回 x * multiplier。

7．编写一个箭头函数，接受两个参数，并返回它们的和。

8．编写一个 JavaScript 函数，名为 multiplyNesting，它接受两个参数 x 和 y。在 multiplyNesting 函数内部，定义一个名为 multiply 的内嵌函数，它将参数 x 和 y 相乘并返回结果。multiplyNesting 函数应该返回 multiply 函数的调用结果。

第 8 章 JavaScript 对象基础

JavaScript 是一种面向对象的编程语言，本章将主要介绍 JavaScript 的常用对象。
学习目标：掌握对象的创建和使用，包括对象的属性和方法。
重点与难点：难点在于理解对象的构造和操作。
素养目标：激发学生的自主学习热情，培养终身学习的习惯，为未来发展奠定基石。

8.1 JavaScript 对象概述

在 JavaScript 中，可以将对象主要分为 3 种类型：本地对象、内置对象和宿主对象。

1. 本地对象

本地对象是独立于宿主环境的 JavaScript 预定义对象，通俗地说就是构造函数。本地对象主要包括：Object、Function、Array、String、Boolean、Number、Date、RegExp、Error、EvalError、RangeError、ReferenceError、SyntaxError、TypeError、URIError。

2. 内置对象

内置对象是由本地对象实现的，并且是独立于宿主环境的所有对象。在 JavaScript 程序开始执行时，内置对象会自动初始化并存在。根据 ECMA-262 标准，定义了两种内置对象：Global 和 Math。内置对象与本地对象相同，可看作是本地对象的一类特例。

3. 宿主对象

宿主对象是 JavaScript 所寄宿的环境（例如 BOM 和 DOM）定义的对象。宿主对象由客户端浏览器环境定义，与 JavaScript 语言本身没有直接关系。尽管如此，JavaScript 仍然能够控制这些对象的行为，可以对它们进行读写操作。

8.2 对象

JavaScript 语言采用基于对象的（Object-Based）、事件驱动的编程机制，因此必须理解对象以及对象的属性、事件和方法等概念。

8.2.1 对象的概念

在 JavaScript 中，对象是属性和方法的集合。属性（Properties）用于描述对象的特性，每个属性都有一个特定的名称和对应的值。方法（Methods）是用来操作对象特性的函数。对象可以保存多种数据，而普通变量只能保存单一数据。

简单地说，属性用于描述对象的特征，方法用于实施对象的动作，而对象的动作常常会触发事件，触发事件又可以修改属性。一个对象建立之后，可以通过与该对象相关的属性、事件和方法对其进行各种操作，以实现所需的功能。

在 JavaScript 中，可以使用的对象有：JavaScript 的内置对象、由浏览器根据 Web 页面的内容自动提供的对象、用户自定义的对象。因此，要使用一个对象，有三种方法：引用 JavaScript 内置对象、使用浏览器环境提供的对象或创建新对象。本节仅介绍创建新对象的方法，其他方法将在后续章节中介绍。

8.2.2 类

在 JavaScript 中，定义类的方法主要有两种：使用构造函数和使用 class 关键字。

1. 使用构造函数

传统的方法使用函数来定义类，使用函数作为构造函数，然后给该函数的原型添加方法。使用构造函数定义类的语法格式为：

```
function 类名(参数1, 参数2, … ){
    // 在此处定义类的属性
    this.属性1 = 参数1;
    this.属性2 = 参数2;
    …
}
// 在此处定义类的方法
类名.prototype.方法名 = function(形参1, 形参2,…) {
    // 在此处实现方法
};
```

类名：通常以大写字母开头，这样便于区分构造函数和普通函数。例如 ClassName。
参数：类的构造函数的参数，多个参数之间用逗号分隔。
属性：类中的属性名。
方法名：类的方法名，首字母应该小写，例如 methodName。
形参：方法的形式参数，形参之间用逗号分隔。
例如，用构造函数创建一个 User 类，代码如下：

```
function User(name, sex, age) { //创建一个类 User，它有 3 个属性
    this.name = name; //name 属性
    this.sex = sex; //sex 属性
    this.age = age; //age 属性
}
User.prototype.getName = function() { //getName 方法
    return this.name; //返回 name 的值
};
```

通过构造函数定义了 User 类的属性和方法。关键字 this 常用在构造函数中，this 指向当前运行时的对象，它的 name 属性就是传递到构造函数形参 name 的值。

2. 使用 class 关键字

ES6 引入了新的 class 语法，提供了一种更直观和现代的方式来定义类。这种方式更接近于

其他面向对象编程语言，如 Java 或 C#中的类定义方式。使用 class 定义类的语法格式为：

```
class 类名 {
    constructor(参数 1, 参数 2, ...) {
        // 定义类的属性
        this.属性 1 = 参数 1;
        this.属性 2 = 参数 2;
        ...
    }
    方法名(形参 1, 形参 2,...) {
        // 实现方法
    }
}
```

语法格式中的参数与构造函数相同。

例如，用 class 关键字创建一个 Person 类，代码如下：

```
class Person{
    constructor(name, age) {
        this.name = name; //name 属性
        this.age = age; //age 属性
    }
    getName() { //getName 方法
        return "我的名字是" + this.name;
    }
}
```

以上两种方式都可以定义一个 JavaScript 类，推荐采用 ES6 的类定义方式，因为 class 关键字是更现代的方法，它的语法更清晰、更易理解，并且与其他编程语言中的类定义方式更为相似。然而，不管使用哪种方式，JavaScript 都是基于原型的，而不是基于类的。这意味着，尽管可以使定义看起来像类的结构，但实际上，它们背后的工作原理是基于原型的。

8.2.3 创建对象

在 JavaScript 中，有多种方法可以创建对象，以下是常见的创建对象的方法。

1. 用构造函数方式创建对象

创建对象使用 new 关键字后跟构造函数名，构造函数必须是已经定义的。其格式为：

　　var 对象名 = new 构造函数名(值 1, 值 2, ...);

值 1, 值 2,…：创建对象时传递的实际参数值。

例如，依据构造函数 User 创建对象 user：

　　var user = new User("张三", "女", 18);

上述代码通过构造函数 new User()创建了一个对象 user，并传入了需要的 name、sex 和 age 属性值。

2. 用 ES6 的类语法创建对象

创建对象使用 new 关键字后跟类名，其格式为：

var 对象名 = new 类名(值 1, 值 2, …);

例如，创建 Person 类的一个对象 person：

var person = new Person("李四", 19);

3. 用字面量方式创建对象

利用 { } 创建一个对象称为字面方式，这种方法不是真正的类，但可以用来创建对象。语法格式为：

const 对象名 = {属性名 1: 属性值 1, 属性名 2: 属性值 2, … };

例如，创建对象并传入相应的属性。

var student = {id: 1001, name: "Jenny", age: 18};

4. 用 Object 构造函数创建对象

通过 Object 构造函数创建对象，其语法格式为：

var 对象名 = new Object();
对象名.属性名 1 = 属性值 1;
对象名.属性名 2 = 属性值 2;
　…

Object()的括号中无参数。属性和方法需要在对象创建后添加。

例如，创建对象并传入相应的属性：

var person = new Object();
person.name = "李四";
person.age = 19;

【例 8-1】 定义类，然后创建对象。本例文件 8-1.html 的代码如下，在浏览器中显示的效果如图 8-1 所示。

```
<!DOCTYPE html>
<html>
    <head>
        <meta charset="utf-8">
        <title>定义类，创建对象</title>
        <script type="text/javascript">
            function User(name, sex, age) { //创建一个构造函数 User，它有 3 个属性，1 个方法
                this.name = name; //name 属性，this 表示此类的成员
                this.sex = sex; //sex 属性
                this.age = age; //age 属性
                this.getName = function() { //getName 方法
                    return this.name; //返回名
```

图 8-1　定义类，创建对象

```
                };
            }
            var user = new User("张三", "女", 18); //创建对象
            document.write(user.getName()); //调用方法输出：张三
            document.write("<br>"); //换行
            class Person { //创建一个类
                constructor(name, age) {
                    this.name = name; //name 属性
                    this.age = age; //age 属性
                }
                getName() { //getName 方法
                    return "我的名字是" + this.name; //返回 name
                }
            }
            var person = new Person("李四", 19);
            document.write(person.getName()); //调用方法输出：李四
        </script>
    </head>
    <body>
    </body>
</html>
```

8.2.4 对象的属性

对象的属性描述了对象的特性。每一个对象都有一组特定的属性，属性由属性名和属性值组成。对象中的属性可以动态操作，包括添加、引用、删除和检测。

1. 添加属性或为已有属性赋值

对于已有的对象，可以为其添加新的属性或者为已有属性赋值。常用的添加属性的方法有两种，推荐第一种方法，其格式为：

　　对象名.属性名 = 属性值；

或

　　对象名["属性名"] = 属性值；

如果该属性不存在，则为该对象添加这个属性和属性值；如果该属性已经在对象中存在，则为该属性赋新值。

2. 引用属性

常用的引用属性的方法有两种，其格式为：

　　对象名.属性名

或

　　对象名["属性名"]

如果引用的属性不存在，则该值为 undefined。

【例 8-2】 创建一个空对象 student，然后为 student 对象添加 id、name、age 这 3 个属性，并为属性赋值。本例文件 8-2.html 的代码如下，在浏览器中显示的效果如图 8-2 所示。

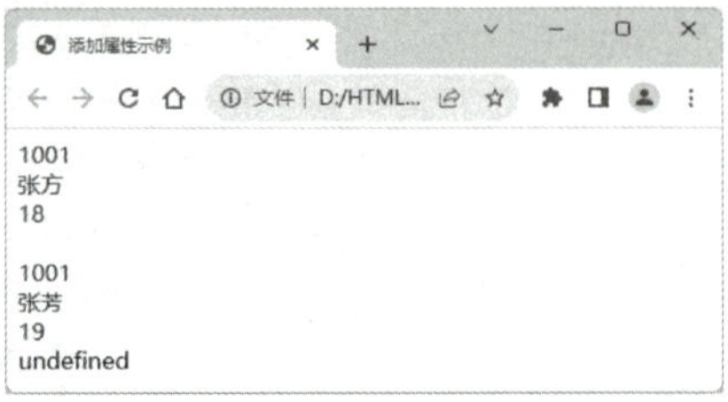

```
<script type="text/javascript">
    var student = {}; // 创建一个空对象
    student.id = 1001;
    student["name"] = "张方";
    student.age = 18;
    document.write(student.id + "<br>" + student.name + "<br>" + student.age + "<br><br>");
    student.name = "张芳"; // name 重新赋值
    student["age"] = 19; // age 重新赋值
    document.write(student.id + "<br>" + student.name + "<br>" + student.age + "<br>" + student.sex);
</script>
```

图 8-2　显示 student 类的对象

3．删除属性

delete 操作符可以删除一个对象的属性。其格式为：

delete 对象名.属性名;

或

delete 对象名["属性名"];

请注意，delete 操作符不能删除整个对象，只能删除对象的属性。

4．检测属性

要判断一个属性是否存在于一个对象中，可以使用""属性名"in 对象名"或"对象名.hasOwnProperty("属性名")"等方式进行检测。

【例 8-3】 先创建一个空对象 user，然后为其添加属性 id、name、gender、age 共 4 个属性，删掉属性 gender，然后通过属性名判断该属性在对象中是否存在。本例文件 8-3.html 的代码如下，在浏览器中显示的效果如图 8-3 所示。

```
<script type="text/javascript">
    var user = {}; // 创建一个空对象
    user.id = "1001"; // 添加属性
    user.name = "李真";
    user.gender = "男";
    user["age"] = 20;
    var flag;
    if ("age" in user) {
        flag = "user 对象中有 age 属性";
    } else {
        flag = "user 对象中没有 age 属性";
    }
    document.write(flag + "<br>"); // 显示：user 对象中有 age 属性
    delete user["gender"];
    if (user.hasOwnProperty("gender")) {
```

图 8-3　检测属性

```
            flag = "有 gender 属性";
        } else {
            flag = "无 gender 属性";
        }
        document.write(flag); // 显示：无 gender 属性
</script>
```

8.2.5 对象的方法

方法是对象要执行的动作，描述的是对象的动态行为。对象中的方法可以动态地添加和删除。

1．添加方法

可以通过"对象名.方法名"创建方法，其格式为：

> 对象名.方法名 = function(形参 1，形参 2，…) {
> // 语句块;
> return 返回值;
> }

形参（全称形式参数）是在函数定义中列出的参数，它代表将在函数调用时传递的实参（全称实际参数）的类型和名称。

2．调用方法

调用对象的方法只需在对象名和方法名之间用点分隔，指明该对象的某一种方法，其格式为：

> 对象名.方法名(实参 1，实参 2，…);

实参是传递给函数的具体值，实参可以是常量、变量或者表达式。当调用这个函数时，实参会被传递给函数的形参。

【例 8-4】 创建一个空对象 student，为该对象添加 5 个属性：id、name、gender、dateofbirth、courses，然后添加 getName()、chooseCourse()方法。本例文件 8-4.html 的代码如下，在浏览器中显示的效果如图 8-4 所示。

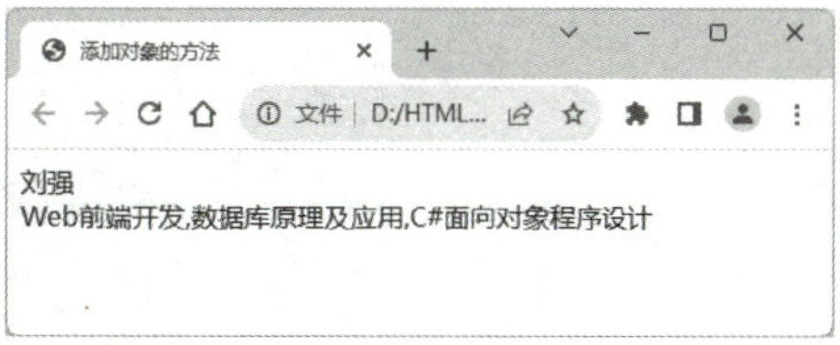

```
<script type="text/javascript">
    var student = {}; //创建一个空对象
    student.id = 1003; //为该对象添加属性
    student.name = "刘强";
    student.gender = "男";
    student.dateofbirth = "2003-5-17";
    student.courses = []; //所选课程声明为数组，可以添加多门课程
    student.getName = function() { //添加获取姓名的方法
        return this.name; //返回对象的姓名属性
    }
    student.chooseCourse = function(courseName) { //添加选择课程的方法
        this.courses.push(courseName); //向课程数组中添加课程
    }
    student.getName(); //调用获取姓名的方法
```

图 8-4　调用方法

```
student.chooseCourse("Web 前端开发");  //调用选择课程的方法，添加一门课程
student.chooseCourse("数据库原理及应用");
student.chooseCourse("C#面向对象程序设计");
document.write(student.getName()+"<br>");   //输出：刘强
document.write(student.courses);   //输出：Web 前端开发,数据库原理及应用,C#面向对象程序设计
</script>
```

3．删除方法

删除方法的格式为：

delete 对象名.方法名；

例如，要删除 student 对象的 getName()方法，代码如下。

```
delete student.getName;   //注意：调用 delete 时，方法名后没有小括号( )
```

8.2.6　对象的遍历

可以用 for...in 语句循环遍历对象的键（即对象的属性名），然后使用这些键来访问对象的所有属性和方法。for...in 语句的基本格式为：

```
for(var 键 in 对象){
    // 语句块;
}
```

此语句用于循环操作某个对象的所有属性，它将一个对象的所有属性名称逐一赋值给变量"键"，并且不需要事先知道对象属性的个数。

【例 8-5】　遍历例 8-4 中的属性和方法。使用 for...in 循环遍历 student 对象，获取该对象的所有属性和方法，然后通过 student[key]读取每个属性的值。本例文件 8-5.html 在浏览器中显示的效果如图 8-5 所示。

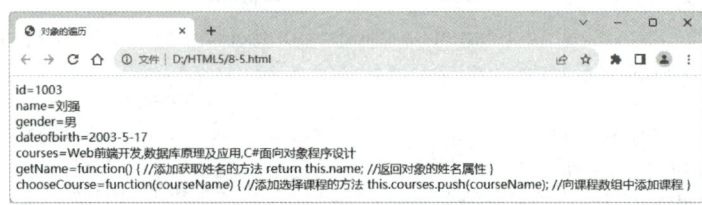

图 8-5　遍历对象的结果

用下面程序段替换例 8-4 中的两行 document.write()代码。

```
for (var key in student) { //用 for...in 遍历出 student 的键
    document.write(key + "=" + student[key]);
    document.write("<br>");
}
```

8.2.7　对象的事件

事件是对象上发生的一些动作。这些动作是预先定义好的，并且可以被对象识别，例如单

击（Click）事件、双击（DblClick）事件、页面加载（Load）事件、鼠标移动（MouseMove）事件等。不同的对象可以识别不同的事件。通过这些事件，可以调用对象的方法，以产生不同的行为。

JavaScript 的事件将在第 9 章进行详细介绍。

8.3 内置对象

8.3
内置对象

JavaScript 是一种基于对象的编程语言，它把对象分为内置对象、浏览器内置对象和自定义对象 3 种。内置对象是一些预先定义好的对象，它们封装了常用的功能，供程序员直接使用。要掌握对象的使用，需要理解对象的创建，以及如何使用对象的属性和方法。

8.3.1 数学对象

在 JavaScript 中，数学对象用 Math 表示，Math 对象不需要创建，而是直接使用。Math 对象包括属性和方法。方法在名字后面带有一对小括号，这是它和属性的主要区别。

1. 数学对象的属性

数学中有很多常用的常数，比如圆周率、自然对数等。在 JavaScript 中，这些常数被定义为数学对象的属性。通过引用这些属性，可以直接使用这些数学常数。Math 对象的常用属性，请扫二维码。

引用 Math 对象的属性的语法为：

Math 对象的常用属性

　　var 变量名=Math.属性;

例如，引用 Math 对象的 PI 属性，代码为：

　　var pi_value=Math.PI;

2. 数学对象的方法

Math 对象的常用方法，请扫二维码。

使用 Math 对象方法的语法为：

Math 对象的常用方法

　　var 变量名=Math.方法(参数);

例如：

　　var sqrt_value=Math.sqrt(16);

此外，对于数值（Number）类型的数据，JavaScript 提供了 toFixed()和 toPrecision()方法，用于控制小数位数，对数值型数据保留小数的方法，请扫二维码。其中方法的参数 n 是数值。

使用 toFixed()方法和 toPrecision()方法的语法为：

对数值型数据保留小数的方法

　　数值.toFixed(n)
　　数值.toPrecision(n)

例如，下面的代码：

```
var num=3021.1258;
var dec1=num.toFixed(3);      //保留 3 位小数，结果为 3021.126
var dec2=num.toPrecision(6);   //保留 6 位数值，结果为 3021.13
```

8.3.2 字符串对象

String（字符串、字符型数据、文本）是 JavaScript 的一种基本的数据类型之一。在 JavaScript 中，可以将字符串视为字符串对象。由于字符串本身是不可变的，因此 String 类定义的方法都不能改变原始字符串的内容。对字符串执行的任何操作，返回的都是一个全新的字符串，而不是修改原始字符串。

1．创建字符串对象

创建字符串对象有两种主要方式。

（1）直接声明字符串变量

这是声明字符串变量的常见方法。可以将声明的变量视为字符串对象。语法格式为：

var 字符串变量名 = 字符串；

例如，创建字符串对象 st 并对其赋值的代码如下：

```
var st = "Hello World";
```

（2）使用 new 关键字创建字符串对象

使用 new 关键字创建字符串对象的语法格式为：

var 字符串对象名 = new String(字符串);

字符串构造函数 String()的首字母必须大写。小括号中的参数"字符串"是想要存储在 String 对象中或转换成原始字符串的值。

当 String()和运算符 new 一起作为构造函数使用时，它将返回一个新创建的 String 对象，其中存储的是"字符串"的字符串表示。

如果不使用 new 运算符调用 String()，它只将"字符串"转换为原始字符串，并返回转换后的值。

2．String 对象的属性

String 对象只有 3 个属性，最常用的属性是 length。String 对象的属性，请扫二维码。

例如，可以获取声明的字符串对象 st 的长度，如 st.length。

3．String 对象的方法

String 类定义了许多用于操作字符串的方法。常用的 String 对象方法，请扫二维码。

图 8-6　创建锚点

【例 8-6】 创建一个 String 对象，调用 anchor 方法创建一个锚点，该锚点的 name 属性为 Anchor1。本例文件 8-6.html 的代码如下，在浏览器中显示的效果如图 8-6 所示。

```
<script type="text/javascript">
    var strVariable = "欢迎访问网易 https://www.163.com/";  // 创建字符串对象
    strVariable = strVariable.anchor("Anchor1");  // 调用 anchor()方法创建一个 a 元素字符串
    alert(strVariable);  // 在对话框中显示 strVariable 的值
</script>
```

运行上面代码，在浏览器中将弹出一个对话框，其中显示 strVariable 的值为：

`<a name="Anchor1">欢迎访问网易https://www.163.com/</a>`

8.3.3 日期对象

在 JavaScript 中没有日期类型的数据，为了处理日期时间，提供了日期对象来操作日期和时间。

1．创建日期对象

创建 Date 对象必须使用 new 关键字，创建 Date 对象有 4 种方法。

方法 1，其语法格式为：

  var 日期对象名 = new Date();

Date()返回当前系统的日期和时间。

方法 2，其语法格式为：

  var 日期对象名 = new Date(日期字符串);

方法 3，其语法格式为：

  var 日期对象名 = new Date(年, 月, 日[, 时, 分, 秒[, 毫秒]]);

方法 4，其语法格式为：

  var 日期对象名 = new Date(毫秒);

说明如下：

方法 1 创建一个系统日期时间的日期对象。

方法 2 将一个日期形式的字符串转换成日期对象，字符串格式，如"yyyy-MM-dd"和"yyyy/mm/dd hh:mm:ss"等。

方法 3 通过指定年月日时分秒创建日期对象，时分秒可以省略，用 0～11 代表 1 月～12 月。

方式 4 使用毫秒创建日期对象，把 1970 年 1 月 1 日 0 时 0 分 0 秒 0 毫秒作为基数，给定的参数表示距离这个基数的毫秒数。

2．Date 对象的方法

Date 对象的方法分为 3 种：得到时间方法、设置时间方法和转换时间方法。请扫二维码。

Date 对象的方法

【例 8-7】 显示当前的日期、时间。本例文件 8-7.html 在浏览器中显示的效果如图 8-7 所示。

```
<script type="text/javascript">
    var d = new Date(); // 创建一个日期对象，假设当前
系统日期时间是：2023/8/3 23:8:19
    document.write(d.getFullYear() + "年" + (d.getMonth() + 1)
+ "月" + d.getDate() + "日" + "<br>");
    document.write(d.getHours() + ":" + d.getMinutes() + ":
" + d.getSeconds() + ":" + d.getMilliseconds() + "<br>");
    document.write(d.getTime()+ "<br>");
    document.write("当前日期时间: " + d.toLocaleString()+"<br>");
</script>
```

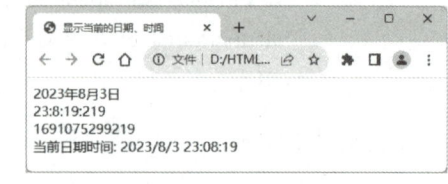

图 8-7 显示当前的日期、时间

3．日期的运算

日期数据之间的运算有下面两种。

1）日期对象与整数年、月、日相加或者相减，得到一个新的日期对象。需要将它们相加或相减的结果通过 setXXX 方法设置成新的日期对象，实现日期对象与整数年、月和日相加。如果增加天数会改变月份或者年份，那么日期对象会自动完成这种转换。

例如，设置日期、年，代码如下。

```
d = new Date(); // 创建一个日期对象，假设当前日期是：2023/8/3 23:13:52
alert(d.toLocaleString()); // 显示当前的日期和时间：2023/8/3 23:13:52
d.setDate(25); // 设置日期在 25 号
alert(d.toLocaleString()); //显示设置新日期后的日期：2023/8/25 23:13:52
d.setYear(2000); // 设置年为 2000 年
alert(d.toLocaleString()); //显示设置新日期后的日期：2000/8/25 23:13:52
```

例如，计算当前日期 10 天后的日期，计算当前时间 20 分钟前的时间，代码如下。

```
var d1 = new Date(); // 创建一个对象 d1，假设当前日期是：2023/8/3 23:18:21
d1.setDate(d1.getDate() + 10); // 返回一个月中的日期，然后加上 10，最后把 d1 的值设置成新的日期对象
document.write("当前日期的 10 天后: " + d1.toLocaleString()+"<br>"); // 2023/8/13 23:18:21
var d2 = new Date(); // 创建一个对象 d2，假设当前日期是：2023/8/3 23:18:21
d2.setMinutes(d2.getMinutes() – 20);
document.write("当前时间的 20 分钟前: " + d2.toLocaleString()+"<br>"); // 2023/8/3 22:58:21
```

【例 8-8】 获取当前时间的前 n 天或后 n 天的日期。本例文件 8-8.html 的代码如下，在浏览器中显示的效果如图 8-8 所示。

```
<script type="text/javascript">
    function showdate(n) {
        var d = new Date(); //返回当前的日期和时间
        d.setDate(d.getDate() + n); //设置成新的日期对象
        dd = d.getFullYear() + "-" + (d.getMonth() + 1) + "-"
+ d.getDate();
        return dd;
    }
```

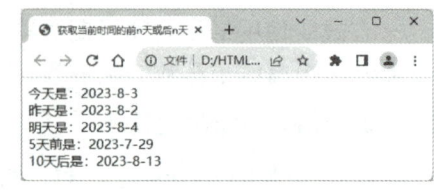

图 8-8 获取日期

```
            document.write("今天是：" + showdate(0) + "<br>");
            document.write("昨天是：" + showdate(-1) + "<br>");
            document.write("明天是：" + showdate(1) + "<br>");
            document.write("5 天前是：" + showdate(-5) + "<br>");
            document.write("10 天后是：" + showdate(10) + "<br>");
        </script>
```

2）两个日期相减，得到两个日期之间的毫秒数。通常会将毫秒转换成天、小时、分、秒等。例如，下面代码得到间隔天数。

```
        var d1 = new Date("2025/5/10");
        var d2 = new Date("2025/5/13");
        var oneday = 24*60*60*1000; //1 天的毫秒数
        var diff = Math.ceil((d2.getTime()-d1.getTime())/(oneday)); //两个日期相减
        document.write("相差：" + diff + " 天"); //相差：3 天
```

例如，下面代码获取两日期月份之差。

```
        var d1 = new Date("2025/5/13");
        var d2 = new Date("2025/10/10");
        var diff = (d1. getFullYear() - d2.getFullYear()) * 12 + d1.getMonth() - d2.getMonth();
        document.write("相差：" + diff + " 月"); //相差：-5 月
```

例如，下面代码得到间隔时间。

```
        var d1 = new Date("2025/10/10 10:06:01");
        var d2 = new Date("2025/10/10 20:30:58");
        var d3 = d1 − d2;
        var h = Math.floor(d3 / 3600000);
        var m = Math.floor((d3 − h * 3600000) / 60000);
        var s = (d3 − h * 3600000 − m * 60000) / 1000;
        document.write("相差：" + h + "小时" + m + "分" + s + "秒"); //相差：-11 小时 35 分 3 秒
```

3）可以比较两个日期的大小，得到布尔值 true 或 false。例如下面代码：

```
        var d1 = new Date(2025, 4, 13, 12, 22, 51, 380);
        var d2 = new Date(2025, 1, 25, 22, 15, 35, 491);
        document.write(d1 < d2); //false
```

例如，下面的代码将当前日期与 2025 年 11 月 20 日做比较。

```
        var d = new Date();
        d.setFullYear(2025, 10, 20); // 注意这里的 10 代表 11 月
        dstring = "今天是" + d.getFullYear() + "年" + (d.getMonth() + 1) + "月" + d.getDate() + "日";
        var today = new Date();
        if (d > today) {
            document.write(dstring + "之前");
        } else {
            document.write(dstring + "之后");
        }
```

8.3.4 数组对象

在 JavaScript 中，数组（Array）对象是用来存储一系列值的数据结构。一个数组可以用一个变量名来存储多个值，并且可以通过索引访问数组中的任何一个值。在使用数组之前，首先需要创建（声明、定义）一个数组。

1. 定义数组

创建一个数组有下面 3 种方法。

（1）常规方式

通过 Array()构造函数和 new 关键字创建一个指定长度的数组对象，语法格式为：

  var 数组名 = new Array([size]);

参数 size 是创建的数组元素个数，length 属性被设为 size 的值。如果在调用构造函数时只传递给它一个数值参数 size，该构造函数将返回一个具有指定个数、元素为 undefined 的数组。数组元素的索引为 0，1，2，…，size-1。

如果在调用构造函数 Array()时没有使用参数，那么返回的数组为空，length 属性为 0。

例如，以下代码定义了一个名为 cars1 且长度为 0 的数组，以及一个名为 cars2 且长度为 5 的数组：

  var cars1 = new Array();
  var cars2 = new Array(5);

cars2 数组的元素可以通过 cars2[0]、cars2[1]、cars2[2]、cars2[3]和 cars2[4]来访问。

（2）简洁方式

通过 Array()构造函数和 new 关键字在创建数组对象的同时为数组赋予 n 个初始值，语法格式为：

  var 数组名 = new Array(元素 1, 元素 2, 元素 3, …);

参数"元素 1""元素 2"…构成参数列表。当使用这些参数来调用构造函数 Array()时，新创建的数组的元素将被初始化为这些值。一个数组中可以包含不同数据类型的元素。其 length 属性也会被设置为参数的个数。

例如，以下代码定义了一个包含元素"Tesla""TOYOTA""Benz""BMW"的数组 cars3：

  var cars3 = new Array("Tesla", "TOYOTA", "Benz", "BMW");

（3）字面方式

通过[]声明一个数组，同时可以赋予初始值，它是一种简单的声明数组的方式。语法格式为：

  var 数组名 = [元素 1, 元素 2, 元素 3, …];

例如，以下代码定义了一个包含元素"Tesla""TOYOTA""Benz""BMW"的数组 cars4：

  var cars4 = ["Tesla", "TOYOTA", "Benz", "BMW"];

2. 数组对象的属性

数组对象的属性有很多，其中最常用的属性是 length，它用来返回或设置数组中元素的数目。例如，声明元素个数为 3 的数组对象 myArr，并赋予初始值 80、70、90，输出 length 属性，将 length 修改为 2，代码如下：

```
var myArr = new Array(80, 70, 90);    //创建数组
document.write("数组的个数: " + myArr.length);    //输出数组的元素个数
myArr.length = 2; //修改元素个数
```

3．数组对象的方法

数组对象有许多方法，请扫二维码。

4．访问数组

访问数组元素需要通过数组的索引，数组中元素的索引是从 0 开始，逐一增加，直到 length-1。可以对数组元素赋值或取值，其语法格式为：

```
数组变量[i] = 值；    //为数组元素赋值，i 是索引
变量名 = 数组变量[i]；    //用数组元素为变量赋值
```

5．添加数组元素

在 JavaScript 中，可以随时增加数组元素。为数组添加元素的方法有两种。

（1）直接为元素赋值

可以通过设置索引的方式为数组元素赋值，数组元素将被设置在定义的索引位置。

例如，以下代码先声明一个空的数组 cars，然后分别为索引为 0、1、2、4 的元素赋值。

```
var cars = new Array();
cars[0] = "Tesla";
cars[1] = "TOYOTA";
cars[2] = "Benz";
cars[4] = "Audi";
```

注意，由于 cars[3]没有被赋值，因此其值为 undefined。

（2）用 push()方法追加元素

使用 push()方法追加元素无须为元素指定索引，而且将元素追加到数组的尾部。

例如，以下代码先声明一个数组 cars，然后调用数组的 push()方法在数组尾部追加元素。

```
var cars = new Array();
cars.push("Tesla");
cars.push("TOYOTA");
cars.push("Benz");
cars.push("BMW");
cars.push("Audi");
document.write(cars);    //显示所有数组元素
```

6．遍历数组

遍历数组有两种方法。

（1）使用 for 循环遍历数组

首先用数组的 length 属性得到数组元素的个数，然后用 for 循环遍历整个数组元素。

【例 8-9】 遍历数组 cars，本例文件 8-9.html 的代码如下，在浏览器中显示的效果如图 8-9 所示。

```
<script type="text/javascript">
    var cars = new Array("Tesla", "TOYOTA", "Benz", "BMW","Audi");
    for (var i = 0; i < cars.length; i++) {
        document.write(i + " : " + cars[i]);
        document.write("<br>");
    }
</script>
```

图 8-9 遍历数组

（2）使用 for…in 循环遍历数组

使用 for…in 循环遍历数组无须获取数组的个数，先遍历出数组的索引，然后根据索引获取数组元素。

例如，下面代码与例 8-9 运行结果相同。

```
var cars = new Array("Tesla", "TOYOTA", "Benz", "BMW","Audi");
for (var i in cars) {
    document.write(i + " : " + cars[i]);
    document.write("<br>");
}
```

7. 删除元素

删除数组元素的方法有 pop()方法、shift()方法和 splice()方法。

（1）用 pop()方法删除数组元素

pop()方法删除并返回数组的最后一个元素，并缩减数组长度。另外，也可以通过修改数组的 length 属性从尾部删除数组元素。pop()方法的语法格式为：

数组名.pop()

例如，以下代码先使用 pop()方法删除尾部的 1 个元素，然后将数组元素个数设置为 1。

```
var cars = ["Tesla", "TOYOTA", "Benz", "BMW"];
var car = cars.pop();    //从尾部弹出一个元素
document.write(car + "<br>");    //BMW
document.write(cars.length + "    " + cars + "<br>"); //3 Tesla,TOYOTA,Benz
cars.length = 1;    //将数组元素个数设置为 1 个
document.write(cars.length + "    " + cars);    //1 Tesla
```

（2）用 shift()方法删除数组元素

shift()方法删除并返回数组的第一个元素，并缩减数组长度，剩下的元素重新标记索引。shift()方法的语法格式为：

数组名.shift()

例如，以下代码从头部删除元素。

```
var cars = ["Tesla", "TOYOTA", "Benz", "BMW"];
```

```
var car = cars.shift();    //从头部删除一个元素 Tesla
document.write(car + "<br>");    // Tesla
document.write(cars.length + "    " + cars + "<br>");    //3 TOYOTA,Benz,BMW
```

（3）用 splice()方法删除数组元素

splice()方法从指定位置删除指定的元素，并缩减数组长度，语法格式为：

数组名.splice(索引位置，删除个数)

例如，以下代码从索引位置 1 开始，删除两个元素。

```
var cars = ["Tesla", "TOYOTA", "Benz", "BMW"];
var car = cars.splice(1,2);    //从下标 1 的位置开始，删除两个元素
document.write(car + "<br>");    //TOYOTA,Benz
document.write(cars.length + "    " + cars + "<br>");    //2 Tesla,BMW
```

8．插入数组元素

除了前面介绍的从尾部追加元素，数组中的元素还可以用 unshift()和 splice()方法插入元素。

（1）用 unshift()方法插入元素

unshift()方法向数组的开头添加一个或更多元素，并返回新的长度。语法格式为：

数组名.unshift(元素 1，元素 2，元素 3, …)

例如，以下代码先定义了一个初始化元素的数组 fruits，然后调用数组的 unshift()方法在数组头部插入两个元素。

```
var fruits = ["Banana", "Orange", "Apple", "Mango"];
fruits.unshift("Lemon", "Pineapple");
document.write(fruits);    //Lemon,Pineapple,Banana,Orange,Apple,Mango
```

（2）用 splice()方法插入元素

splice()方法既可以删除元素，同时也可以向数组添加新元素。语法格式为：

数组名.splice(索引位置，删除个数，插入元素 1，插入元素 2, … , 插入元素 n)

从索引位置的下标处删除并添加元素。

例如，以下代码先定义了一个初始化元素的数组 fruits，然后调用数组的 splice()方法从索引位置 2 上删除 0 个元素，插入 3 个元素。

```
var fruits = ["Banana", "Orange", "Apple", "Mango"];
fruits.splice(2, 0, "Lemon", "Kiwi", "Cherries");
document.write(fruits);    //Banana,Orange,Lemon,Kiwi,Cherries,Apple,Mango
```

9．合并数组

concat()方法将多个数组连接成一个新数组，语法格式为：

var 数组名 = 数组名 1.concat(数组名 2，数组名 3，…，数组名 n);

数组名 1，数组名 2，…，数组名 n 是被连接的数组。"数组名"是连接数组后的新数组，

新数组中的元素按照数组名 1，数组名 2，…，数组名 n 的顺序排列。

例如，以下代码在 arr2 数组后连接 arr1、arr3 数组，形成一个新数组 newArr。

```
var arr1 = [1, 2];
var arr2 = [11, 22, 33];
var arr3 = ["333", "444"];
var newArr = arr2.concat(arr1, arr3);
document.write(newArr);    //11,22,33,1,2,333,444
```

10. 数组转字符串

join()方法把数组中的所有元素合并成一个用指定分隔符分隔的字符串。语法格式为：

数组名.join(分隔符)

如果没有给出分隔符，则默认用逗号分隔。

例如，以下代码分别用指定分隔符和默认分隔符转换成字符串并显示。

```
var fruits = ["Banana", "Orange", "Apple", "Mango"];
var fruitsString = fruits.join("->");    //分隔符是"->"
document.write(fruitsString + "<br>");    //Banana->Orange->Apple->Mango
var fruitsString = fruits.join();    //默认分隔符是","
document.write(fruitsString + "<br>");    //Banana,Orange,Apple,Mango
```

11. 数组元素反序

reverse()方法将数组中的元素按相反顺序排列，而且是改变当前的数组，不创建新的数组。语法格式为：

数组名.reverse()

例如，以下代码直接在 number 数组中对元素反序排列。

```
var number = ["111", "222", "333", "444"];
number.reverse();
document.write(number);    //444,333,222,111
```

12. 数组元素的排序

sort()方法将数组中的元素按照默认的规则排序，语法格式为：

数组名.sort()

例如，以下代码。

```
var fruits = new Array();
fruits[0] = "Banana";
fruits[1] = "Orange";
fruits[2] = "Apple";
fruits[3] = "Mango";
document.write("排序前: "+fruits+"<br>");    //Banana,Orange,Apple,Mango
fruits.sort();
document.write("排序后: "+fruits);    //Apple,Banana,Mango,Orange
```

13．二维数组

JavaScript 没有直接声明二维数组的方法，但是通过一定的方法可以构造出二维数组。如果一个数组中的元素本身也是一个数组，这种嵌套结构就可以构造出二维数组。

（1）直接定义并且初始化

这种方法在元素数量少的情况下可以用。例如，以下代码：

```
var arr = [
    ["0-0", "0-1", "0-2"],
    ["1-0", "1-1", "1-2"],
    ["2-0", "2-1", "2-2"]
];
```

（2）未知长度的二维数组

构造动态二维数组的方法，步骤如下：

1）先定义一维数组：

```
var arr = new Array();
```

2）构造二维数组，每一个一维数组的元素都声明为一个新数组：

```
arr[0] = new Array(); arr[1] = new Array(); arr[2] = new Array();
```

3）给数组元素赋值：

```
arr[0][0] = "0-0"; arr[0][1] = "0-1"; arr[1][0] = "1-0"; arr[1][1] = "1-1";
```

【例 8-10】 构造二维数组，本例文件 8-10.html 的代码如下，在浏览器中显示的效果如图 8-10 所示。

```
<script type="text/javascript">
    var arr = new Array();   //先声明一维数组
    n = 10; //一维长度为 n（n 为变量）可以根据实际情况改变
    m = 5; //一维数组里面每个元素数组可以包含的数量 p，p 也是一个变量
    for (var i = 0; i < n; i++) {
        arr[i] = new Array(); //每一个一维数组中的元素都是一个数组，构造二维数组
        for (var j = 0; j < m; j++) {
            arr[i][j] = i.toString() + "-" + j.toString() + ", "; //将变量初始化
        }
    }
    //按行、列显示二维数组中的元素
    var n = arr.length; //获取 arr 的元素个数
    var m = arr[0].length; //获取子数组的元素的个数
    for (var i = 0; i < n; i++) {
        for (var j = 0; j < m; j++) {
            document.write(arr[i][j]);
        }
        document.write("<br>")
    }
</script>
```

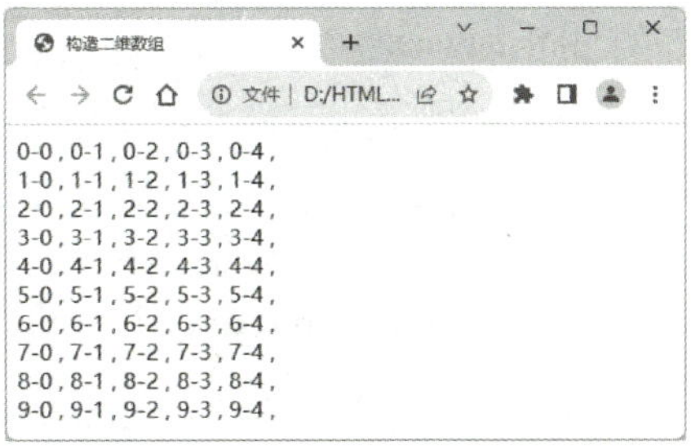

图 8-10　构造二维数组

8.3.5 扩展运算符

扩展运算符（Spread Operator）是 ES6 的新增语法，用三个点（...）表示，扩展运算符用于取出当前对象的所有可遍历属性，然后复制到当前对象中。扩展运算符允许一个表达式在期望多个参数（用于函数调用）、多个元素（用于数组字面量）或多个变量（用于对象字面量）的位置扩展。

1. 在函数调用中使用扩展运算符

扩展运算符在函数调用中非常有用，特别是当函数期望接受多个参数，而调用者是一个数组的情况，扩展运算符可以将一个数组或者类数组对象展开为一系列参数。

例如，以下代码演示了如何使用扩展运算符将数组转为函数参数。

```
function myFunc(a, b, c) {
    document.write(a + b + c);
}
let numbers = [1, 2, 3]; // 数组
myFunc(...numbers); // 把数组用扩展运算符转为函数的多个参数。输出: 6
document.write("<br>");
myFunc(numbers[0], numbers[1], numbers[2]); // 传入 3 个参数，不用…运算符
```

"..." 符号在上述代码中的作用是将数组 numbers 展开为一系列参数，然后传递给 myFunc 函数。

2. 在数组字面量中使用扩展运算符

扩展运算符也可以用于数组字面量，使得可以将一个或多个数组组合成一个新的数组。

例如，以下代码演示了如何使用扩展运算符合并两个数组。

```
let arr1 = [1, 2, 3];
let arr2 = [4, 5, 6];
let combined1 = [...arr1, ...arr2]; // 使用扩展运算符合并两个数组
let combined2 = [...arr2, ...arr1]; // 不同的排列方式合并为不同的顺序
document.write(combined1 + "<br>"); // 输出: [1, 2, 3, 4, 5, 6]
document.write(combined2); // 输出: [4, 5, 6, 1, 2, 3]
```

此外，扩展运算符还可以用于多个数组的合并，如

```
let combined = [...arr2, ...arr1, ...arr3];
```

要注意的是，扩展运算符并不适用于多级数组、含有日期或含有函数的数组。

以下是一些其他使用扩展运算符的示例。

使用扩展运算符向数组中添加元素，代码如下。

```
let arr3 = ['this', 'is', 'an'];
arr3 = [...arr3, 'array']; // 添加元素
document.write(arr3); // 输出: ['this', 'is', 'an', 'array']
```

使用扩展运算符和 Math.min/Math.max 方法获得数值数组中的最小值/最大值，代码如下。

```
const arr4 = [1, -1, 0, 5, 3];
const min = Math.min(...arr4);
const max = Math.max(...arr4);
```

```
document.write("min=", min, " max=", max); // 输出: min=-1 max=5
```

使用扩展运算符将一个字符串分解成单个字符的数组，代码如下。

```
const str = 'Hello';
const arr = [...str]; // 对这个字符串使用扩展运算符，得到一个字符数组
document.write(arr); // 输出: [ 'H', 'e', 'l', 'l', 'o' ]
```

使用扩展运算符复制数组，代码如下。

```
const arr5 = [1,2,3];
const arr6 = [...arr5];
document.write(arr6); // 显示：[ 1, 2, 3 ]
```

3．在对象字面量中使用扩展运算符

当用在对象字面量中时，扩展运算符可以将一个对象的所有可枚举属性复制到另一个新对象中。

例如，以下代码演示了如何使用扩展运算符来合并两个对象。

```
let obj1 = {a: 1, b: 2};
let obj2 = {c: 3};
let combinedObj = {...obj1, ...obj2}; // 使用扩展运算符来合并两个对象
document.write('a: ' + combinedObj.a+ '<br>'); // 输出 combinedObj 对象的属性 a
document.write('b: ' + combinedObj.b+ '<br>'); // 输出 combinedObj 对象的属性 b
document.write('c: ' + combinedObj.c); // 输出 combinedObj 对象的属性 c
```

例如，向对象添加属性，假设有一个 user 对象，但它缺少 age 属性，可以使用以下方法添加。

```
const user = { firstname: 'Chris', lastname: 'Bongers'}; // 定义 user 对象
const output = {...user, age: 19}; //使用扩展运算符向 user 对象添加 age 属性
document.write('First Name: ' + output.firstname+ '<br>'); // 输出 user 对象的属性
document.write('Last Name: ' + output.lastname+ '<br>');
document.write('Age: ' + output.age);
```

需要注意的是，扩展运算符是浅复制，对于复杂的嵌套对象，如果修改新对象中的嵌套值，原对象也会受到影响。

【例 8-11】 解构对象，假设有一个对象 user，可以使用扩展运算符将其分解为单个变量。本例文件 8-11.html 的代码如下，在浏览器中显示的效果如图 8-11 所示。

图 8-11 解构对象

```
<script type="text/javascript">
    const user = { firstname: 'Chris', lastname: 'Bongers', age: 19 };
    const { firstname,...rest } = user;
    document.write(firstname); // 输出: Chris
    document.write(rest.lastname, rest.age); // 输出: Bongers19 }
</script>
```

在本例中，解构了 user 对象，并将 firstname 属性解构为 firstname 变量，将对象的其余部

分解构为 rest 变量。

扩展运算符的应用十分广泛，包括但不限于数组/对象的复制、合并，以及在 React.js 中传递 props 等。

习题 8

1．创建一个名为 Person 的对象，该对象包含 firstName 和 lastName 属性，并且具有一个名为 fullName 的方法，该方法返回这个人的全名。实例化 Person 对象，其 firstName 和 lastName 分别为 John 和 Doe，引用并显示属性，调用 fullName 方法显示其全名。

2．创建一个名为 book 的对象，包含属性 title（值为"JavaScript Basics"），author（值为"John Doe"）和 pages（值为 250）。

1）引用并显示 book 的 title。
2）为 book 添加一个新的属性 publisher，值为"OpenAI Press"，然后显示这个新的属性。
3）检测 book 中是否存在名为 isbn 的属性。
4）删除 book 中的 author 属性。

3．使用 JavaScript 的 Math 对象生成 10 个介于 0（包括）到 10（不包括）之间的随机整数。

4．声明一个字符串变量 str，其内容为"Hello, JavaScript!"。使用 length 属性，输出 str 的长度；使用 charAt()方法，输出 str 中索引位置为 4 的字符；使用 indexOf()方法，找出"JavaScript"在 str 中的开始位置。

5．在页面中用中文显示当天的日期和星期，如图 8-12 所示。

6．在网页中显示一个工作中的数字时钟，如图 8-13 所示。

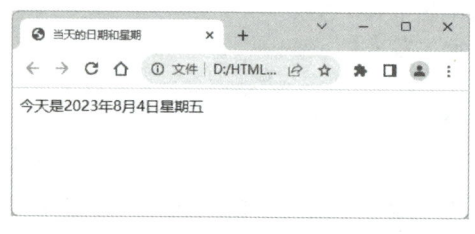

图 8-12　题 5 图

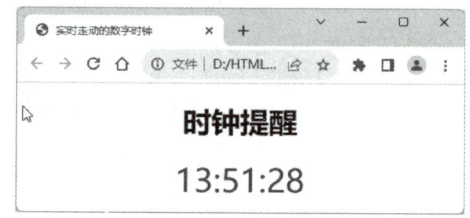

图 8-13　题 6 图

7．逆序输出字符串，请编写一个函数 reverseString，该函数接受一个字符串作为参数，并返回一个反转的字符串。

8．数组求和，请编写一个函数 sumArray，该函数接受一个由数字组成的数组作为参数，并返回数组中所有元素的和。

9．请编写一个函数 maxInArray，该函数接受一个由数字组成的数组作为参数，并返回数组中最大的数字。

10．编写一个箭头函数，该函数接受一个数字数组，返回数组中所有数字的平均值。

第 9 章　JavaScript 对象模型

JavaScript 是一种基于对象的语言，它包含许多内建对象，如 BOM 对象、DOM 对象等，利用这些对象可以更轻松地进行 JavaScript 编程。

学习目标：掌握 JavaScript 的 BOM 对象和操作，掌握 JavaScript 的 DOM 对象和操作。

重点与难点：重点是理解 BOM 和 DOM 的对象，以及它们与 CSS 的交互，难点是理解和操作 DOM 与 CSS 的交互。

素养目标：拓宽学生的国际视野，增强跨文化交流能力，提升自身竞争力。

9.1　BOM 的对象

9.1 BOM 的对象

BOM（Browser Object Model）是指浏览器对象模型，浏览器对象模型提供了独立于内容的、可以与浏览器窗口进行互动的对象结构。

9.1.1　BOM 概述

BOM 由一系列相关的对象构成，并且每个对象都提供了众多的方法与属性。其中，代表浏览器窗口的 window 对象是 BOM 的顶层对象，其他对象都是该对象的子对象。每当<body>标签出现时，window 对象就会被自动创建。使用 window 对象可以访问客户端的其他对象，这种关系构成了浏览器对象模型，window 对象代表根节点。浏览器对象的关系如图 9-1 所示。

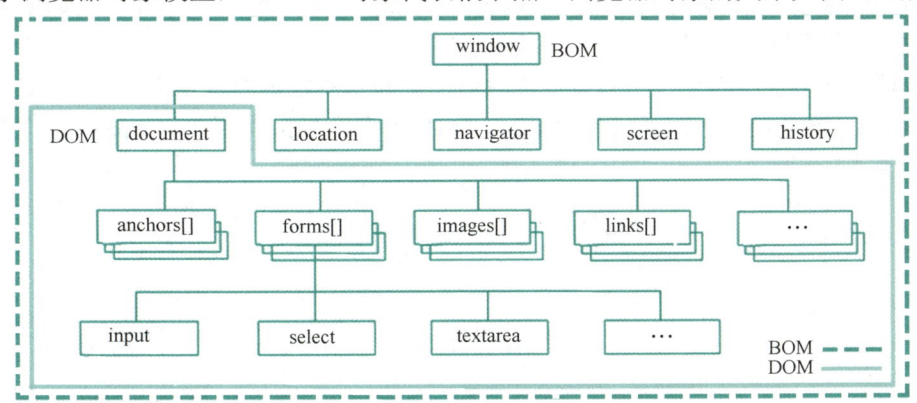

图 9-1　浏览器对象（BOM）的关系

在对象的层级关系中，window 对象的地位最高，它反映的是一个完整的浏览器窗口。window 对象的下级包含 document、location、navigator、screen、history 对象，这些对象都是作为 window 对象的属性而存在的。每个对象的功能如下。

document（文档对象）：包含整个 HTML 文档，可用于访问文档内容及其所有页面元素。

location（文档的地址 URL 对象）：包含当前网页文档的 URL 信息。

navigator（浏览器信息对象）：包含客户端的浏览器信息。

screen（浏览器屏幕对象）：包含客户端屏幕的信息。

history（历史记录对象）：包含浏览器窗口访问过的 URL 信息。

BOM 提供了一些操作窗口对象的方法，如移动窗口位置、改变窗口大小、打开新窗口和关闭窗口、弹出对话框、导航、获取客户的一些信息、支持 Cookies 等功能。BOM 最强大的功能是提供了一个访问 HTML 页面的入口——document 对象，通过这个入口可以使用 DOM 的强大功能。

BOM 被广泛应用于 Web 开发之中，主要用于客户端浏览器的管理。各主流浏览器均支持 BOM，W3C 也将 BOM 的主要内容纳入 HTML5 规范中。

9.1.2　window 对象

window 对象是一个独立的窗口，是客户端浏览器对象模型的基类，也是客户端 JavaScript 的全局对象。在当前的环境中，所有的表达式都在 window 对象中计算。因此，要引用当前窗口，可以把窗口的属性当作全局变量来使用，而不必再写"window"。例如，可以只写 document，而不必写 window.document。

由于 window 是全局对象，因此所有 JavaScript 全局对象、函数以及变量都是 window 对象的成员。全局变量是 window 对象的属性，全局函数是 window 对象的方法。甚至 DOM 的 document 也是 window 对象的属性之一。

window 对象处于整个从属关系的最高级，它提供了处理窗口的方法和属性。每一个 window 对象代表一个浏览器窗口。

1．window 对象的属性

window 对象的常用属性，请扫二维码。

window 对象的常用属性和方法

2．window 对象的方法

window 对象的方法有很多，其中 alert()、confirm()和 prompt()前面章节已经使用了。window 对象的常用方法，请扫二维码。

【例 9-1】 显示窗口的宽、高和设置计时器，页面初次加载时依次显示 3 个提示框，延时 5000ms 后再调用 hello()函数，显示其对话框。本例文件 9-1.html 的代码如下，在浏览器中显示的效果如图 9-2 所示。

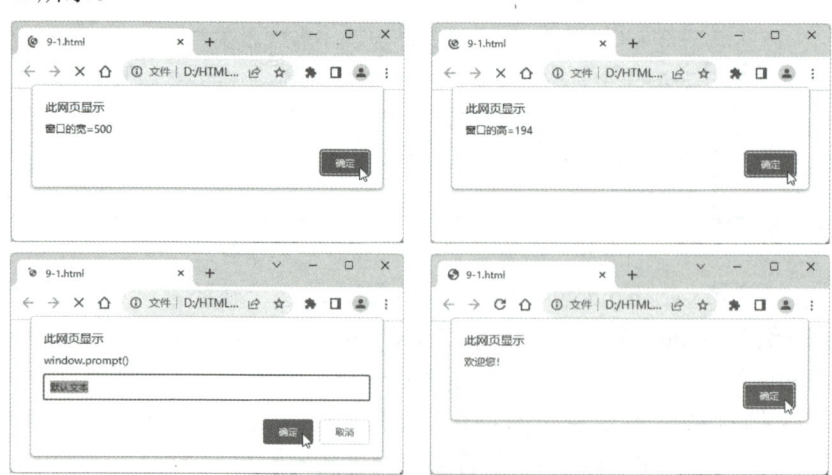

图 9-2　延时 5000ms 后显示对话框

```html
<!DOCTYPE html>
<html>
    <head>
        <meta charset="utf-8">
        <title></title>
        <script type="text/javascript">
            function hello() {
                window.alert("欢迎您！");
            }
            window.setTimeout(hello, 5000); //延时 5000ms 后再调用 hello()函数
            window.alert("窗口的宽=" + window.innerWidth); //获得窗口的宽度
            window.alert("窗口的高=" + window.innerHeight); //获得窗口的高度
            window.prompt("window.prompt()", "默认文本"); //js 中的提示输入框
        </script>
    </head>
    <body>
    </body>
</html>
```

9.1.3 document 对象

document 对象代表浏览器窗口中加载的 HTML 文档，它包含了当前网页的各种信息，例如标题、背景色、使用的语言等。document 对象是 window 对象的属性，可以通过 window.document 进行访问。document 对象包含很多属性和方法，允许从 JavaScript 脚本中访问和操作 HTML 页面中的所有元素。

1．document 对象的属性

document 对象的常用属性，请扫二维码。

2．document 对象的方法

document 对象的常用方法，请扫二维码。

在 document 对象的方法中，write()方法用于动态地向页面写入 HTML 或 JavaScript 代码；createElement(Tag)、getElementById(ID)、getElementsByName(Name)等方法用于访问和操作文档中的元素。

【例 9-2】 使用 getElementById()、getElementsByName()、getElementsByTagName()方法操作文档中元素的例子。在用户填写表单并单击"统计结果"按钮后，会弹出一个消息框显示统计结果。本例文件 9-2.html 的代码如下，在浏览器中显示的效果如图 9-3 所示。

 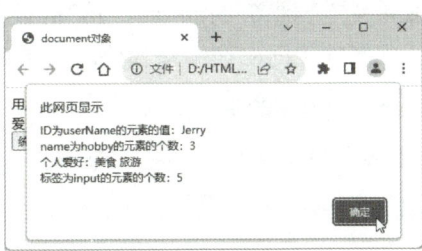

图 9-3　document 对象显示效果

```
<!DOCTYPE html>
<html>
    <head>
        <meta charset="utf-8">
        <title>document 对象</title>
        <script type="text/javascript">
            function count() {
                var userName = document.getElementById("userName");
                var hobby = document.getElementsByName("hobby");
                var inputs = document.getElementsByTagName("input");
                var result = "ID 为 userName 的元素的值：" + userName.value + "\nname 为 hobby 的元素的个数：" + hobby.length + "\n 个人爱好：";
                for (var i = 0; i < hobby.length; i++) {
                    if (hobby[i].checked) {
                        result += hobby[i].value + " ";
                    }
                }
                result += "\n 标签为 input 的元素的个数：" + inputs.length;
                alert(result);
            }
        </script>
    </head>
    <body>
        <form name="myform">
            用户名：<input type="text" name="userName" id="userName"><br>
            爱 好：<input type="checkbox" name="hobby" value="音乐">音乐
            <input type="checkbox" name="hobby" value="美食">美食
            <input type="checkbox" name="hobby" value="旅游">旅游<br>
            <input type="button" value="统计结果" onclick="count()">
        </form>
    </body>
</html>
```

9.1.4 location 对象

location 对象包含当前页面的 URL 地址的各种信息，例如协议、主机服务器和端口号等，并把浏览器重定向到新的页面。location 对象是 window 对象的一部分，可以通过 window.location 属性访问，在编写代码时可省略 window 前缀。

1. location 对象的属性

location 对象的常用属性，请扫二维码。

2. location 对象的方法

location 对象提供了 3 个方法，用于加载或重新加载页面中的内容，location 对象的方法，请扫二维码。

location 对象的常用属性和方法

【例 9-3】 下面代码通过 location.href 属性获得当前页面的 URL 链接，然后重定向并打开百度主页。本例文件 9-3.html 在浏览器中显示的效果如图 9-4 所示。

```
<script type="text/javascript">
    window.onload = function() {
        alert(location.href);
        location.replace("https://www.baidu.com");
    }
</script>
```

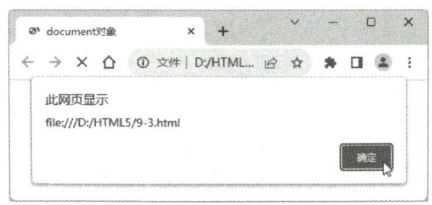

图 9-4　弹出消息框

9.1.5　navigator 对象

navigator 对象获取客户端访问者浏览器的信息，包括浏览器名称、平台版本信息、是否启用 cookie 状态、操作系统平台等。在编写时可不使用 window 这个前缀。navigator 对象的常用属性，请扫二维码。

navigator 对象的常用属性

【例 9-4】 navigator.userAgent 是最常用的属性，用来完成浏览器判断；然后返回客户端浏览器的各种信息。本例文件 9-4.html 的代码如下，在浏览器中显示的效果如图 9-5 所示。

图 9-5　navigator 对象显示效果

```
<script type="text/javascript">
    if (window.navigator.userAgent.indexOf('MSIE') != -1) {
        alert('我是 IE');
    } else {
        alert('我不是 IE');
    }
    document.write(navigator.appName + "<br>");    //返回运行浏览器的名称
    document.write(navigator.appVersion + "<br>"); //返回运行浏览器的平台和版本信息
    document.write(navigator.cookieEnabled + "<br>"); //返回浏览器中是否启用 cookie 的布尔值
    document.write(navigator.platform + "<br>");   //返回运行浏览器的操作系统平台
</script>
```

9.1.6　screen 对象

screen 对象包含有关客户端显示屏幕的信息。每个 window 对象的 screen 属性都引用一个 screen 对象。screen 对象中存放着有关显示浏览器屏幕的信息。JavaScript 程序将利用这些信息来优化其输出，以达到用户的显示要求。例如，一个程序可以根据显示器的尺寸选择使用大图像还是使用小图像，它还可以根据显示器的颜色深度选择使用 16 位色还是使用 8 位色的图形。另外，JavaScript 程序还能根据有关屏幕尺寸的信息将新的浏览器窗口定位在屏幕中间。

screen 对象的常用属性

screen 对象的常用属性，请扫二维码。

【例 9-5】 下面代码显示浏览器显示屏幕的宽度和高度、显示器屏幕的宽度和高度。本例文件 9-5.html 的代码如下，在浏览器中显示的效果如图 9-6 所示，可以看到浏览器屏幕的高度与显示器的高度相差一个 Windows 任务栏的高度。

```
<script type="text/javascript">
    document.write(screen.availHeight+"<br>");//返回客户端浏览器显示屏幕的高度
    document.write(screen.availWidth+"<br>");//返回浏览器显示屏幕的宽度
    document.write(screen.height + "<br>"); //返回显示器的高度
    document.write(screen.width + "<br>"); //返回显示器的宽度
</script>
```

图 9-6　screen 对象的属性

9.1.7　history 对象

history 对象包含用户在浏览网页时所访问过的 URL 地址。history 对象是 window 对象的一部分，可以通过 window.history 属性对其访问。

history 对象的常用属性是 history.length 属性，保存着历史记录的 URL 数量。初始时，该值为 1。如果当前窗口先后访问了 3 个网址，history.length 属性等于 3。

window.history 对象包含浏览器的历史。为了保护用户隐私，对 JavaScript 访问该对象的方法进行了限制。history 对象的常用方法，请扫二维码。

例如，下面代码在网页中显示网页链接的数量，请输入几个网站后，返回到这个例子，链接数量将会改变。

```
document.write(history.length + "<br>"); //初始时，该值为 1
history.back(); //后退一页
//history.forward(); //前进一页
//history.go(-1); //后退一页
//history.go(1); //前进一页
//history.go(2); //前进两页
```

history 对象的常用方法

9.2　DOM 的对象

9.2
DOM 的对象

HTML DOM（Document Object Model for HTML，文档对象模型）是 W3C 的标准，它定义了一系列用于 HTML 的标准对象，以及访问和处理 HTML 文档的标准方法。通过 DOM，可以访问和修改 HTML 文档中的所有元素，包括元素的文本和属性。可以对其中的内容进行添加、修改和删除，同时也可以创建新的元素。

9.2.1　节点和节点树

当网页被加载时，浏览器会创建页面的 DOM 树。DOM 是 BOM 的一部分，主要用于操作核心对象 document。

1．节点

DOM 把 HTML 文档中的每一个元素都定义为节点。整个 HTML 文档是一个文档节点，根元素<html>是根节点。每个 HTML 标签都是一个元素节点；包含在 HTML 标签中的文本内容是文本节点；HTML 标签的每一个属性都是属性节点；注释则属于注释节点。

2．节点树

DOM 对象被结构化为一个节点树。HTML 文档的所有元素、属性、文本内容等组成一个节点树。每个元素、属性和文本等都代表树中的一个节点。

例如，下面 HTML 文档的代码如下：

```
<!DOCTYPE html> <!--文档节点-->
<html>  <!--<html>是元素节点-->
    <head>  <!--<head>是元素节点-->
        <meta charset="utf-8"> <!--<meta>是元素节点，其中的 charset 是属性节点-->
        <title>文档标题</title>  <!--<title>是元素节点，其中的"文档标题"是文本节点-->
    </head>
    <body>  <!--<body>是元素节点-->
        <a href="#">链接文字</a><!--<a>是元素节点，其中的 href 是属性节点，"链接文字"是文本节点-->
        <h1>标题 1</h1>  <!--<h1>是元素节点，其中的"标题 1"是文本节点-->
        <p>段落文本</p>   <!--<p>是元素节点，其中的"段落文本"是文本节点-->
    </body>
</html>
```

上面代码构成的节点树，如图 9-7 所示。

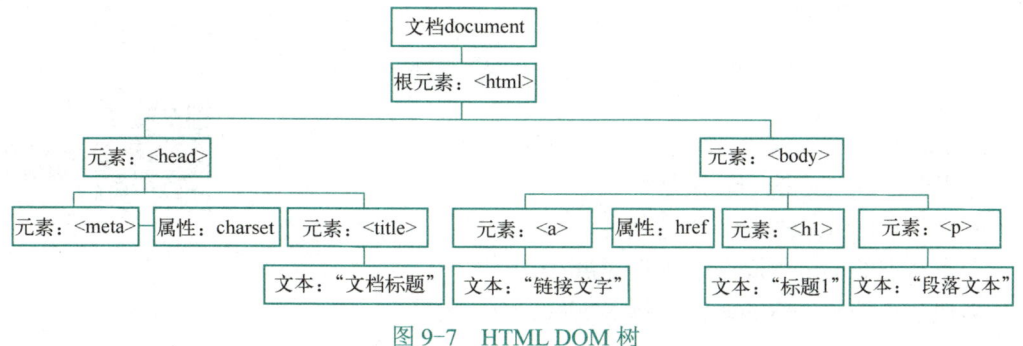

图 9-7　HTML DOM 树

节点树中的所有节点彼此之间都有等级和层次关系，节点树起始于文档节点 document，除文档节点外的每个节点都有父节点。例如，<head>和<body>的父节点是<html>节点。大部分元素节点都有子节点。

文本节点和属性节点的父节点是它们所属的元素节点。例如，<a>节点的属性节点 href 和文本节点"链接文字"的父节点是<a>节点。文本节点和属性节点为叶子节点，即它们没有子节点。

当节点共享同一个父节点时，它们是同级（兄弟）节点。例如，<head>与<body>是同级节点，它们的父节点都是<html>节点；<a>、<h1>和<p>是同级节点，它们的父节点是<body>节点。

有的节点有子节点，有的节点有父节点，或者父节点的父节点。所有节点的最终祖先节点是文档节点。

9.2.2 DOM 的操作

在 DOM 中有许多不同类型的节点，也有很多类型的 DOM 节点包含着其他类型的节点。其中常用的节点有 3 种：元素节点、文本节点和属性节点。

由于 HTML 文档被浏览器解析后是一棵 DOM 树，是一个树形结构。要改变 HTML 的结构，就需要通过 JavaScript 来操作 DOM。操作一个 DOM 节点涉及以下几个操作。

添加：在该 DOM 节点下新增一个子节点，相当于动态增加了一个 HTML 节点。

删除：将该节点从 HTML 中删除，相当于删掉了该 DOM 节点的内容以及它包含的所有子节点。

更新：更新该 DOM 节点的内容，相当于更新了该 DOM 节点表示的 HTML 的内容。

遍历：遍历该 DOM 节点下的子节点，以便进行进一步操作。

除了操作节点外，DOM 还可以获取或设置元素的属性值、进行属性操作等。

通过对象的属性和方法可以操作这些对象，常用的 DOM 对象有 Node 对象、HTML Element 对象、HTML Document 对象和 HTML DOM 对象。

通过 DOM 对象模型，JavaScript 获得了创建动态 HTML 的能力，包括改变（删除、添加）页面中的所有 HTML 元素、HTML 属性、CSS 样式，并且对页面中的所有事件做出反应。

9.2.3 Node 对象

Node（节点）对象代表文档树中的一个节点，Node 对象是整个 DOM 的核心对象。

1．Node 对象的属性

每个节点都有其节点的属性，Node 对象的常用属性，请扫二维码。

（1）nodeName

nodeName 属性含有某个节点的名称，其中：

1）元素节点的 nodeName 值是标签名称。

2）属性节点的 nodeName 值是属性名称。

3）文本节点的 nodeName 值永远是#text。

4）文档节点的 nodeName 值永远是#document。

（2）nodeValue

对于文本节点，nodeValue 属性包含文本内容。对于属性节点，nodeValue 属性包含属性值。对于文档节点和元素节点，nodeValue 属性不可用。

（3）nodeType

nodeType 属性返回节点的类型，其中重要的节点类型，请扫二维码。

Node 对象的常用属性

节点类型

2．Node 对象的方法

Node 对象的方法包含对节点的各种操作，Node 对象的主要方法，请扫二维码。

Node 对象的主要方法

9.2.4 HTML DOM 对象

HTML DOM 是 HTML 的标准对象模型和编程接口。它定义了作为对象的 HTML 元素、所有 HTML 元素的属性、访问所有 HTML 元素的方法，以及所有 HTML 元素的事件。换言之，HTML DOM 是关于如何获取、更改、添加或删除 HTML 元素的标准。

HTML DOM 独立于平台和编程语言，可以被任何编程语言（如 Java、JavaScript 和 VBScript）使用。HTML DOM 对象，请扫二维码。

HTML DOM 对象

9.2.5　HTML Document 对象

HTML Document 对象表示 HTML 文档树的根，在 BOM 和 HTML DOM 中被称为 Document 对象。每个载入浏览器的 HTML 文档都会成为 Document 对象。Document 对象可以用脚本对 HTML 页面中的所有元素进行访问。

Document 对象是 Window 对象的一部分，可通过 window.document 属性对其进行访问。

HTML Document 接口对 DOM Document 接口进行了扩展，定义了 HTML 专用的属性和方法。很多属性和方法都是 HTML Collection 对象（实际上是可以用数组或名称索引的只读数组），其中保存了对锚、表单、链接以及其他脚本元素的引用。这些集合属性都源自于 0 级 DOM。它们已经被 Document.getElementsByTagName()所取代，但是仍然常常使用，因为它们很方便。

1. HTML Document 对象的集合

HTML Document 对象的常用集合，请扫二维码。

2. HTML Document 对象的属性

HTML Document 对象的常用属性，请扫二维码。

3. HTML Document 对象的方法

HTML Document 对象的常用方法，请扫二维码。

HTML Document 对象的常用集合、属性和方法

9.2.6　HTML Element 对象

在 HTML DOM 中，HTML Element 对象表示 HTML 文档中的任意元素，它是 HTML DOM 的基本对象，提供 HTML 元素对象的通用属性和方法。

Element 对象可以拥有类型为元素节点、文本节点、注释节点的子节点。NodeList 对象表示节点列表，比如 HTML 元素的子节点集合。

元素也可以拥有属性。属性是属性节点。

HTML Element 对象继承了 Node 和 Element 对象的标准属性和方法，也实现了非标准属性。

1. HTML Element 对象的属性

HTML Element 对象的常用属性，请扫二维码，其中的属性可用于所有 HTML 元素上。

2. HTML Element 对象的方法

HTML Element 对象的常用方法，请扫二维码。

HTML Element 对象的常用属性和方法

9.2.7 Node 操作实例

1. 获取节点

DOM 树由许多 HTML 标签元素构成，这些标签元素就是树状结构上的节点，要对节点进行操作，首先需要获取（访问、查找）这个 DOM 节点。获取节点的方法主要有以下几种。

（1）通过标签的 id 获取

通过标签的 id 获取节点元素的格式为：

document.getElementById('id 属性值')

由于 id 在 HTML 文档中是唯一的，所以通过 id 可以直接定位唯一的一个 DOM 节点元素，返回一个元素对象。如果 id 不唯一，则返回拥有指定 id 的第一个元素对象。

（2）通过标签 name 属性获取

通过标签的 name 属性获取节点元素的格式为：

document.getElementsByName('name 属性值')

通过 name 属性获取元素组，总是返回一组 DOM 节点，返回拥有指定名称的对象集合。

（3）通过 class 类别名获取

通过 class 类别名获取节点元素的格式为：

document.getElementsByClassName('class 属性值')

通过 class 获取元素组，总是返回一组 DOM 节点，返回拥有指定 class 类别名的对象集合。

（4）通过标签名获取

通过标签名获取节点元素的格式为：

document.getElementsByTagName('标签名')

通过标签名获取元素组，总是返回一组 DOM 节点，返回拥有指定标签名的对象集合。

第（2）～（4）种方法返回对象集合，要注意：由于获取的结果可能是多个，所以 Elements 是复数形式，Element 后加上了 s。获取结果的对象集合是 nodeList 类型，要操作对象集合中的所有元素需要遍历该对象集合。获取元素时，有可能获取到的标签只有一个，但是形式仍然是对象集合。

要精确地选择 DOM，可以先定位父节点，再从父节点开始选择，以缩小范围。

【例 9-6】 Node 对象是用于解析 DOM 节点树的入口，Node 对象提供了对节点操作的属性和方法。本例使用 Node 对象的属性显示节点信息。本例文件 9-6.html 的代码如下，在浏览器中显示的效果如图 9-8 所示。

```
<!DOCTYPE html>
<html>
    <head>
        <meta charset="utf-8">
```

图 9-8　显示属性值

```
            <title>显示属性值</title>
        </head>
        <body>
            <p id="p1" name="text">我来自何方</p>
            <script type="text/javascript">
                /* 获取指定元素节点 */
                var p = document.getElementById('p1');
                /* 判断指定节点的名称 - 显示标签名称 */
                document.write(p.nodeName + "<br>"); // 显示大写: P
                /* 判断指定节点的类型 */
                document.write(p.nodeType + "<br>"); // 显示元素节点: 1
                /* 判断指定节点的属性值 */
                document.write(p.nodeValue + "<br>"); // 显示: null
                /* 获取指定元素节点的文本节点 */
                var text = p.firstChild;
                /* 判断指定节点的名称 */
                document.write(text.nodeName + "<br>"); // 显示文本节点的固定写法: #text
                /* 判断指定节点的类型 */
                document.write(text.nodeType + "<br>"); // 显示文本节点: 3
                /* 判断指定节点的属性值 */
                document.write(text.nodeValue + "<br>"); // 显示文本内容: 我来自何方
                /* 获取指定元素节点的属性节点 */
                var myAttr = p.getAttributeNode('name');
                /* 判断指定节点的名称 */
                document.write(myAttr.nodeName + "<br>"); // 显示属性名: name
                /* 判断指定节点的类型 */
                document.write(myAttr.nodeType + "<br>"); // 显示属性节点: 2
                /* 判断指定节点的属性值 */
                document.write(myAttr.nodeValue + "<br>"); // 显示属性值: text
                /* 判断节点的类型 - 文档节点 */
                // document 对象 表示 html 文档（html 页面）
                document.write(document.nodeName + "<br>"); // 显示节点的名称: #document（document
                                                            //  对象）
                document.write(document.nodeType + "<br>"); // 显示节点的类型: 9（文档节点）
                document.write(document.nodeValue + "<br>"); // 显示节点的值: null
            </script>
        </body>
    </html>
```

2．创建或增添节点

在 DOM 操作中，经常需要在 HTML 页面中动态增加一些 HTML 元素，这就需要创建节点，然后增加节点。

（1）创建节点

创建节点使用以下方法。

document.createElement("HTML 元素名") //创建一个 HTML 元素
document.createTextNode(String) //创建一个文本节点

```
document.createAttribute("属性名") //创建一个属性节点
```

（2）增添节点

增添节点使用以下方法。

1）向 element 内部最后添加（追加）一个节点，参数是节点类型：

```
element.appendChild(Node)
```

2）在 element 内部的 existingNode 前插入 newNode：

```
element.insertBefore(newNode, existingNode)
```

【例 9-7】 本例创建新的 HTML 元素 p 节点，使用 appendChild()方法添加新元素到尾部；然后在已存在的元素 div1 中添加它。本例文件 9-7.html 的代码如下，在浏览器中显示的效果如图 9-9 所示。

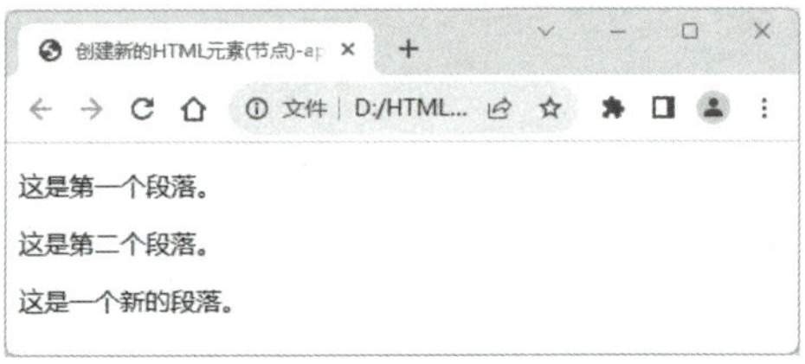

图 9-9 创建新的 HTML 元素（p 节点）

```
<!DOCTYPE html>
<html>
    <head>
        <meta charset="utf-8">
        <title>创建新的 HTML 元素(节点)-appendChild()</title>
    </head>
    <body>
        <div id="div1">
            <p id="p1">这是第一个段落。</p>
            <p id="p2">这是第二个段落。</p>
        </div>
        <script type="text/javascript">
            var para=document.createElement("p"); //创建 p 元素
            var node=document.createTextNode("这是一个新的段落。");    //为<p>元素创建一个新
                                                                //的文本节点
            para.appendChild(node); //将文本节点添加到<p>元素中
            var element = document.getElementById("div1"); //查找已存在的元素 div1
            element.appendChild(para); //添加到已存在的元素中
        </script>
    </body>
</html>
```

【例 9-8】 本例创建新的 HTML 元素（节点），使用 insertBefore()方法将新元素添加到指定位置。本例文件 9-8.html 的代码如下，在浏览器中显示的效果如图 9-10 所示。

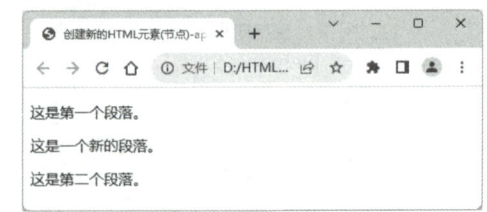

图 9-10 创建新的 HTML 元素（节点）

```
<!DOCTYPE html>
<html>
    <head>
        <meta charset="utf-8">
        <title>创建新的 HTML 元素(节点)-appendChild()</title>
```

```html
</head>
<body>
    <div id="div1">
        <p id="p1">这是第一个段落。</p>
        <p id="p2">这是第二个段落。</p>
    </div>
    <script type="text/javascript">
        var para = document.createElement("p"); //创建 p 元素
        var node=document.createTextNode("这是一个新的段落。");//为<p>元素创建文本节点
        para.appendChild(node);//将文本节点添加到<p>元素中
        var element = document.getElementById("div1");//查找已存在的元素 div1
        var child = document.getElementById("p2");//查找已存在的元素 p2
        element.insertBefore(para, child); //把新建的元素插入到 p2 前
    </script>
</body>
</html>
```

3. 删除节点

删除（移除）节点使用下面方法：

element.removeChild(Node)

本方法的功能是删除当前节点下指定的子节点，删除成功返回该被删除的节点，否则返回 null。

【例 9-9】 HTML 文档中<div>元素包含两个子节点（两个<p>元素），删除第一个段落。本例文件 9-9.html 的代码如下，在浏览器中显示的效果如图 9-11 所示。

```html
<!DOCTYPE html>
<html>
    <head>
        <meta charset="utf-8">
        <title>移除第一个段落</title>
    </head>
    <body>
        <div id="div1">
            <p id="p1">这是第一个段落。</p>
            <p id="p2">这是第二个段落。</p>
        </div>
        <script type="text/javascript">
            var parent = document.getElementById("div1"); //查找 id="div1"的元素，父元素
            var child = document.getElementById("p1"); //查找 id="p1"的<p>元素
            parent.removeChild(child); //从父元素中移除子节点 p1
        </script>
    </body>
</html>
```

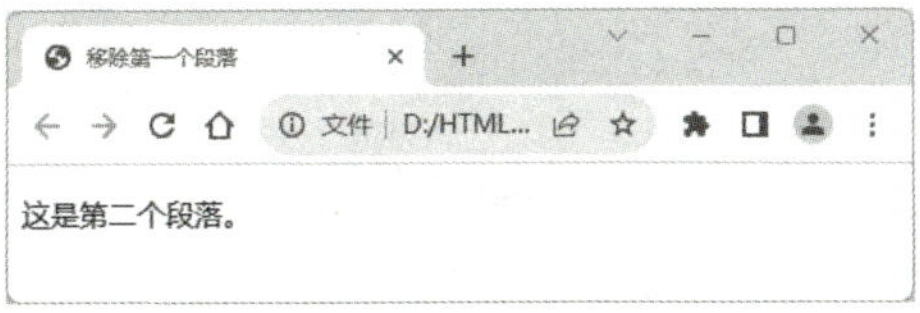

图 9-11 删除节点

要移除一个元素，需要知道该元素的父元素。以下代码是已知要查找的子元素，然后查找其父元素，再删除这个子元素（删除某个节点必须知道其父节点）：

```
var child = document.getElementById("p1");
child.parentNode.removeChild(child);
```

4. 替换 HTML 元素

可以使用 replaceChild()方法来替换 HTML DOM 中的元素：

parent.replaceChild(newChild, oldChild)

【例 9-10】 本例用新段落替换第一个段落。本例文件 9-10.html 的代码如下，在浏览器中显示的效果如图 9-12 所示。

```html
<!DOCTYPE html>
<html>
    <head>
        <meta charset="utf-8">
        <title>替换 HTML 元素-replaceChild() </title>
    </head>
    <body>
        <div id="div1">
            <p id="p1">这是第一个段落。</p>
            <p id="p2">这是第二个段落。</p>
        </div>
        <script type="text/javascript">
            var para = document.createElement("p");
            var node = document.createTextNode("这是一个新的段落。");
            para.appendChild(node);
            var parent = document.getElementById("div1");
            var child = document.getElementById("p1");
            parent.replaceChild(para, child);
        </script>
    </body>
</html>
```

图 9-12 替换 HTML 元素

5. 获取或设置元素的属性值

对获取的节点，可以得到节点的属性值，也可以设置节点的属性值。其语法格式如下：

element.getAttribute(attributeName)   //参数传入属性名，返回对应属性的属性值
element.setAttribute(attributeName, attributeValue)   //参数传入属性名及设置的值

【例 9-11】 本例定义了一个文本节点和元素节点，并为一级标题元素设置 title 属性，最后把它们添加到文档结构中。本例文件 9-11.html 的代码如下，在浏览器中显示的效果如图 9-13 所示。

```html
<!DOCTYPE html>
<html>
    <head>
        <meta charset="utf-8">
        <title></title>
```

图 9-13 运行结果

```html
        <script type="text/javascript">
            window.onload = function() {
                var hello = document.createTextNode("Hello World!"); //创建一个文本节点
                var h1 = document.createElement("h1"); //创建一个一级标题
                h1.setAttribute("title", "你好，欢迎光临！"); //为一级标题定义 title 属性
                h1.appendChild(hello); //把文本节点增加到一级标题中
                document.body.appendChild(h1); //把一级标题增加到文档
            }
        </script>
    </head>
    <body>
        <p>ppp</p>
    </body>
</html>
```

【例 9-12】 修改节点列表中所有<p>元素的背景颜色。本例文件 9-12.html 的代码如下，在浏览器中显示的效果如图 9-14 所示。

```html
<!DOCTYPE html>
<html>
    <head>
        <meta charset="utf-8">
        <title>HTML DOM 集合(Collection)</title>
    </head>
    <body>
        <h2>JavaScript HTML DOM!</h2>
        <p>Hello World!</p>
        <p>你好!</p>
        <p>单击按钮修改所有 p 元素的背景颜色。</p>
        <button onclick="myFunction()">点我</button>
        <script type="text/javascript">
            function myFunction() {
                var myCollection = document.getElementsByTagName("p");
                var i;
                for (i = 0; i < myCollection.length; i++) {
                    myCollection[i].style.color = "red";
                }
            }
        </script>
    </body>
</html>
```

图 9-14 修改元素的属性

getElementsByTagName()方法返回 HTMLCollection 对象。HTMLCollection 看起来可能是一个数组，但其实不是数组。它可以像数组一样，使用索引来获取元素。但是 HTMLCollection 无

法使用数组的方法。

9.3 DOM 与 CSS

9.3 DOM 与 CSS

本节介绍在 DOM 中操作 CSS 的方法。

9.3.1 style 对象

HTML DOM style 对象代表一个单独的样式声明。可从应用样式的文档或元素访问 style 对象。使用 style 对象属性的格式为：

document.getElementById("id").style.属性名="新样式值"

style 对象获取的是内联样式，即元素标签中 style 属性的值，与 CSS 相对应，style 对象主要的属性有：背景、边框和边距、布局、列表、杂项、定位、打印、滚动条、表格、文本、规范。例如，下面代码获取的样式是内联样式的值。

```
<style type="text/css">   //内部样式
    #div{color:gray;}
</div>
<div id="div" style="color:red;"></div>   //内联样式
document.getElementById('id').style.color;   //值为 red 象
```

1. Background 属性

style 对象的 Background 属性，请扫二维码。

style 对象的 Background 属性

2. Border 和 Margin 属性

style 对象的 Border 和 Margin 属性，请扫二维码。

style 对象的 Border 和 Margin 属性

3. Layout 属性

style 对象的 Layout 属性，请扫二维码。

style 对象的 Layout 属性

4. List 属性

style 对象的 List 属性，请扫二维码。

5. Positioning 属性

style 对象的 Positioning 属性，请扫二维码。

style 对象的 List、Positioning、Table 属性

6. Table 属性

style 对象的 Table 属性，请扫二维码。

7. Text 属性

style 对象的 Text 属性，请扫二维码。

style 对象的 Text 属性

【例 9-13】 本例改变<p>元素的样式。本例文件 9-13.html 的代码如下，在浏览器中显示的效果如图 9-15 所示。

```html
<!DOCTYPE html>
<html>
    <head>
        <meta charset="utf-8">
        <title>HTML DOM - 改变CSS</title>
    </head>
    <body>
        <p id="p1">Hello World!</p>
        <p id="p2">Hello World!</p>
        <script type="text/javascript">
            document.getElementById("p2").style.color = "blue";
            document.getElementById("p2").style.fontFamily = "Arial";
            document.getElementById("p2").style.fontSize = "30px";
        </script>
        <p>以上段落通过脚本修改。</p>
    </body>
</html>
```

图 9-15　改变元素的样式

【例 9-14】 本例通过 style 对象获得 CSS 的属性值。当页面载入后，单击"请单击本按钮"，将在消息框中显示 CSS 值。本例文件 9-14.html 的代码如下，在浏览器中显示的效果如图 9-16 所示。

```html
<!DOCTYPE html>
<html>
    <head>
        <meta charset="utf-8">
        <title>得到 CSS 值</title>
        <script type="text/javascript">
            window.onload = function() {
                document.getElementById("btn").onclick = function() {
                    alert(document.getElementById("mycss").style.width); //200
                    alert(document.getElementById("mycss").style.background); //greenyellow
                    alert(document.getElementById("mycss").style.color); //没有这个值，为空白
                }
            }
        </script>
    </head>
    <body>
        <div id="mycss" class="ss" style="width:200px; height:100px; background:greenyellow">JS 获取 CSS 属性值</div>
        <input type="button" id="btn" value="请单击本按钮" />
    </body>
</html>
```

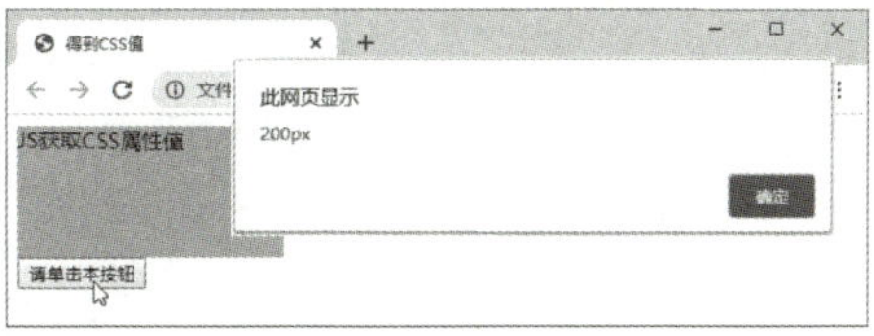

图 9-16　显示属性值

这个方法只能获取写在 HTML 标签的 style 属性中的值（style="..."），而无法获取定义在 <style type="text/css">里面的属性。

9.3.2 currentStyle 对象

style 对象只返回通过内联 style 标签属性应用到元素的内嵌样式。currentStyle 对象返回所有样式声明（包括内部、外部、内联）并按 CSS 层叠规则作用于元素的最终样式。

getComputedStyle()方法可以获得当前元素最终使用的所有 CSS 属性值，返回的是一个 CSS 样式声明的只读对象。其格式如下：

```
var ostyle=window.getComputedStyle(element[, psevdo-element])
```

第 1 个参数 element 是要获取计算后的样式的目标元素，第 2 个参数是伪类字符串（例如":after"），如果不需要伪类，第 2 个参数可以是 null。getComputedStyle()方法返回一个 CSSStyleDeclaration 对象，其中包含当前元素的所有计算的样式。

getComputedStyle()方法与 style 的主要区别是：

1）getComputedStyle()方法获取的样式是最终应用在元素上的所有 CSS 属性对象（即使没有 CSS 代码），style 只能获取元素 style 属性中的 CSS 样式。

2）getComputedStyle()方法是只读的，只能获取样式，不能设置；style 能读也能设置。

【例 9-15】 currentStyle 对象的使用，显示样式属性值。本例文件 9-15.html 的代码如下，在浏览器中显示的效果如图 9-17 所示。

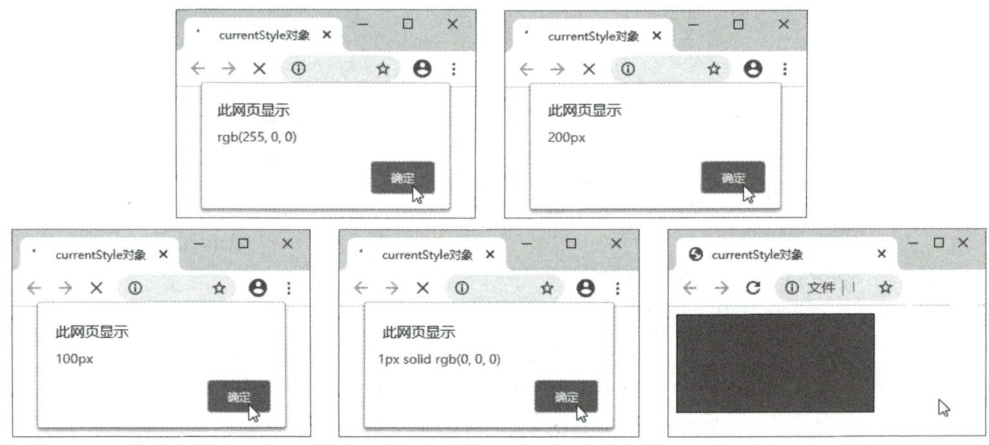

图 9-17 显示样式属性值

```
<!DOCTYPE html>
<html>
    <head>
        <meta charset="utf-8">
        <title>currentStyle 对象</title>
        <style type="text/css">
            #myDiv { background-color: blue; width: 200px; height: 100px; }
        </style>
    </head>
    <body>
        <div id="myDiv" style="background-color:red; border:1px solid black"></div>
        <script type="text/javascript">
            var myDiv = document.getElementById("myDiv");
```

```
            var computedStyle = document.defaultView.getComputedStyle(myDiv, null);
            alert(computedStyle.backgroundColor); //在某些浏览器中是 "red"，因内嵌样式优先级高
            alert(computedStyle.width); //"200px"
            alert(computedStyle.height); //"100px"
            alert(computedStyle.border); //在某些浏览器中是 "1px solid black"
        </script>
    </body>
</html>
```

【例 9-16】 currentStyle 对象的使用。当页面载入后，单击"请单击本按钮"，将在消息框中显示段落字体的大小。本例文件 9-16.html 的代码如下，在浏览器中显示的效果如图 9-18 所示。

```
<!DOCTYPE html>
<html>
    <head>
        <meta charset="utf-8">
        <title>currentStyle 对象</title>
        <script type="text/javascript">
            window.onload = function() {
                document.getElementById("btn").onclick = function() {
                    var op = document.getElementById("p1");
                    var ocurrentStyle = window.getComputedStyle(op, null);
                    alert(ocurrentStyle.fontSize);
                }
            }
        </script>
        <style type="text/css">
            #p1 { color: red; font-size: 18px; }
        </style>
    </head>
    <body>
        <p id="p1">段落文本</p>
        <input type="button" id="btn" value="请单击本按钮" />
    </body>
</html>
```

图 9-18 currentStyle 对象的使用

9.3.3 CSSStyleSheet 对象

CSSStyleSheet 对象表示一个单独的 CSS 样式表，即内部样式或外部样式。CSS 样式表由 CSS 规则组成，可以通过 CSSRule 对象操作每条规则。CSSStyleSheet 对象允许查询、插入和删除样式表规则。

可以通过 document.styleSheets 属性获得给定文档的样式表列表（样式表对象的集合）。

CSSStyleRule 对象的常用属性，请扫二维码。

CSSStyleRule 对象的常用方法，请扫二维码。

【例 9-17】 通过 CSSStyleRule 属性获取样式表对象中所有的规则。当页面载入后，单击"查看效果"按钮，将显示 div 元素样式。

CSSStyleRule 对象的常用属性和方法

本例文件 9-17.html 的代码如下，在浏览器中显示的效果如图 9-19 所示。

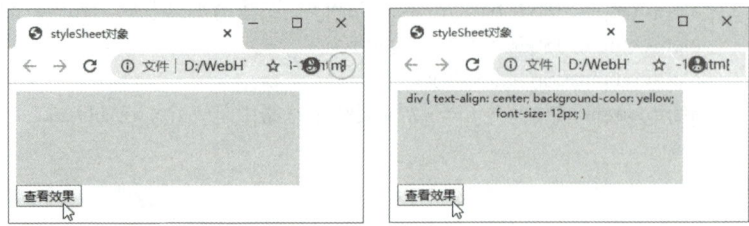

图 9-19　通过 CSSStyleRule 属性获取样式表

```html
<!DOCTYPE html>
<html>
    <head>
        <meta charset="utf-8">
        <title>styleSheet 对象</title>
        <style type="text/css">
            div { text-align: center; background-color: yellow; font-size: 12px; }
            #ant { width: 300px; height: 100px; }
        </style>
        <script type="text/javascript">
            window.onload = function() {
                var odiv = document.getElementById("ant");
                var obt = document.getElementById("bt");
                var styleSheet = document.styleSheets[0];
                obt.onclick = function() {
                    odiv.innerHTML = styleSheet.cssRules[0].cssText;
                }
            }
        </script>
    </head>
    <body>
        <div id="ant"></div>
        <input type="button" id="bt" value="查看效果" />
    </body>
</html>
```

cssRules 返回的是一个规则集合，通过索引可以获取指定位置的规则。通过 cssText 属性可以获取具体的规则内容。

习题 9

1. 编写程序实现按时间随机变化的网页背景，如图 9-20 所示。

2. 使用 window 对象的 setTimeout()方法和 clearTimeout()方法设计一个简单的计时器。当单击"开始计时"按钮后启动计时器，文本框从 0 开始进行计时；单击"暂停计时"按钮后暂停计时，如图 9-21 所示。

图 9-20　题 1 图

图 9-21　题 2 图

3．使用对象的事件编程实现当用户选择下拉菜单的颜色时，文本框的字体颜色也会随之改变，如图 9-22 所示。

4．制作一个禁止使用鼠标右键操作的网页。当浏览者在网页中的图片上右击时，弹出一个警告对话框"网站展示的图片禁止下载!"，如图 9-23 所示。

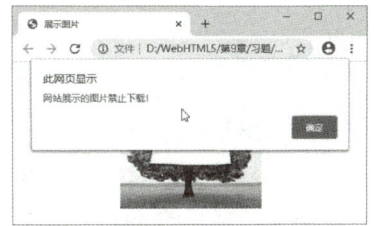

图 9-22　题 3 图　　　　　　　　　　图 9-23　题 4 图

5．编写程序实现年月日的联动功能，当改变"年""月"菜单的值时，"日"菜单的值的范围也会相应改变，如图 9-24 所示。

6．设计简易加法计算器，如图 9-25 所示。

图 9-24　题 5 图　　　　　　　　　　图 9-25　题 6 图

第 10 章　JavaScript 事件处理

JavaScript 事件指的是在浏览器窗口或 HTML 元素上发生的行为，这些行为可能来源于浏览器或用户。当事件发生时，可以执行与该事件相关的代码。

学习目标：理解事件的概念、类型，了解事件处理程序的绑定方式，了解 JavaScript 事件的冒泡与捕获，掌握不同类型的 JavaScript 事件处理，如 window、mouse 和 keyboard 事件。

重点与难点：重点是 window 事件、mouse 事件、keyboard 事件和 form 事件，难点是 mouse 事件、keyboard 事件和 form 事件。

素养目标：提升学生信息技术应用能力，增强媒介素养。

10.1　事件概述

利用 HTML DOM，JavaScript 可以对 HTML 事件做出响应。每个网页元素都可以触发事件，例如，响应用户的鼠标单击、页面加载完成、图像加载、鼠标悬停等。本节将介绍事件的基本概念、种类和如何绑定事件处理程序。

10.1.1　事件的概念

1. 事件（Event）

事件描述了用户或浏览器在浏览器窗口或 HTML 元素上的行为。事件是由特定的动作触发的，动作通常是预先编写的 JavaScript 函数。在 JavaScript 中，事件与元素进行绑定。事件是预定义的、可以被对象识别的动作，它定义了用户与网页交互时产生的各种操作。

2. 事件类型

事件类型描述了发生的具体事件类型。这些事件可能是由浏览器触发的，也可能是由用户触发的。常见的事件类型有窗口事件（如 load 和 unload）、鼠标事件（如 click 和 mousedown），以及键盘事件（如 keydown 和 keyup）。

3. 事件目标

事件目标是触发特定事件的元素。例如，当用户单击一个按钮时，该按钮就成为事件的目标。

4. 事件处理函数

事件处理函数是在特定事件触发时运行的代码片段。可以将这些函数绑定到特定的 HTML 元素和事件，从而在该事件发生时执行特定的操作。

5. 事件对象

每当一个事件被触发，都会生成一个事件对象。这个对象包含了关于事件的详细信息，如事件类型、目标元素等。事件对象常被用于事件处理函数中，提供了关于触发事件的详细信息。

事件对象一般称为 event 对象，event 对象作为参数传递给事件处理程序函数。event 对象中包含着所有事件相关的属性和方法，这些属性和方法均为只读。

event 对象的属性，请扫二维码。

event 对象的方法，请扫二维码。

event 对象的属性、方法和坐标属性

事件对象还提供了两组属性来区别浏览器坐标：一组是页面可视区坐标，另一组是屏幕坐标，event 对象的坐标属性，请扫二维码。示意图如图 10-1 所示。

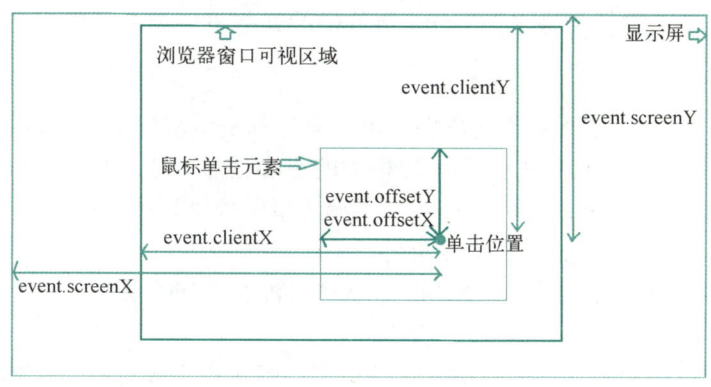

图 10-1　坐标属性

6．事件周期（事件流）

事件流描述了事件从触发到结束的过程。在 DOM 中，当一个事件被触发时，它会沿着 DOM 树进行传播，直到被处理或结束。事件流包括 3 个阶段：事件捕获、目标处理和事件冒泡。

1）事件捕获阶段：事件首先从根元素开始，沿着 DOM 树向下传播，直到到达目标元素。

2）目标处理阶段：事件在目标元素上被处理。

3）事件冒泡阶段：事件再次从目标元素开始，沿 DOM 树向上传播，直到根元素。

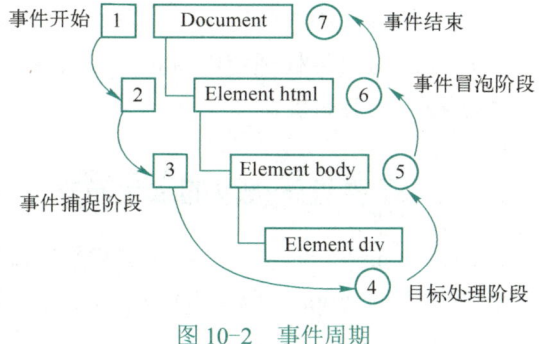

事件会从最内层的元素开始发生，即子级元素先触发，父级元素后触发，一直向上传播，直到 Document 对象，也就是从内到外冒泡，如图 10-2 所示。

图 10-2　事件周期

10.1.2　事件的类型

常见的事件类型分为 HTML 事件和 DOM 事件。

1．HTML 事件

HTML 具有使事件在浏览器中触发动作的能力。发生在浏览器窗口上的事件称为 HTML 事件。在 HTML 中，事件既可以通过 JavaScript 直接触发，也可以通过全局事件属性触发。全局事件属性可以添加到大多数 HTML 元素中，用于定义事件动作的事件属性。常用的全局事件属性大致分为以下几种类型，稍后将在本章详细介绍。

window（窗口）事件：window 事件包括 load、unload 等事件。

mouse（鼠标）事件：mouse 事件包括 click、dbclick、mousedown、mousemove、mouseout、mouseover、mouseup 等事件。

keyboard（键盘）事件：keyboard 事件有 keydown、keypress、keyup 事件。

form（表单）事件：form 事件包括 blur、focus、change、select、reset、submit 等事件。

media（媒体）事件：media 事件包括 abort、waiting 等事件。

部分 HTML 事件的事件类型名与 DOM 事件中的某些事件类型同名。

2. DOM 事件

DOM 事件是适用于 DOM 对象的事件，每个事件都是继承自 event 类的对象，可以包括自定义的成员属性及函数用于获取事件发生时相关的更多信息。DOM 事件可以描述事件流的方式，包括冒泡阶段调用事件处理程序和捕获阶段调用事件处理程序。DOM 事件有表单事件、鼠标事件、键盘事件、文本事件、文档加载事件。

DOM 事件分为 DOM0 级事件和 DOM2 级事件（没有 DOM1）。

（1）DOM0 级事件

DOM0 级模型被称为基本事件模型或传统模型。基本事件模型有一个典型的缺点，就是只能注册一个事件处理程序。

DOM0 级事件处理将 JavaScript 代码或一个函数赋值给一个事件处理属性，例如：

```
<input id="myButton" type="button" value="Press Me" onclick="alert('Hello');" >
var btn1 = document.getElementById("myButton").onclick = function() {alert('Hello');}
```

如果再次设置函数，会覆盖之前的函数。

（2）DOM2 级事件

DOM2 级事件处理使用 addEventListener()方法绑定事件程序。与 DOM0 级事件处理相比，它不会覆盖之前的事件。

10.1.3　事件处理程序的绑定方式

JavaScript 与 HTML 之间的交互是通过事件实现的。要执行事件程序，需要向 HTML 事件属性添加 JavaScript 代码。事件以"on"开头，例如 onclick 表示单击事件。JavaScript 事件处理程序有 3 种绑定方式。

1. HTML 事件处理程序方式

HTML 事件处理程序是将事件程序直接嵌入到 HTML 结构标签元素中，HTML 事件处理程序中的 JavaScript 代码作为事件的值，有以下两种格式：

<标签名　事件名="JavaScript 脚本" ... >...</标签名>

或

<标签名　事件名="事件处理函数名()" ... >...</标签名>

由于此方法违反了"内容与行为相分离"的原则，所以应尽量少用。

【例 10-1】 HTML 事件处理程序，单击按钮后，会弹出消息框。本例文件 10-1.html 的代码如下，在浏览器中显示的效果如图 10-3 所示。

 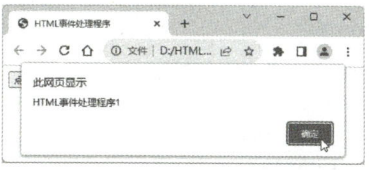 

图 10-3 　 HTML 事件处理程序

```html
<!DOCTYPE html>
<html>
    <head>
        <meta charset="utf-8">
        <title>HTML 事件处理程序</title>
        <script type="text/javascript">
            function myFunction() {
                alert("HTML 事件处理程序 2");
            };
        </script>
    </head>
    <body>
        <button onclick="alert('HTML 事件处理程序 1')">点我</button>
        <input type="button" onclick="myFunction()" value="单击按钮">
    </body>
</html>
```

2．通用属性绑定方式

通用属性绑定是指将一个事件处理函数赋值给元素的相关属性，例如 id、class、元素名等。这种方式使用得最多，兼容性好且简单，格式为：

<标签名 id="ID 名" … >…</标签名>
<script type="text/javascript">
　　var 元素的对象名 = document.getElementById("ID 名"); 　 //获取被绑定事件的元素
</script>

上述格式中的<标签名 id="ID 名" … >…</标签名>放在<body>…</body>中，var 放在<script type="text/javascript">…</script>中，使用"ID 名"在绑定监听事件之前先获取被绑定事件的元素。此方法虽然符合"内容与行为相分离"的原则，但是元素只能绑定一个事件处理函数。

（1）赋值方式

赋值方式是将事件处理函数赋值给该元素的对象的某个事件，格式为：

元素的对象名.事件名 = function() {}; 　 //绑定匿名函数

【例 10-2】 把函数赋值给按钮的单击事件 btnObj.onclick=function() {}。本例文件 10-2.html 的代码如下。

```html
<!DOCTYPE html>
<html>
    <head>
        <meta charset="utf-8">
        <title>通用属性绑定</title>
    </head>
    <body>
        <input type="button" name="btn" id="btn" value="单击按钮" />
        <script type="text/javascript">
            var btnObj = document.getElementById("btn"); //给谁绑定事件，就要先获取谁
            btnObj.onclick = function() {
                alert("通用属性绑定 1");
            };
        </script>
    </body>
</html>
```

（2）调用方式

调用方式是把事件处理函数名（不要加小括号）赋值给元素 id 的某个事件，格式为：

> 元素的对象名.事件名 = 事件处理函数名;　　//绑定函数，不加小括号

【例 10-3】 采用 btn.onclick = myfun 调用方式。本例文件 10-3.html 的代码如下。

```html
<!DOCTYPE html>
<html>
    <head>
        <meta charset="utf-8">
        <title>通用属性绑定</title>
    </head>
    <body>
        <input type="button" name="btn" id="btn" value="单击按钮" />
        <script type="text/javascript">
            var btnObj = document.getElementById("btn"); //给谁绑定事件，就要先获取谁
            btnObj.onclick = myfun; //myfun 后面不要加()括号，否则会变为立即执行函数
            function myfun() {
                alert("通用属性绑定 2");
            };
        </script>
    </body>
</html>
```

（3）删除事件

如果要删除属性绑定的事件，需要为该对象的事件赋值空值。例如：

> btnObj.onclick = null;

3. DOM 监听事件绑定方式

与通用属性绑定方式相同，在绑定监听事件之前先获取被绑定事件的元素，格式为：

```
<标签名 id="ID 名" … >…</标签名>
<script type="text/javascript">
    var 元素的对象名 = document.getElementById("ID 名");   //获取被绑定事件的元素
</script>
```

当希望给同一个元素或标签绑定多个事件时（如为按钮标签绑定两个或多个单击事件），使用 DOM 监听事件绑定方式可以实现绑定多个事件，事件根据顺序依次触发。DOM 定义了两种方法：添加事件处理函数 addEventListener()和删除事件处理函数 removeEventListener()。

（1）内嵌方式

内嵌方式的格式为：

元素的对象名.addEventListener("事件名", function() { JavaScript 脚本;}, false);

addEventListener()方法接受 3 个参数：事件名（不要加 on）、事件处理函数、事件流方式的布尔值。DOM 事件流支持两种事件流方式，事件流方式的布尔值 false 为冒泡阶段调用事件处理程序，true 为捕获阶段调用事件处理程序。一般使用 false，即事件处理程序添加到冒泡阶段。

【例 10-4】 使用内嵌方式绑定监听事件。本例文件 10-4.html 的代码如下。

```html
<!DOCTYPE html>
<html>
    <head>
        <meta charset="utf-8">
        <title>监听事件</title>
    </head>
    <body>
        <button id="btn">单击按钮</button>
        <script type="text/javascript">
            var btnObj = document.getElementById("btn"); //给谁绑定事件，就要先获取谁
            btnObj.addEventListener("click", function() {alert("监听事件 1");}, false);
            btnObj.addEventListener("click", function() {alert("监听事件 2");}, false);
        </script>
    </body>
</html>
```

代码中的 btnObj.addEventListener("click", function() {alert("监听事件 1");}, false)，将事件处理函数嵌入到 addEventListener()方法中。

（2）调用方式

调用方式的格式为：

元素的对象名.addEventListener("事件名", 函数名, false);

调用方式的 addEventListener()方法也接受 3 个参数：事件名（不要加 on）、事件处理函数名（不要加小括号）、事件流方式的布尔值。

【例 10-5】 使用调用方式绑定监听事件。本例文件 10-5.html 的代码如下。

```html
<!DOCTYPE html>
<html>
```

```
<head>
    <meta charset="utf-8">
    <title>监听事件</title>
</head>
<body>
    <button id="btn">单击按钮</button>
    <script type="text/javascript">
        window.addEventListener("load", myfun, false); //绑定 window 对象的 load 事件
        var btnObj = document.getElementById("btn"); //给谁绑定事件，就要先获取谁
        btnObj.addEventListener("click", myfun1, false); //绑定多个事件处理程序，第 1 个
        btnObj.addEventListener("click", myfun2, false); //绑定多个事件处理程序，第 2 个
        btnObj.preventDefault();
        function myfun(){
            alert("欢迎访问")
        }
        function myfun1() {
            alert("监听事件 myfun1");
        };
        function myfun2() {
            alert("监听事件 myfun2");
        };
    </script>
</body>
</html>
```

代码中的 window.addEventListener("load", myfun, false)将 window 对象的 load 事件绑定到 myfun 事件处理函数。在 btnObj.addEventListener()中，为 id 为 btn 的按钮对象的 click 事件绑定了两个事件处理函数。

（3）删除监听事件

删除监听事件时，事件类型名、事件函数名要一一对应，即与添加事件时的参数一样。例如：

  btnObj.removeEventListener("click", myfun2, false);

由于内嵌监听事件方式的事件处理程序为匿名函数，所以无法删除该监听事件。

通常浏览器在事件传递并处理完后可能会执行与该事件关联的默认动作。例如，如果表单中 input 元素的 type 属性是"submit"，单击按钮后会自动提交表单。input 元素的 keydown 事件发生并处理后，浏览器默认会将用户键入的字符自动追加到 input 元素的值中。可以采用下述方法阻止事件的默认行为：

  btnObj.preventDefault();

10.2　window 事件

10.2 window 事件

window（窗口）事件是指当用户与页面上的元素进行交互时触发的事件。例如，页面加载完成时自动触发事件，改变窗口大小时触发事件等。常用的 window 事件，请扫二维码。

window 事件可以使用以下 3 种方式进行设置。

1）在 HTML 中（一般应用到<body>标签）：

<body on 事件名="myScript">

2）在 JavaScript 中：

window.on 事件名 = function() { // JavaScript 代码 };

3）在 JavaScript 中使用 addEventListener()方法：

window.addEventListener("事件名", myScript, false);

常用的 window 事件

10.2.1 load 事件

在浏览器窗口开始显示网页时并不触发 load 事件，只有当页面所有元素（包括所有的图像、JavaScript 文件、CSS 文件等外部资源）完全加载完成后，才会触发 window 上的 load 事件。onload 句柄在 load 事件发生后由 JavaScript 自动调用执行。因为这个事件处理函数可以在其他所有的 JavaScript 程序和网页之前被执行，所以可以用来完成网页中所需数据的初始化，例如弹出一个提示窗口、显示版权或欢迎信息、弹出密码认证窗口等。

1. 通过 JavaScript 指定 load 事件处理程序

在 JavaScript 中指定 load 事件处理程序，可以使用下面两种方法之一：

window.onload=function() {myScript};

或

window.addEventListener("load", myScript, false);

【例 10-6】load 事件绑定事件处理程序，本例文件 10-6.html 的代码如下。在浏览器中打开后首先弹出消息框，在两个消息框中分别显示 div 元素和 p 元素中的内容，如图 10-4 所示。

```
<!DOCTYPE html>
<html>
    <head>
        <meta charset="utf-8">
        <title>Load 事件</title>
    </head>
    <script type="text/javascript">
        window.addEventListener("load", myfun, false);
        function myfun(){
            var div1Obj = document.getElementById("div1");
            var p1Obj = document.getElementById("p1");
            alert("div1 的内容: " + div1Obj.innerText);
            alert("p1 的内容: " + p1Obj.innerText);
        }
    </script>
    <body>
        <div id="div1">
```

```
            DIV1
                <p id="p1">段落文字 P1</p>
            </div>
        </body>
    </html>
```

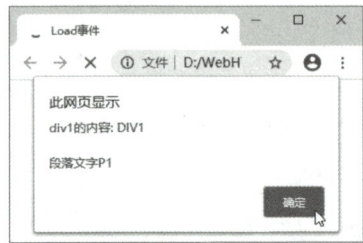 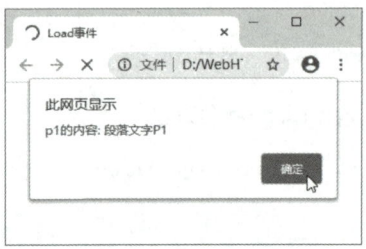 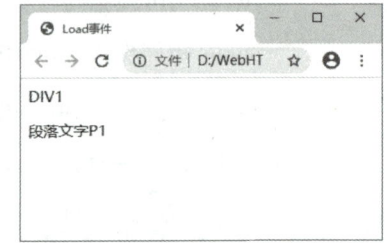

图 10-4 load 事件

2．在<body>标签上触发 load 事件

一般来说，任何在 window 上发生的事件都可以在<body>标签中通过 onload 属性来指定，方法为：

<body onload="myScript">

例如，下面的代码在<body>标签上触发 load 事件：

```
<body onload="window.alert('欢迎访问本网站!')">
```

这只是一种保证向后兼容的权宜之计，所有浏览器都很好地支持这种方式。建议使用 JavaScript 指定事件处理程序的方式。

3．当图像加载完毕时在 img 元素上触发 load 事件

有些事件在某些元素加载完成后才会触发，例如图像元素，在页面的图片加载完成后，会触发 img 元素的 load 事件。

【例 10-7】 本例代码在加载图片完成后执行 load 事件函数 ImageLoad()，在事件函数中给图片加上边框，并弹出消息框，本例文件 10-7.html 的代码如下，在浏览器中显示的效果如图 10-5 所示。

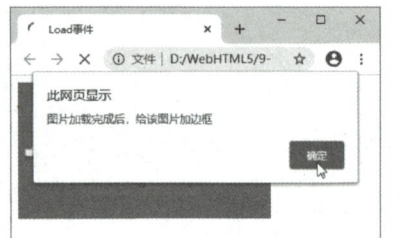 

图 10-5 img 元素的 load 事件

```
<!DOCTYPE html>
<html>
    <head>
        <meta charset="utf-8">
        <title>Load 事件</title>
```

```
        </head>
        <script type="text/javascript">
            function ImageLoad(){
                myimg = document.getElementById("img1");
                myimg.style.border = "6px solid #007799";
                alert("图片加载完成后，给该图片加边框");
            }
        </script>
        <body>
            <img id="img1" src="images/js.jpg" onload="ImageLoad()">
        </body>
    </html>
```

10.2.2 resize 事件

resize 事件表示当改变浏览器窗口的宽度或者高度时，就会触发 resize 事件，这个事件在 window 对象上触发。所以，可以通过 JavaScript 或者<body>标签中的 onresize 指定事件处理程序。

【例 10-8】 本例代码当浏览器被重置大小时触发 resize 事件，执行 WindowChange()函数，本例文件 10-8.html 的代码如下，在浏览器中显示的效果如图 10-6 所示。

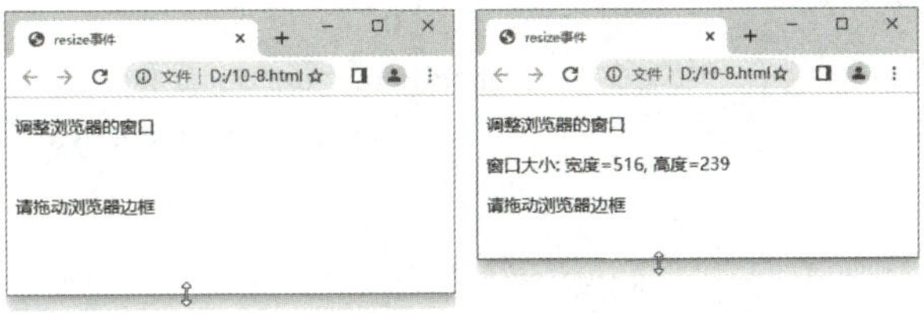

```
<!DOCTYPE html>
<html>
    <head>
        <meta charset="utf-8">
        <title>resize 事件</title>
        <script type="text/javascript">
            function WindowChange() {
                var w = window.outerWidth;
                var h = window.outerHeight;
                var txt = "窗口大小：宽度=" + w + ", 高度=" + h;
                document.getElementById("demo").innerHTML = txt;
            }
        </script>
    </head>
    <body onresize="WindowChange()">
        <p>调整浏览器的窗口</p>
        <p id="demo"> </p>
        <p>请拖动浏览器边框</p>
    </body>
</html>
```

图 10-6 resize 事件

10.2.3 scroll 事件

scroll 事件在浏览器窗口或元素的滚动条发生滚动时触发。如果创建元素的滚动条，可使用 CSS overflow 样式属性。

【例 10-9】 本例代码当滚动 div 元素的滚动条时执行事件函数，本例文件 10-9.html 的代码如下，在浏览器中显示的效果如图 10-7 所示。

```html
<!DOCTYPE html>
<html>
    <head>
        <meta charset="utf-8">
        <title>scroll 事件</title>
        <style type="text/css">
            div {border: 1px solid black; width: 200px; height: 100px; overflow: scroll;}
        </style>
    </head>
    <body>
        <p>请滚动 div 元素的滚动条</p>
        <div onscroll="myFunction()">书读得多而不去思考，你会觉得你知道的很多；书读得多又思考，你会觉得你不知道的很多。<br><br>
            生命不可能从谎言中开出灿烂的鲜花。诚实是力量的一种象征，它显示着一个人的高度自重和内心的安全感与尊严感。</div>
        <p>滚动<span id="demo">0</span> 次。</p>
        <script type="text/javascript">
            var x = 0;
            function myFunction() {
                document.getElementById("demo").innerHTML = x += 1;
            }
        </script>
    </body>
</html>
```

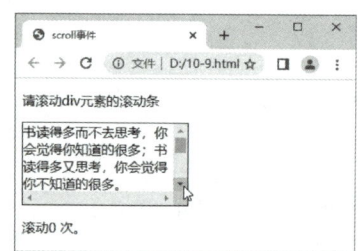 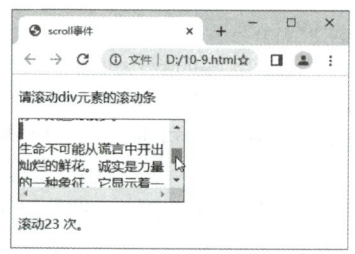

图 10-7　scroll 事件

10.2.4　focus 和 blur 事件

focus 事件在对象获得焦点时发生。focus 事件的相反事件为 blur 事件，blur 事件在对象失去焦点时发生。focus 事件和 blur 事件称为焦点事件，主要是指页面元素对焦点的获得与失去，如<input>、<select>、<a>等。

【例 10-10】 focus 事件和 blur 事件示例。本例文件 10-10.html 的代码如下，在浏览器中显示的效果如图 10-8 所示。

```html
<!DOCTYPE html>
<html>
```

```
    <head>
        <meta charset="utf-8">
        <title>焦点事件</title>
        <script type="text/javascript">
            function focusFunction(x) {
                x.style.background = "yellow";
            }
            function blurFunction() {
                var x = document.getElementById("fname");
                x.value = x.value.toUpperCase();
                x.style.background = "green";
            }
        </script>
    </head>
    <body>
        输入你的名字: <input type="text" id="fname" onfocus="focusFunction(this)" onblur="blurFunction()">
        <p>当输入框获取焦点时，修改背景色（background-color 属性）将被触发。</p>
        <p>当输入框失去焦点时，函数被触发将输入的字母转换成大写。</p>
    </body>
</html>
```

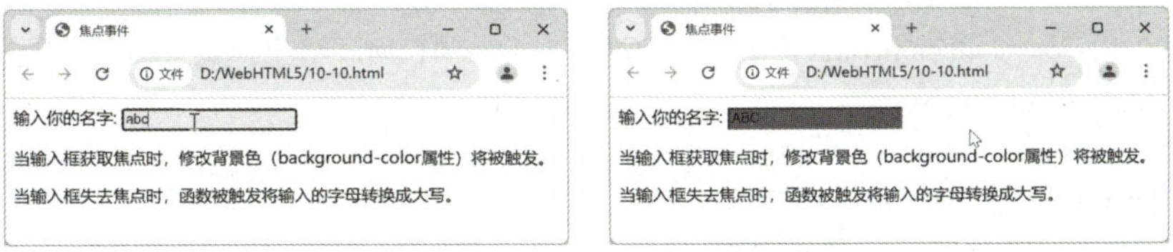

图 10-8　focus 和 blur 事件

10.3 mouse 事件

10.3　mouse 事件

mouse（鼠标）事件主要是操作鼠标所触发的事件，如单击、双击、鼠标离开等。由于在 Windows 操作系统中鼠标是最主要的定位设置，所以鼠标事件是 Web 开发中最常用的一类事件。常用的鼠标事件，请扫二维码。

常用的 mouse 事件

mouse 事件可以使用以下 3 种方式进行设置。

1）在 HTML 文件中：

```
<element on 事件名="myScript">
```

2）JavaScript 中：

```
object.on 事件名 = function() { // JavaScript 代码 };
```

3）在 JavaScript 中使用 addEventListener()方法：

```
object.addEventListener("事件名", myScript, false);
```

10.3.1　click事件

click 事件当鼠标指针停留在元素上方，然后在按下并松开鼠标左键时，就会发生一次 click

事件。触发 click 事件的条件是按下并松开鼠标左键，按下并松开鼠标右键并不会触发 click 事件。onclick 事件句柄在 click 事件发生后会自动调用执行。onclick 事件句柄适用于普通按钮、提交按钮、单选按钮、复选框以及超链接。

【例 10-11】 本例演示如何在鼠标单击页面区域时，显示鼠标在浏览器中的坐标位置，并在单击图片时弹出一个消息框。本例文件 10-11.html 的代码如下，在浏览器中显示的效果如图 10-9 所示。

```html
<!DOCTYPE html>
<html>
    <head>
        <meta charset="utf-8">
        <title>click 事件</title>
        <style type="text/css">
            html, body { width: 100%; height: 100%; } /*必须使用此 CSS，否则 onclick 无效*/
        </style>
        <script type="text/javascript">
            function myFunction(e) {
                x = e.clientX; //获取浏览器显示区域单击的坐标位置，x 坐标
                y = e.clientY; //y 坐标
                document.getElementById("p1").innerHTML = "坐标位置: x: " + x + ", y: " + y;
            }
        </script>
    </head>
    <body onclick="myFunction(event)">
        <p>单击页面触发函数。</p>
        <p id="p1">坐标位置: </p>
        <img src="images/js.jpg" onClick="window.alert('单击图像');">
    </body>
</html>
```

图 10-9　单击事件

10.3.2　dblclick 事件

dblclick 事件在对象被双击时发生。

【例 10-12】 本例演示如何在鼠标双击段落文字时触发事件函数，并在段落下方显示"Hello World"。本例文件 10-12.html 的代码如下，在浏览器中显示的效果如图 10-10 所示。

```html
<!DOCTYPE html>
<html>
    <head>
        <meta charset="utf-8">
        <title>dblclick 事件</title>
        <script type="text/javascript">
            function myFunction() {
                document.getElementById("p1").innerHTML = "Hello World";
            }
        </script>
    </head>
    <body>
        <p ondblclick="myFunction()">双击本文字触发一个函数，在本段文字下面显示 Hello World</p>
        <p id="p1"></p>
    </body>
</html>
```

图 10-10 双击事件

10.3.3 mouseover 和 mouseout 事件

mouseover 和 mouseout 事件分别称为鼠标悬停和离开事件。

1. mouseover 事件

mouseover 事件在鼠标指针移动到指定的元素上时触发。当 mouseover 事件发生时，会自动调用执行 onmouseover 句柄。

在通常情况下，当光标经过一个超链接时，超链接的目标会在浏览器的状态栏中显示。通过编程，还可以在状态栏中显示提示信息或特殊效果，使网页更具变化性。

例如，在下面代码中，第 1 行代码当鼠标在超链接上时，可在状态栏中显示指定的内容，第 2、3、4 行代码是当鼠标在文字或图像上时，弹出相应的对话框。

```
<a href="http://www.sohu.com/" onMouseOver="window.status='你好';return true">请单击</a>
<a href="#" onMouseOver="alert('弹出信息！')">显示的链接文字</a>
<img src="image1.jpg" onMouseOver="alert('在图像之上');"><br>
<a href="#" onMouseOver="window.alert('在链接之上');"><img src="image2.jpg"></a><hr>
```

2. mouseout 事件

mouseout 事件在鼠标指针移出指定的对象时触发。当 mouseout 事件发生时，会自动调用 onmouseout 句柄。

【例 10-13】本例鼠标指针停留在图片上时图片放大，鼠标指针离开图片时图片恢复原始大小。本例文件 10-13.html 的代码如下，在浏览器中显示的效果如图 10-11 所示。

```
<!DOCTYPE html>
<html>
    <head>
        <meta charset="utf-8">
        <title>悬停和离开事件</title>
        <script type="text/javascript">
            function bigImg(x) {
                x.style.height = "64px";
                x.style.width = "64px";
            }
            function normalImg(x) {
                x.style.height = "32px";
                x.style.width = "32px";
            }
        </script>
    </head>
    <body>
        <img onmouseover="bigImg(this)" onmouseout="normalImg(this)" border="0" src="images/smilingface.gif" alt="Smiley"
         width="32" height="32">
        <p>函数 bigImg() 在鼠标指针移动到笑脸图片时触发</p>
        <p>函数 normalImg() 在鼠标指针移出笑脸图片时触发</p>
    </body>
</html>
```

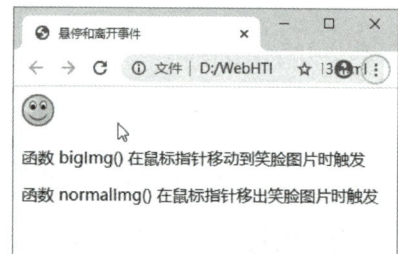 

图 10-11　悬停和离开事件

10.3.4　mousedown、mousemove 和 mouseup 事件

1. mousedown 事件

mousedown 事件在鼠标指针移动到元素上方，并按下鼠标按键（左、右键均可）时触发。与 click 事件不同，mousedown 事件只需要按键被按下，而不需要松开。当此事件发生后，会自动调用 mousedown 句柄。如果 mousedown 事件处理函数返回 false 值，就会中止事件的继续处理。返回 false 值会使其他与鼠标操作有关的操作（例如拖放、激活超链接等）无效，因为这些操作首先都必须产生 mousedown 事件。

2．mousemove 事件

mousemove 事件在鼠标指针移到指定的对象时触发。当此事件发生后，会自动调用 onmousemove 句柄。只有当一个对象（浏览器对象 window 或者 document）要求捕获事件时，这个事件才会在每次鼠标移动时产生。

3．mouseup 事件

mouseup 事件在元素上松开鼠标按键（左、右键均可）时触发。与 click 事件不同，mouseup 事件只需要松开按钮。当鼠标指针位于元素上方时，松开鼠标按钮就会触发该事件。当此事件发生后，会自动调用 onmouseup 句柄。

4．mousedown、mouseup、click 事件执行的顺序

1）如果在同一个元素上按下并松开鼠标左键，会依次触发 mousedown、mouseup 和 click 事件，只有当前一个事件执行完毕才会执行下一个事件。

2）如果在同一个元素上按下并松开鼠标右键，会依次触发 mousedown、mouseup 事件，前一个事件执行完毕才会执行下一个事件，不会触发 click 事件。

【例 10-14】鼠标指针指向段落文字，按下鼠标键文字变为红色，松开鼠标键文字变为绿色。本例文件 10-14.html 的代码如下，在浏览器中显示的效果如图 10-12 所示。

```
<!DOCTYPE html>
<html>
    <head>
        <meta charset="utf-8">
        <title></title>
        <script type="text/javascript">
            function myFunction(elmnt, clr) {
                elmnt.style.color = clr;
            }
        </script>
    </head>
    <body>
        <p onmousedown="myFunction(this,'red')" onmouseup="myFunction(this,'green')">
            单击文本改变颜色。触发一个带参数函数，当鼠标按钮被按下，当释放鼠标按钮，再一次触发其他参数函数。
        </p>
    </body>
</html>
```

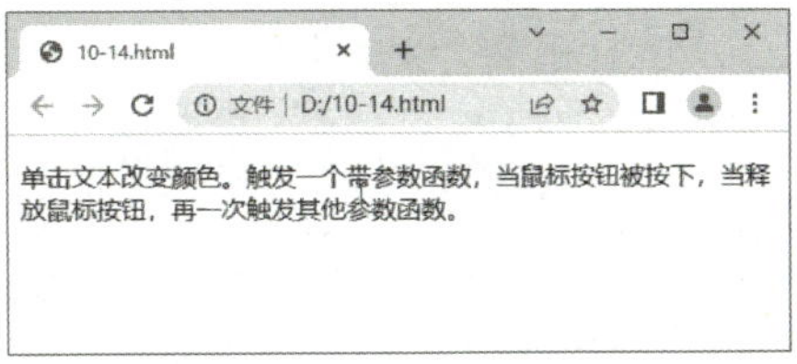

图 10-12　鼠标按下和松开事件

5．鼠标拖拽

鼠标拖拽是指用鼠标拖动页面上的 HTML 元素。当鼠标键被按下时移动鼠标，元素也会跟着移动；当鼠标键被释放时，元素会停止移动。在鼠标移动时，根据鼠标的移动位置改变元素的样式使其跟着移动。拖拽效果基于鼠标事件 mousedown、mousemove、mouseup，分别为鼠标按下、鼠标移动、鼠标松开。

【例 10-15】mousemove 和 mouseup 事件的触发是鼠标按下的前提，利用一个布尔变量 flag 存储状态，表示当前鼠标是否被按下。当鼠标键按下时，将元素移动状态 flag 设置为 true，通过 id 获取 div 元素；当鼠标移动时，根据鼠标的位置设置 div 的 left 和 top，使其位置

发生变化，达到移动的效果；当鼠标抬起时，将元素移动状态 flag 设置为 false，元素不能移动。鼠标按下 ondown()时，添加鼠标移动事件处理函数、鼠标松开事件处理函数；鼠标移动 onmove()时获取鼠标坐标，改变元素样式；鼠标松开 onup()时清除鼠标移动和鼠标松开的事件处理函数。本例文件 10-15.html 的代码如下，在浏览器中显示的效果如图 10-13 所示。

```html
<!DOCTYPE html>
<html>
    <head>
        <meta charset="utf-8">
        <title>鼠标拖拽</title>
        <style type="text/css">
            html, body{ width:100%; height:100%;} /*必须使用此 CSS，否则 body 上的事件无效*/
            /*被拖动的元素*/
            #ElementOfDragging { width: 100px; height: 100px; background: #00ff00;
                position: absolute; }
        </style>
        <script type="text/javascript">
            var drag; //要拖动的 div 元素的引用
            var flag = false; //移动标志状态
            function ondown() { //鼠标按下事件处理函数
                drag = document.getElementById("ElementOfDragging");
                flag = true;
            }
            function onmove(e) { //鼠标移动事件处理函数
                if (flag) { //-50 是为了把鼠标指针放在 div(100x100)的中心
                    drag.style.left = e.clientX - 50 + "px";
                    drag.style.top = e.clientY - 50 + "px";
                }
            }
            function onup() { //鼠标松开事件处理函数
                flag = false;
            }
        </script>
    </head>
    <body>
        <div id="ElementOfDragging" onmousedown="ondown()" onmousemove="onmove(event)" onmouseup="onup()" style="left: 10px;top:10px;">   <!--left: 10px;top:10px;是 div 的起始位置-->
        </div>
    </body>
</html>
```

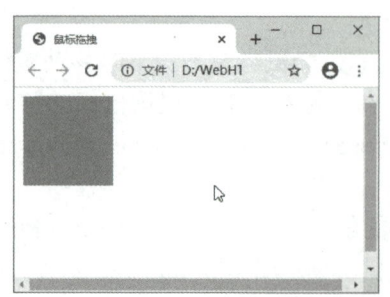 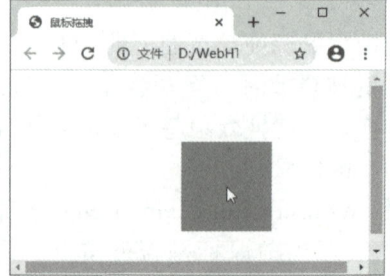

图 10-13　鼠标拖拽

10.4 keyboard 事件

keyboard（键盘）事件是与键盘操作相关的事件，主要包括按下任意键、按下字符键以及键盘键抬起的事件。有关键盘事件，请扫二维码。

键盘事件的触发次序为：keydown、keypress、keyup。

keydown 和 keyup 事件能区分小键盘和主键盘上的数字字符，而 keypress 事件则不能区分小键盘和主键盘上的数字字符。

keyboard 事件可以使用以下 3 种方式进行设置。

1）在 HTML 文件中：

<element on 事件名="myScript">

2）在 JavaScript 中：

object.on 事件名 = function() { // JavaScript 代码 };

3）在 JavaScript 中使用 addEventListener()方法：

object.addEventListener("事件名", myScript, false);

10.4.1 keydown事件

当在键盘上按下任意一个键时，触发 keydown 事件。触发该事件后，会自动调用 onkeydown 处理器。这个处理器适用于浏览器对象 document、图像、超链接以及文本区域。

【例 10-16】 本例使用方向键控制页面元素的移动，左箭头键、上箭头键、右箭头键和下箭头键的码值分别是 37、38、39 和 40。本例文件 10-16.html 的代码如下，在浏览器中显示的效果如图 10-14 所示。

```
<!DOCTYPE html>
<html>
    <head>
        <meta charset="UTF-8">
        <title>键盘事件（上、下、左、右）</title>
    </head>
    <body>
        <div id="box"></div>
        <script type="text/javascript">
            var box = document.getElementById("box"); // 获取页面元素的引用指针
            box.style.position = "absolute"; // 色块绝对定位
            box.style.width = "50px"; // 色块宽度
            box.style.height = "50px"; // 色块高度
            box.style.backgroundColor = "red"; // 色块背景
            document.onkeydown = keyDown;
            //在 Document 对象中注册 keyDown 事件处理函数
            function keyDown(event) { // 方向键控制元素移动函数
                var event = event || window.event; // 标准化事件对象
                switch (event.keyCode) { // 获取当前按下键盘键的编码
```

```
                    case 37: // 按下左箭头键，向左移动 5 个像素
                        box.style.left = box.offsetLeft - 5 + "px";
                        break;
                    case 39: // 按下右箭头键，向右移动 5 个像素
                        box.style.left = box.offsetLeft + 5 + "px";
                        break;
                    case 38: // 按下上箭头键，向上移动 5 个像素
                        box.style.top = box.offsetTop - 5 + "px";
                        break;
                    case 40: // 按下下箭头键，向下移动 5 个像素
                        box.style.top = box.offsetTop + 5 + "px";
                        break;
                }
                return false
            }
        </script>
    </body>
</html>
```

 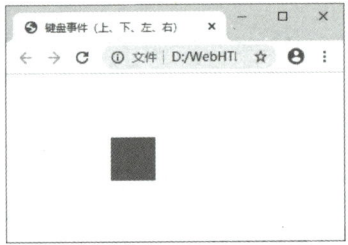

图 10-14　键盘按键移动元素

10.4.2　keypress事件

keypress 事件在字符键被按下并释放时触发。keypress 事件主要用来捕获数字（包括〈Shift〉+数字的符号）、字母（包括大小写）、小键盘等 ANSI 字符，除了〈F1〉~〈F12〉、〈Shift〉、〈Alt〉、〈Ctrl〉、〈Insert〉、〈Home〉、〈PgUp〉、〈Delete〉、〈End〉、〈PgDn〉、〈ScrollLock〉、〈Pause〉、〈NumLock〉、Windows 开始键、菜单键和方向键。触发该事件后，会自动调用 onkeypress 处理器。这个处理器适用于浏览器对象 Document、图像、超链接以及文本区域。

keydown 事件总是发生在 keypress 事件之前，如果 keydown 事件处理函数返回 false 值，就不会产生 keypress 事件。

keypress 事件并不适用于控制键（如〈Alt〉、〈Ctrl〉、〈Shift〉、〈Esc〉等键）。监听一个用户是否按下按键应该使用 keydown 事件。

10.4.3　keyup事件

当在键盘上按下一个键，再释放这个键的时候，触发 keyup 事件。触发该事件后，会自动调用 onkeyup 处理器。这个处理器适用于浏览器对象 document、图像、超链接以及文本区域。

【例 10-17】 在文本框中输入小写字母，当松开键后触发 keyup 事件，执行事件处理函数转换为大写。本例文件 10-17.html 的代码如下，在浏览器中显示的效果如图 10-15 所示。

```html
<!DOCTYPE html>
<html>
    <head>
        <meta charset="utf-8">
        <title>keyup 事件</title>
        <script type="text/javascript">
            function myFunction() {
                var x = document.getElementById("fname");
                x.value = x.value.toUpperCase();
            }
        </script>
    </head>
    <body>
        <p>在文本框中输入小写字母，当松开键后将转换为大写</p>
        输入你的名称: <input type="text" id="fname" onkeyup="myFunction()">
    </body>
</html>
```

图 10-15　keyup 事件

10.5　form 事件

10.5 form 事件

form（表单）事件是由 HTML 表单内的动作触发的事件，适用于几乎所有 HTML 元素，但最常用于 form 元素中。常用的表单事件，请扫二维码。

form 对象（也称为表单对象或窗体对象）提供了一种让客户端输入文字或选择的功能，例如单选按钮、复选框、选择列表等。它由 <form> 标签组成。JavaScript 会自动为每个表单创建一个表单对象，可以使用该对象将用户提供的信息发送到服务器进行处理，也可以在 JavaScript 脚本中编写程序来处理数据。

常用的 form 事件

表单中的基本元素（子对象）包括按钮、单选按钮、复选按钮、提交按钮、重置按钮、文本框等。在 JavaScript 中，要访问这些基本元素，必须使用对应的表单元素名来引用每个元素的属性或方法。

表单事件最常用于 form 元素中，调用 form 对象的一般格式为：

```
<form name="表单名" action="URL" on 表单事件名="JavaScript 代码" method="post">
    <input type="表项类型" name="表项名" value="默认值" on 事件名="JavaScript 代码">
    <!-- 其他表单元素 -->
</form>
```

表单事件可以通过以下 3 种方式进行设置。

1）在 HTML 文件中：

<form on 事件名="myScript"> 或 **<element on 事件="myScript">**

2）在 JavaScript 中：

object.on 事件名 **= function() { //** JavaScript 代码 **};**

3）使用 JavaScript 中的 addEventListener()方法：

object.addEventListener("事件名**", myScript, false);**

10.5.1　submit 和 reset 事件

submit（提交）事件和 reset（重置）事件适用于 form 元素，并且是通过子元素<input type="submit">或<input type="reset">触发的。

【例 10-18】本例应用 blur 事件，当用户离开文本框时将文本转换为大写。应用 select 事件，当用户在文本框中选中一些文本时触发事件，显示一个消息框。当提交或重置表单时，触发事件显示一个消息框。本例的 HTML 文件 10-18.html 的代码如下，在浏览器中显示效果如图 10-16 所示。

```
<!DOCTYPE html>
<html>
  <head>
    <meta charset="utf-8">
    <title>form 事件属性</title>
    <script type="text/javascript">
      function submitForm() {
        alert("表单已提交！"); //显示一个消息框
      }
      function resetForm() {
        alert("表单已重置！"); //显示一个消息框
      }
      function upperCase() {
        var x = document.getElementById("uname").value;
        document.getElementById("uname").value = x.toUpperCase(); //更改为大写字母
      }
      function showMsg() {
        alert("您选中了一些文本！"); //显示一个消息框
      }
    </script>
  </head>
  <body>
    <form action="" onsubmit="submitForm()" onreset="resetForm()" method="post">
      用户名：<input type="text" name="uname" id="uname" onblur="upperCase()"> 请输入英文名字<br><br>   <!--当用户离开输入字段时更改为大写-->
      说明：<textarea rows="5" cols="22" onselect="showMsg()">请选中我！</textarea><br><br>   <!--当用户在文本框中选中一些文本时触发事件-->
      <input type="submit" value="提交">　<!--当提交表单时触发事件-->
      <input type="reset" value="重置">　<!--当重置表单时触发事件-->
    </form>
  </body>
</html>
```

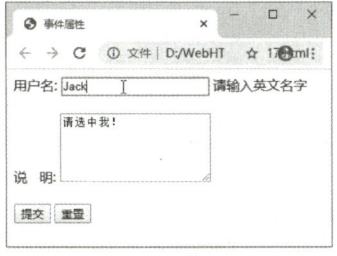 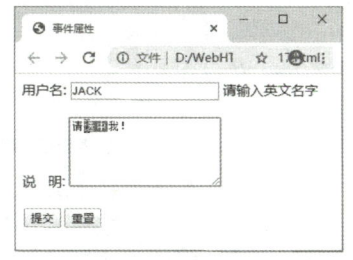 

图 10-16　提交和重置事件

10.5.2　子元素事件处理

click、blur、focus、select、change 等事件通常用在子元素上。

【例 10-19】 窗体 myForm 包含了一个文本输入框和两个按钮。当用户单击按钮 button1 时，窗体的名称将赋给文本输入框；当用户单击按钮 button2 时，函数 showElements 将显示一个警告对话框，里面包含了窗体 myForm 上的每个元素的名称。本例文件 10-19.html 的代码如下，在浏览器中显示如图 10-17 所示。

```
<!DOCTYPE html>
<html>
    <head>
        <meta charset="utf-8">
        <title>按钮对象</title>
        <script type="text/javascript">
            function showElements(theForm) {
                var str = "窗体  " + theForm.name + " 的元素包括： \n ";
                for (var i = 0; i < theForm.length; i++)
                    str += theForm.elements[i].name + "\n";
                alert(str);
            }
        </script>
    </head>
    <body>
        <form name="myForm">
            窗体名称：<input type="text" name="text1">
            <br> <br>
            <input name="button1" type="button" value="显示窗体名称" onclick="this.form.text1.value=this.form.name">
            <input name="button2" type="button" value="显示窗体元素" onclick="showElements(this.form)">
        </form>
    </body>
</html>
```

图 10-17　单击按钮 button1、button2 的显示结果

【例 10-20】 本例单击"选中了吗?"链接,在消息框中显示是否选中复选框的提示。在下拉列表中选定内容,然后单击"请选择列表"链接,将在消息框中显示选中的是第几个选项。本例文件 10-20.html 在浏览器中显示的效果如图 10-18 所示。请扫二维码。

【例 10-20】

图 10-18　复选框提示与列表提示

10.6　事件捕捉与事件冒泡

10.6
事件捕捉与事件冒泡

在前面的内容中,我们介绍了事件捕捉与事件冒泡的概念。

10.6.1　事件捕捉与事件冒泡的执行顺序

简单来说,当存在多个嵌套的 div 元素,即建立了父子关系时,当父 div 和子 div 都绑定了 click 事件时,当触发了子 div 的 click 事件后,子 div 会执行相应的操作,而父 div 的 click 事件也会被触发。

当使用事件捕捉时,父级元素先触发,子级元素后触发,click 事件捕捉的顺序为:document→html→body→div→p。

当使用事件冒泡时,子级元素先触发,父级元素后触发,click 事件冒泡的顺序为:p→div→body→html→document。需要注意的是,并不是所有的事件都能冒泡,以下事件不会冒泡:blur、focus、load、unload。

绑定事件时,可以使用 addEventListener()方法,格式如下:

　　元素的对象名.addEventListener("事件名", 函数名, 事件流方式);

如果希望执行事件捕捉,则事件流方式的布尔值为 true;如果希望执行事件冒泡,则事件流方式的布尔值为 false。

【例 10-21】 有 3 个嵌套的 div 元素，从外层到内层依次为 d1（绿色）、d2（黄色）、d3（蓝色）。当事件流方式的布尔值为 true 时，单击蓝色 div 区域，事件会一层层地向上传递，事件流顺序为 d1→d2→d3。本例文件 10-21.html 的代码如下，在浏览器中显示的效果如图 10-19 所示。当事件流方式的布尔值为 false 时，事件流顺序为 d3→d2→d1。你可以自己修改该参数为 false，然后运行代码。

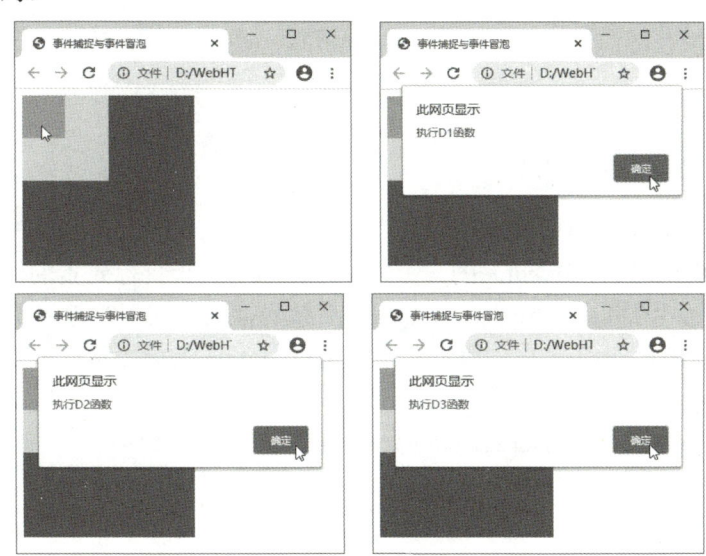

图 10-19　事件捕捉时的显示

```
<!DOCTYPE html>
<html>
    <head>
        <meta charset="utf-8">
        <title>事件捕捉与事件冒泡</title>
    </head>
    <style type="text/css">
        #div1 { width: 200px; height: 200px; background-color: #008080; /* 绿色 */ }
        #div2 { width: 100px; height: 100px; background-color: #ffff00; /* 黄色 */ }
        #div3 { width: 50px; height: 50px; background-color: aqua; /* 蓝色 */ }
    </style>
    <script type="text/javascript">
        window.onload = function() {
            var d1 = document.getElementById("div1");
            var d2 = document.getElementById("div2");
            var d3 = document.getElementById("div3");
            d1.addEventListener("click", D1, true);
            d2.addEventListener("click", D2, true);
            d3.addEventListener("click", D3, true);
            function D1() { alert("执行 D1 函数");};
            function D2() {alert("执行 D2 函数");};
            function D3() {alert("执行 D3 函数");};
```

```
            }
        </script>
        <body>
            <div id="div1">
                <div id="div2">
                    <div id="div3"></div>
                </div>
            </div>
        </body>
</html>
```

10.6.2 阻止事件冒泡和捕捉

如果希望阻止事件冒泡和捕捉，在 W3C 中，可以使用 stopPropagation()方法。stopPropagation()是事件对象（Event）的一个方法，作用是阻止目标元素的冒泡或捕捉事件，但是不会阻止默认行为。调用 stopPropagation()后，后续的冒泡或捕捉过程将不会发生。

例如，如果想要阻止 div3 之后的事件冒泡，可以将 div3 的绑定事件改为以下代码：

```
function D3() {
    if (event && event.stopPropagation) { // W3C 标准阻止冒泡机制
        event.stopPropagation();
    }
    alert("执行 D3 函数");
};
```

运行时，只有 div3 会弹出提示，后续的事件冒泡会被阻止。

10.6.3 取消默认事件

preventDefault()方法是事件对象(Event)的一个方法，作用是取消一个目标元素的默认行为。需要注意的是，只有存在默认行为的元素才能被取消，存在默认行为的元素包括链接（<a>）和提交按钮（<input type="submit">）等。当 Event 对象的 cancelable 为 false 时，表示没有默认行为，这时即使有默认行为，调用 preventDefault()也不会起作用。

例如，如果存在一个链接，写在 body 中：

```
<a href="http://www.baidu.com/" id="test" >百度</a>
```

可以使用以下代码来阻止该链接的默认行为：

```
var a = document.getElementById("test");
a.onclick = function(e) {
    if (e.preventDefault) {
        e.preventDefault();
    } else {
        window.event.returnValue = false;
    }
}
```

拓展阅读
HTML5 拖放和画布

习题 10

1．页面窗体中有用户名和密码两个文本框，当焦点进入文本框时在文本框后面显示"获得焦点，请输入"，当焦点离开这个文本框时在文本框后面显示"失去焦点，判断"，如图 10-20 所示。

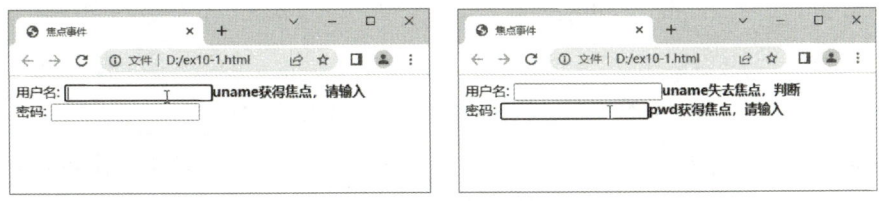

图 10-20　题 1 图

2．MouseOut 事件示例。浏览者将鼠标移至页面中的"淘宝网"链接并离开它时，将弹出确认框，如果单击"确认"按钮，则页面跳转至"淘宝网"的主页，如图 10-21 所示。

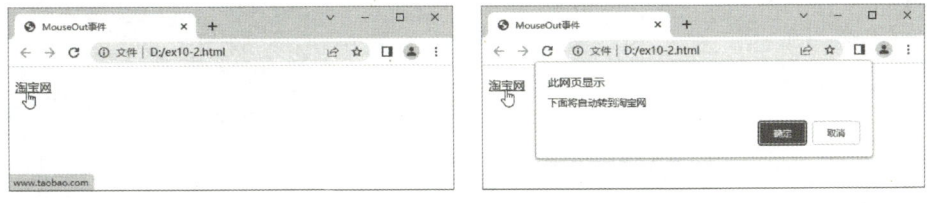

图 10-21　离开链接后弹出确认框

3．页面中有"单击"和"双击"两个按钮，单击"单击"按钮，弹出"按钮被单击了"消息框；双击"双击"按钮，弹出"按钮被双击了"消息框，如图 10-22 所示。

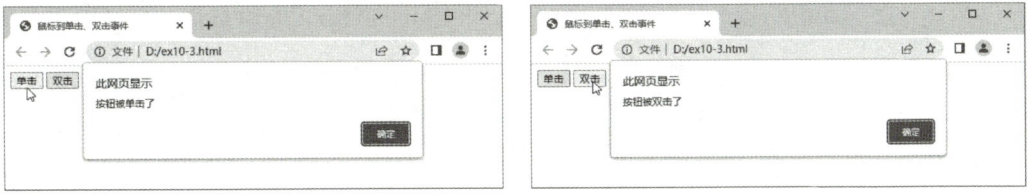

图 10-22　单击和双击按钮

4．按键盘上的键，显示对应的键位和码值，如图 10-23 所示。

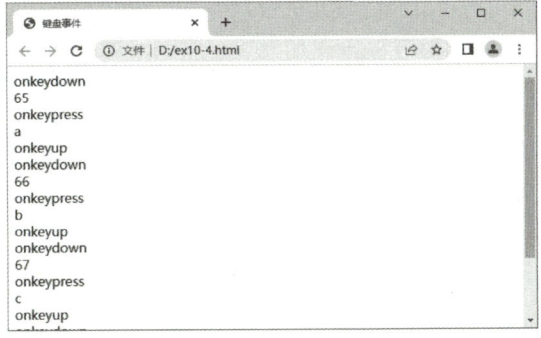

图 10-23　按键盘上键，显示对应的键位和码值

5．使用 Form 对象实现 Web 页面信息交互，要求浏览者输入姓名并接受商城协议。当不输

入姓名并且未接受协议时，单击"提交"按钮会弹出警告框，提示用户输入姓名并且接受协议；当用户输入姓名并且接受协议时，单击"复位"按钮会弹出确认框，等待用户确认是否清除输入的信息，如图 10-24 所示。

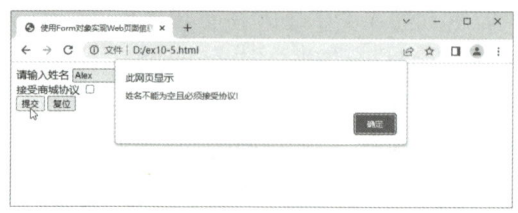
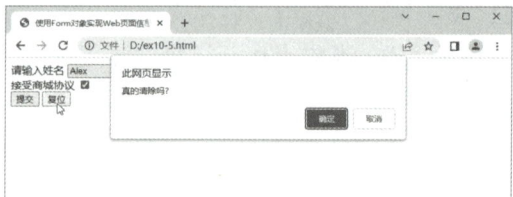

图 10-24　使用 Form 对象实现 Web 页面信息交互

6. 页面提供一个文本框，用于输入需要大小写转换的字符串；提供两个操作按钮，分别为"转大写"和"转小写"；最后用一个文本框显示转换后的内容。如图 10-25 所示。

7. 设计简易计算器，实现四则运算，如图 10-26 所示。

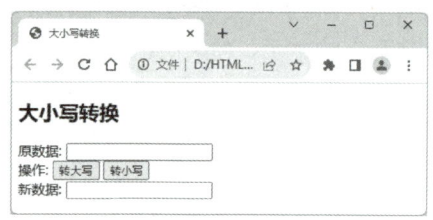
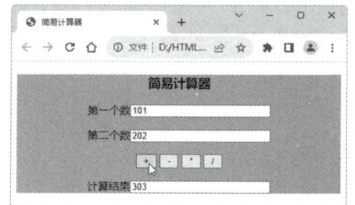

图 10-25　大小写转换　　　　　　　　　图 10-26　简易计算器

8. 创建一个简单的用户注册表单，包含用户名、密码和性别（单选按钮）字段，以及一个复选框用来接受许可协议。当选中复选框"接受许可协议"时，"注册"按钮有效，单击"注册"按钮后，显示"欢迎您，您的注册信息如下"及输入的信息。如图 10-27 所示。

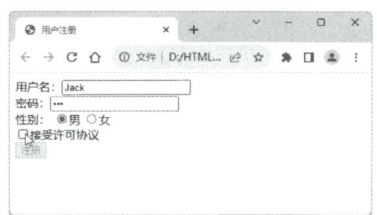
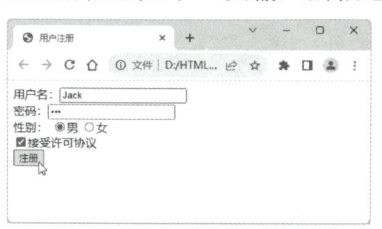
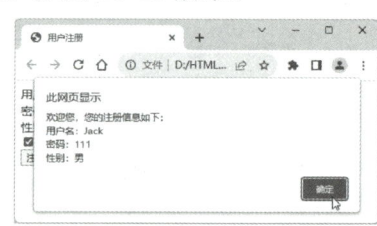

图 10-27　用户注册

第 11 章 综合案例——社区新闻网的设计与实现

本章通过一个新闻类型的网站——金阳光社区网的案例，运用 HTML5 和 CSS3 知识，介绍创建一个具有现代风格的 Web 网站的开发流程。

学习目标：掌握 Web 网站的开发流程。

重点与难点：重点和难点是按照 Web 网站的开发流程设计和实现。

素养目标：强化学生职业技能训练，培养团队协作与领导能力。

11.1 网站的开发流程和组织结构

11.1 网站的开发流程和组织结构

11.1.1 创建网站的文件夹结构

在制作各个页面前，需要确定整个网站的文件夹结构，包括创建网站根文件夹及其子文件夹。

1. 创建网站根文件夹

本章综合案例建立在 sunshine 文件夹中，该文件夹作为站点根文件夹。sunshine 文件夹中的文件均使用相对路径，sunshine 文件夹名不出现在文件中。因此，sunshine 文件夹名中的文件可以放在任何其他文件夹中正常运行。

2. 子文件夹

对于中小型网站，一般创建如下子文件夹。

- images：存放设计网站时用到的所有图片。
- pictures：存放新闻内容中的图片。
- css：存放 CSS 样式文件，实现内容和样式的分离。
- js：存放 JavaScript 和 jQuery 脚本文件。本案例没有用到，这里没有建立。
- plugins：存放 jQuery 插件文件。本案例没有用到，这里没有建立。

对于网站下的各网页文件，例如，index.html 等一般存放在网站根文件夹下。需要注意的是，网站的文件夹、网页文件名及网页素材文件名一般都为小写，并采用代表一定含义的英文或汉语拼音命名，命名禁止用汉字。

11.1.2 网站页面的组成

金阳光社区网站的页面有许多，包括前台页面和后台管理页面。限于篇幅，本章仅介绍最重要的 3 个页面。

index.html（首页）：显示网站的 Logo、导航菜单、新闻动态、广告、友情链接和版权声明等。

new_list.html（新闻列表页）：显示网站的 Logo、导航菜单、新闻列表名称、版权声明等。

new_xiangqing.html（新闻详情页）：显示网站的 Logo、导航菜单、新闻详情内容、版权声明等。

11.2 制作社区新闻网的首页

网站首页包括网站的 Logo、导航菜单、新闻动态、广告、友情链接和版权声明等信息，显示如图 11-1 所示，布局示意图如图 11-2 所示。

图 11-1 网站首页效果

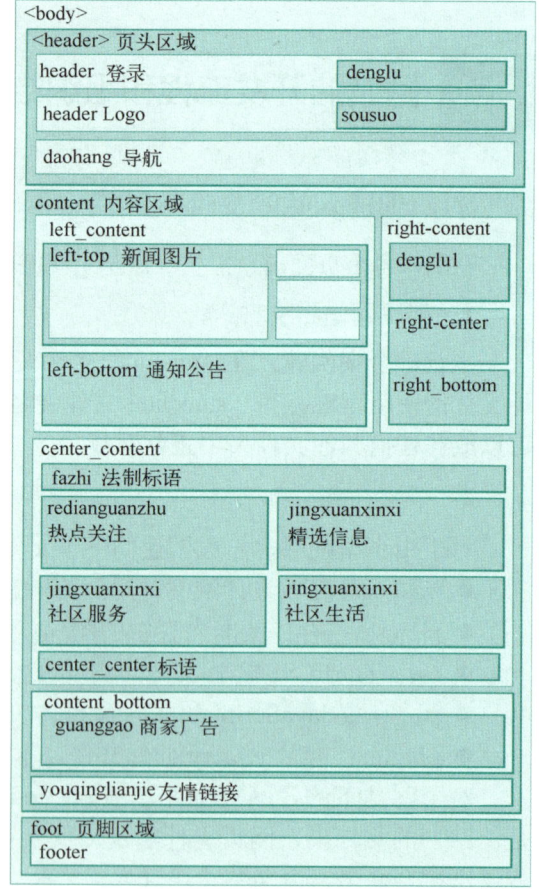

图 11-2 首页的布局示意图

在实现了首页的整体布局后，接下来就要完成首页的制作。

11.2.1 页面结构代码

首先列出页面的结构代码，使读者对页面的整体结构有一个全面的认识，限于篇幅，

index.html 的详细代码请扫二维码。

11.2.1 页面结构代码

11.2.2 CSS 样式

1. 全局样式

设计网页时，为网站设置一个全局样式，这样可以保证不同页面有相对一致的风格。社区网的全局样式 public.css 的具体代码请扫二维码。

2. index.html 专用样式

一般每个网页都会有自己独特的样式，为了便于管理，另外命名。index.html 的专用 CSS 文件名为 index.css，具体代码请扫二维码。

11.2.2 CSS 样式

11.3 制作社区新闻网的列表页

由于一个网站的风格是一致的，所以首页完成以后，其他页就可以复用主页的样式和结构。新闻列表页的布局与首页非常相似，例如网站的 Logo、导航菜单、版权区域等，仅仅是页面中部的内容不同，列表页的页面效果如图 11-3 所示，布局示意图如图 11-4 所示。

图 11-3 列表页的页面效果

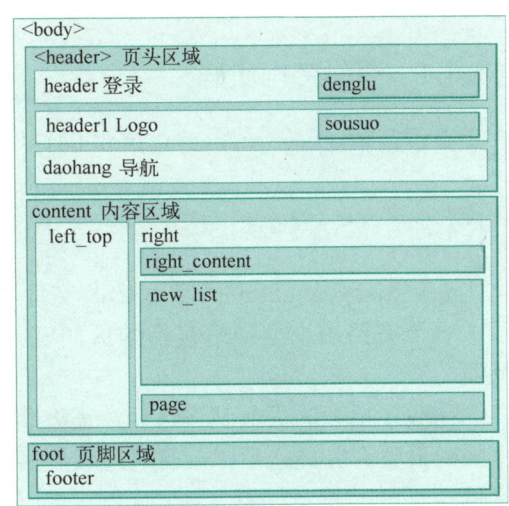

图 11-4 列表页布局示意图

11.3.1 页面结构代码

限于篇幅，new_list.html 的详细代码请扫二维码。

11.3.1 页面结构代码和 11.3.2 CSS 样式

11.3.2 CSS 样式

new_list.html 的专用 CSS 文件名为 new_list.css，具体代码请扫二维码。

11.4 制作社区新闻网的内容页

新闻内容页用于显示新闻的详细内容，内容页与主页的区别也仅是页面中部的内容不同，显示效果如图 11-5 所示，布局示意图如图 11-6 所示。

图 11-5　内容页的显示效果

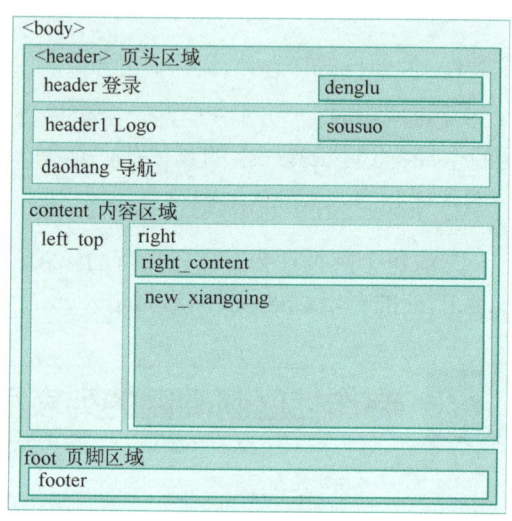

图 11-6　内容页布局示意图

11.4.1 页面结构代码

限于篇幅，new_xiangqing.html 的详细代码请扫二维码。

11.4.1 页面结构代码和 11.4.2 CSS 样式

11.4.2 CSS 样式

new_xiangqing.html 的专用 CSS 文件名为 new_xiangqing.css，具体代码请扫二维码。

一个完整的小型网站包括的页面有几十到几百个，读者可以在此基础上制作网站的其余页面。

完成了单独的页面制作之后，需要将这些相关的页面整合在一起形成一个完整的站点。当这些网页整合完成之后，要正确地设置各级页面之间的链接，使之有效地完成各个页面之间的跳转。

习题 11

1. 制作社区网的个人注册页面，如图 11-7 所示。
2. 制作社区网的调查页面，如图 11-8 所示。

图 11-7　题 1 图

图 11-8　题 2 图

3．制作社区网的图片新闻页面，如图 11-9 所示。

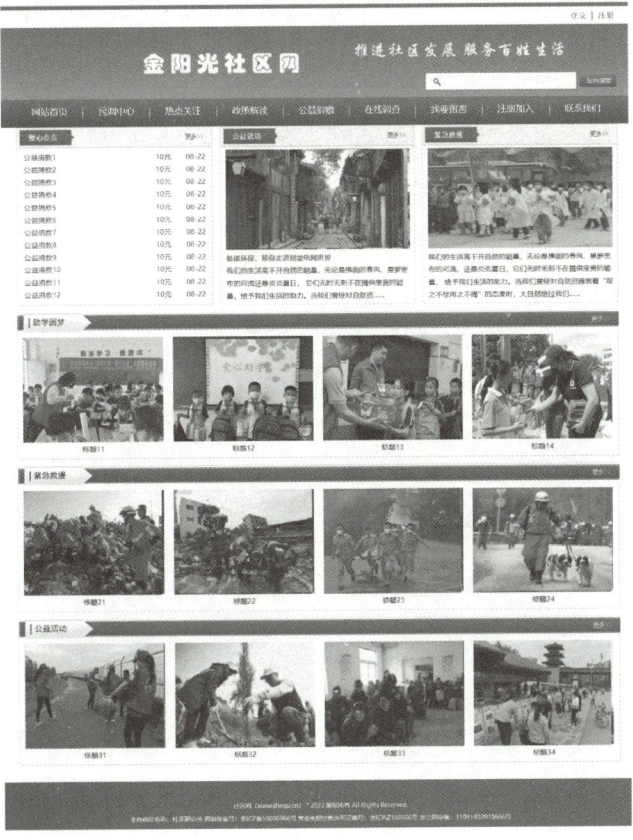

图 11-9　题 3 图

参 考 文 献

[1] 刘瑞新,张兵义. HTML+CSS+JavaScript 网页制作[M]. 3 版. 北京:机械工业出版社,2021.

[2] 张波,邵彧,师晓利. Web 前端开发与应用教程:HTML5+CSS3+JavaScript[M]. 2 版. 北京:机械工业出版社,2022.

[3] 工业和信息化部教育与考试中心. Web 前端开发 初级:上册[M]. 北京:电子工业出版社,2019.

[4] 工业和信息化部教育与考试中心. Web 前端开发 初级:下册[M]. 北京:电子工业出版社,2019.

[5] 张树明. Web 前端设计从入门到实践:HTML5、CSS3、JavaScript 项目案例开发[M]. 2 版. 北京:清华大学出版社,2019.

[6] 刘德山,章增安,林彬. HTML5+CSS3 Web 前端开发技术[M]. 北京:人民邮电出版社,2018.

[7] 刘增杰,臧顺娟,何楚斌. 精通 HTML5+CSS3+JavaScript 网页设计[M]. 北京:清华大学出版社,2019.

[8] 张兵义,朱立,朱清. JavaScript 程序设计教程[M]. 北京:机械工业出版社,2018.

[9] 王志晓,陈益材,牛海建. HTML5+CSS+JavaScript 网页布局从入门到精通[M]. 北京:机械工业出版社,2016.